U0132264

21 世纪电脑学校

中文版 Illustrator CS3 实用教程

张 翔 樊留凤 编著

清华大学出版社

北 京

内 容 简 介

中文版 Illustrator CS3 是 Adobe 公司最新推出的矢量绘图软件的升级版本。本书通过理论指导和上机实训相结合的方法，详细介绍了 Illustrator CS3 的基础知识、基本操作、图形的基本绘制、路径的编辑、路径艺术效果的处理、填色与描边的设置、对象的操作方法、图层与蒙版的使用、文本的创建与编辑、图表的创建与编辑、滤镜与效果的应用、文件的打印与输出等内容，并在第 13 章中详细介绍了通过综合应用 Illustrator CS3 制作各类图形文档的方法。

本书内容丰富，结构清晰，语言简练，叙述深入浅出，具有很强的实用性，可作为各类培训班的优秀教材，也是广大初、中级 Illustrator 用户的自学参考书。

本书各章对应的实例源文件、素材和电子教案可以到 http://www.tupwk.com.cn/21cn 网站下载。

图书在版编目(CIP)数据

中文版 Illustrator CS3 实用教程/张翔，樊留凤 编著. —北京：清华大学出版社，2008.1
(21 世纪电脑学校)
ISBN 978-7-302-16755-6

Ⅰ. 中… Ⅱ. ①张… ②樊… Ⅲ. 图形软件，Illustrator CS3—教材 Ⅳ. TP391.41

中国版本图书馆 CIP 数据核字(2008)第 002263 号

责任编辑：胡辰浩(huchenhao@263.net)　袁建华
装帧设计：孔祥丰
责任校对：成凤进
责任印制：杨　艳
出版发行：清华大学出版社　　　　　地　　　址：北京清华大学学研大厦 A 座
　　　　　http://www.tup.com.cn　　邮　　　编：100084
　　　　　c—service@tup.tsinghua.edu.cn
　　　　　社 总 机：010-62770175　　邮购热线：010-62786544
　　　　　投稿咨询：010-62772015　　客户服务：010-62776969
印 装 者：清华大学印刷厂
经　　销：全国新华书店
开　　本：185×260　印张：23.75　字数：608 千字
版　　次：2008 年 1 月第 1 版　　印　　次：2008 年 1 月第 1 次印刷
印　　数：1～5000
定　　价：33.00 元

本书如存在文字不清、漏印、缺页、倒页、脱页等印装质量问题，请与清华大学出版社出版部联系调换。联系电话：(010)62770177 转 3103　　产品编号：025476—01

编审委员会

丛 书 序

出版目的

电脑作为一种工具，已经广泛地应用到现代社会的各个领域，正在改变着各行各业的生产方式以及人们的生活方式。在进入新世纪之后，需要掌握更多的电脑应用技能。因此，如何快速地掌握电脑知识和使用技术，并应用于现实生活和实际工作中，成为新世纪人才迫切需要解决的新问题。

为适应这种需求，各类高等院校、高职高专、中职中专、培训学校都开设了计算机专业的课程，另外，许多学校也将非计算机专业学生的电脑知识和技能教育纳入教学计划，并陆续出台了相应的教学大纲。基于以上因素，清华大学出版社组织了一批教学精英编写了一套"21 世纪电脑学校"教材，以满足各类培训学校教学和电脑知识自学人员的需要。本套教材的作者均为各大院校或培训机构的教学专家和业界精英，他们熟悉教学内容的编排，深谙学生的需求和接受能力，积累了丰富的授课和写作经验，并将其充分融入本套教材的编写中。

读者定位

本丛书是为从事电脑教学的教师和自学人员编写的，可用作各类培训机构和院校的教材，也可作为电脑初、中级用户的自学参考书。

涵盖领域

本套教材涵盖了计算机多个应用领域，包括计算机硬件知识、操作系统、数据库、编程语言、文字录入和排版、办公软件、计算机网络、图形图像、三维动画、网页制作、多媒体制作等。众多的图书品种，可以满足不同读者、不同电脑课程设置的需要。

本丛书选用应用面最广的流行软件，对每个软件的讲解都从必备的基础知识和基本操作开始，使新用户轻松入门，并以大量明晰的操作步骤和典型的应用实例向读者介绍实用的软件技术和应用技巧，使读者真正对所学软件融会贯通、熟练在手。

丛书特色

一、更为合理的学习过程

1. 章节结构按照教学大纲的要求编排，符合教学需要和电脑用户的学习习惯。

2. 细化了每一章内容的分布。在每章的开始，有教学目标和理论指导，便于教师和学生提纲挈领地掌握本章知识的重点，每章的最后附带有上机实验、思考练习，读者不但可以锻炼实际的操作能力，还可以复习本章的内容，加深对所学知识的了解。

二、简练流畅的语言表述

语言精练实用，避开深奥的原理，从最基本最易操作的内容入手，循序渐进地介绍学习电脑应用最需要的内容。

三、丰富实用的示例

以详细、直观的步骤讲解相关操作，每本图书都包含众多精彩示例。现在的计算机教学更加注重实际的动手操作，学校在教学过程中，有很多的课时用于进行实际的上机操作。因此，本丛书非常注意实例的选材，所选实例都具有较强的代表性。

四、简洁大方的版式设计

精心设计的版式简洁、大方，对于标题、正文、注释、技巧等都设计了醒目的字体，读者阅读起来会感到轻松愉快。

周到体贴的售后服务

本丛书紧密结合自学与课堂教学的特点，针对广大初、中级读者电脑基础知识薄弱的现状，突出基础知识和实践指导方面的内容。每本教材配套的实例源文件、素材和教学课件均可在该丛书的信息支持网站(http://www.tupwk.com.cn/21cn)上下载或通过Email(wkservice@tup.tsinghua.edu.cn)索取。读者在使用过程中如遇到困难可以在http://www.tupwk.com.cn/21cn 的互动论坛上留言，本丛书的作者或技术编辑会提供相应的技术支持。

前　　言

Adobe 公司开发的图形处理软件 Illustrator CS3 为用户提供了更加广阔的创作空间，它不仅能够处理矢量图形，也可以处理简单的位图图像，甚至能够将位图图像转换为矢量图形，因此，它被广泛应用于平面广告设计、网页图形制作、电子出版物和艺术图形创作等诸多领域。使用它可以快速、精确地绘制出各种形状复杂且色彩丰富的图形。同时，Illustrator 还提供了与其他应用软件协调一致的工作环境，例如与 Photoshop、InDesign 的工作界面一致。在新的 Illustrator CS3 版本中提供了多种强大且极具创意的新功能，例如实时上色、"颜色参考"面板、隔离模式等，并加强了与其他应用程序之间的协作。

本书共分 13 章，第 1 章介绍 Illustrator CS3 的功能，处理图像的基础知识，界面组成和新增功能；第 2 章介绍 Illustrator CS3 中文件的基本操作，视图的显示方式和辅助工具的应用；第 3 章介绍路径的基本概念，线形工具组的使用和几何图形工具组的使用，以及铅笔工具、钢笔工具的使用；第 4 章介绍路径的基本编辑方法；第 5 章介绍路径艺术效果的处理方法，笔刷和符号的使用方法；第 6 章介绍各种设置填色和描边的方法，以及渐变和混合的设置方法；第 7 章介绍对象的各种编辑操作方法，以及封套扭曲的应用；第 8 章介绍图层和剪切蒙版的应用方法；第 9 章介绍在 Illustrator CS3 中创建、编辑文本的操作方法；第 10 章介绍 Illustrator CS3 中图表的创建与编辑处理方法；第 11 章介绍滤镜与效果命令的应用方法；第 12 章介绍 Illustrator CS3 中文件打印与输出的操作方法；第 13 章介绍制作综合实例的方法和技巧。

在编写本书的过程中，充分考虑到读者的需要，以"实用"为导向，采用由浅入深、循序渐进的讲述方法，合理安排 Illustrator CS3 知识点，并结合具有代表性的实例，使其具有更强的易读性、实用性和可操作性。本书在每章最后还附加了大量的练习，读者可以通过做填空题和选择题回顾知识点，通过做操作题巩固 Illustrator CS3 的使用方法和技巧。

本书面向 Illustrator CS3 的初、中级用户，内容丰富，结构安排合理，特别适合作为教材。

本书是集体智慧的结晶，参加本书编写和制作的人员还有陈笑、陈晓霞、方峻、张云、王维、邱丽、孔祥亮、孔祥丰、成凤进、牛静敏、何俊杰等人。由于作者水平有限，加之创作时间仓促，本书不足之处在所难免，欢迎广大读者批评指正。我们的邮箱是：huchenhao@263.net。

作　　者
2007 年 10 月

目 录

21 世纪电脑学校

中文版 Illustrator CS3 实用教程

21世纪电脑学校

X

认识Illustrator CS3

1.1 Illustrator 功能介绍

Illustrator 是独立的、综合的、基于矢量的平面设计软件。Illustrator 具有强大的绘图功能，用户根据需要可以自由使用其提供的多种绘图工具。例如，使用相应的几何形工具可以绘制简单几何图形、使用铅笔工具可以徒手绘画，使用画笔工具可以模拟毛笔的效果，也可以绘制复杂的图案，还可以自定义笔刷等。用户使用绘图工具绘制出基本图形后，利用 Illustrator 完善的编辑功能还可以将图形进行编辑、组织、安排以及填充等加工，综合绘制出复杂的图形。

除此之外，Illustrator 还提供了丰富的滤镜和效果命令，以及强大的文字与图表处理功能。通过这些功能可以为图形图像添加一些特殊效果，从而增强作品的表现力，使绘制的图形更加生动。

1.2 Illustrator 图像处理基础知识

在使用 Illustrator CS3 之前，先了解以下图像处理的基础知识，这对于更好地应用矢量图软件进行绘画有所帮助。

 矢量图与位图

在计算机中，图像都是以数字的方式进行记录和存储的，类型大致可分为矢量图像和位图图像两种。这两种图像类型有着各自的优点，在处理图像文件时这两种类型经常交叉使用。

1. 矢量图形与矢量对象

矢量图像也可以叫作向量式图像，顾名思义，它是以数学式的方法记录图像的内容。其记录的内容以线条和色块为主，由于记录的内容比较少，不需要记录每一个点的颜色和位置等，所以它的文件容量比较小，这类图像很容易进行放大、旋转等操作，且不易失真，精确度较高，所以在一些专业的图形软件中应用较多。如图 1-1 所示为原图像在 200%和 300% 时的显示状态。但同时，正是由于上述原因，这种图像类型不适于制作一些色彩变化较大的图像，且由于不同软件的存储方法不同，在不同软件之间的转换也有一定的困难。

制作矢量图像的软件很多，常用的如 FreeHand、Illustrator、AutoCAD 等。

原图像 100%显示效果

原图像 200%显示效果

原图像 300%显示效果

图 1-1　矢量图像在 200%和 300% 时的显示状态

2. 位图图像

位图图像是由许多点组成，其中每一个点即为一个像素，而每一像素都有明确的颜色。Photoshop 和其他绘画及图像编辑软件产生的图像基本上都是位图图像，但在 Photoshop 新版本中集成了矢量绘图功能，因而扩大了用户的创作空间。

位图图像与分辨率有关，如果在屏幕上以较大的倍数放大显示，或以过低的分辨率打印，位图图像会出现锯齿状的边缘，丢失细节。如图 1-2 所示为原图像在 300%和 600%时的显示状态。但是，位图图像弥补了矢量图像的某些缺陷，它能够制作出颜色和色调变化丰富的图像，同时也可以很容易地在不同软件之间进行交换，但位图文件容量较大。

原图像 100%显示效果　　　　原图像 300%显示效果　　　　原图像 600%显示效果

图 1-2　位图图像在 300%和 600%时的显示状态

3. 矢量图形与位图图像的优缺点

对于那些不需要放大的对象，位图图像比矢量图形的画面效果更加富有表现力。由于位图图像是由一个个很小的像素构成的，因此画面中各种颜色之间的过渡会显得更加自然细腻，与矢量图形相比，有一定的视觉纵深感。另外，位图图像的使用比矢量图形要早，目前大多图像处理软件都支持位图图像。近年来，随着宽带网络普及和图像编码技术的发展，很多 Web 站点上的图片也都采用位图图像格式。

矢量图形的优点在于，其画面编辑比较方便，可以无失真缩放，并且其文件占用的磁盘空间相对较小，因此常用于广告插画设计、建筑设计图、商业 VI 等要求颜色对比鲜明、外观较为复杂的图形制作，而且矢量图形允许嵌入位图图像，这样就使设计创作变得更加灵活多变。

具体应用哪种图像类型，用户应根据实际使用的需求来选用与之相应的文件类型。用户在使用时应基于最有效和最方便的原则来完成效果的设计与制作。

1.2.2　常用文件格式

图形图像处理软件大致可以分为两类：一类是针对矢量图形的处理软件，这类软件处理图形对象的基本单位是连续的矢量线条，操作简单、占用的存储空间比较小；另一类是针对位图图像的处理软件，这类软件处理图像对象的基本单位是一个个离散的像素点，图像占用的存储空间很大。

所谓图形文件格式，指的是图形文件中的数据信息的不同存储方式。文件格式通常以其扩展名表示，例如*.AI、*. JPEG、*.BMP、*.TIF、*.GIF、*.PDF 等。

随着图形图像应用软件的增多，图形文件的格式和种类也相应地增多。目前广泛应用的图形文件格式多达十几种，为了减少不必要的浪费和重复操作，用户在制作图形时应尽可能地采用通用的图形文件格式。在 Illustrator 中，用户不仅可以使用软件本身的*.AI 图形文件格式，还可以导入和导出其他的图形文件格式，例如*.BMP、*.TIF、*.GIF、*.PDF 等。下面将介绍几种比较常用的文件格式。

1. AI 文件格式

AI(*.AI)格式即 Adobe Illustrator 文件，是由 Adobe systems 所开发的矢量图形文件格式。Windows 平台以及大量基于 Windows 平台的图形应用软件都支持该文件格式。它能够保存 Illustrator 的图层、蒙版、滤镜效果、混合和透明度等数据信息。AI 格式是在图形软件 FreeHand、CorelDRAW 和 Illustrator 之间进行数据交换的理想格式，因为这 3 个图形软件都支持这种文件格式，它们可以直接打开、导入或导出该格式文件，也可以对该格式文件进行一定的参数设置。

2. EPS 文件格式

EPS 是 Encapsulated PostScript 的缩写，它是跨平台的标准格式，在 Windows 平台上其扩展名是*.EPS，在 Macintosh 平台上是*.EPSF，主要用于存储矢量图形和位图图像。EPS 格式采用 PostScript 语言进行描述，并且可以保存其他类型的信息，例如，Alpha 通道、分色、剪辑路径、挂网信息和色调曲线等，因此，EPS 格式常用于印刷或打印输出图形的制作。在某些情况下，使用 EPS 格式存储图形图像优于使用 TIFF 格式存储的图形图像。

EPS 格式是文件内带有 PICT 预览的 PostScript 格式，因此，基于像素存储的 EPS 格式的图像文件比以 TIFF 格式存储的同样图像文件所占用的空间大，而基于矢量图形的 EPS 格式图形文件比基于像素的 EPS 格式文件所占用的空间小。

3. JPEG 文件格式

JPEG(*.JPG)格式是 Joint Photographic Experts Group(联合图像专家组)的缩写，它是目前最优秀的数字化摄影图像的存储格式。JPEG 格式是由 ISO 和 CCITT 两大标准化组织共同推出的，它定义了摄影图像的通用压缩编码。JPEG 格式使用有损压缩方案存储图像，以牺牲图像的质量为代价节省图像文件所占的磁盘空间。

与 GIF 只支持 8 位不同，JPEG 格式支持高达 24 位的颜色质量，因此它适用于在因特网上发布图像文件。

4. SVG 文件格式

SVG 是一种用来描述图像的形状、路径文本和滤镜效果的矢量格式，可以任意放大显示，而不会丢失细节。该图形格式的优点是非常紧凑，并能提供可以在网上发布或打印的高质量图形。

1.2.3 颜色模式

颜色模式是使用数字描述颜色的方式。在 Illustrator CS3 中常用的颜色模式有 RGB 模式、CMYK 模式、HSB 模式、灰度模式和 Web 安全 RGB 模式。

- RGB 模式是利用红、绿、蓝 3 种基本颜色来表示色彩的。通过调整 3 种颜色的比例可以获得不同的颜色。由于每种基本颜色都有 256 种不同的亮度值，因此，RGB 颜色模式约有 256×256×256 余种不同颜色。当用户绘制的图形用于屏幕显示时，可采用此种颜色模式。

- CMYK 模式即常说的四色印刷模式，CMYK 分别代表青、品红、黄、黑 4 种颜色。CMYK 颜色模式的取值范围是用百分数来表示的，百分比较低的油墨接近白色，百分比较高的油墨接近黑色。
- HSB 模式是利用色彩的色相、饱和度和亮度来表现色彩的。H 代表色相，指物体固有的颜色。S 代表饱和度，指的是色彩的饱和度，它的取值范围为 0%(灰色)~100%(纯色)。B 代表亮度，指色彩的明暗程度，它的取值范围是 0%(黑色)~100%(白色)。
- 灰度模式具有从黑色到白色的 256 种灰度色域的单色图像，只存在颜色的灰度，没有色彩信息。其中，0 级为黑色，255 级为白色。每个灰度级都可以使用 0%(白)~100%(黑)百分比来测量。灰度模式可以与 HSB 模式、RGB 模式、CMYK 模式互相转换。但是，将色彩转换为灰度模式后，再要将其转换回彩色模式，将不能恢复原有图像的色彩信息，画面将转为单色。
- Web 安全 RGB 模式是网页浏览器所支持的 216 种颜色，与显示平台无关。当所绘图像只用于网页浏览时，可以使用该颜色模式。

1.3　Illustrator CS3 新增功能

Illustrator CS3 在原有的图形处理功能的基础上增加了实时颜色、"颜色参考"面板、隔离模式等功能，同时还加强了与其他图形图像软件、应用程序之间的相互协作性。下面将简单介绍几个较为常用的新增功能。

1.3.1　实时颜色

使用"实时颜色"对话框可以创建和编辑颜色组，以及重新指定或减少图稿中的颜色。为特定文档创建的所有颜色组将显示在"实时颜色"对话框(以及"色板"面板)的"颜色组"存储区域中，可以随时选择和使用这些颜色组。图 1-3 所示为在"编辑"选项卡中创建和编辑颜色组。图 1-4 所示为在"指定"选项卡中指定颜色。

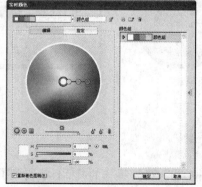

图 1-3　在"编辑"选项卡中创建和编辑颜色组

图 1-4　在"指定"选项卡中指定颜色

1.3.2 "颜色参考" 面板

"颜色参考"面板会基于工具箱中的当前颜色建议协调颜色，并且可以用这些颜色对图稿着色，也可以将这些颜色存储为色板。图1-5所示为"颜色参考"面板。

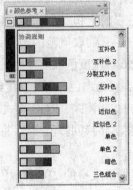

提示

如果已选定图稿，则单击颜色变化可以更改选定图稿的颜色，就像单击"色板"面板中的色板一样。

图1-5 "颜色参考"面板

1.3.3 隔离模式

隔离模式可隔离组或子图层，以便用户可以轻松选择和编辑特定对象或对象的部分。当使用隔离模式时，Illustrator 将自动锁定除选定对象以外的其他对象，以便只有隔离组中的对象会受到所做编辑的影响。

隔离组或子图层将以全色显示，同时图稿的其他部分将变暗，如图1-6所示。隔离模式的边框将显示在插图窗口的顶部，并由一条线(即隔离组的图层或隔离的子图层的颜色)分离。隔离组或子图层的名称和位置将显示在隔离模式边框中。

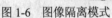

图1-6 图像隔离模式

1.4 Illustrator CS3 工作界面

相比较以往的版本，Illustrator CS3 的界面有了很大的改观，操作的灵活性也得到了提高。工具箱、控制面板的位置和组合方式都可以根据用户的喜好而进行调整。

1.4.1　工作区的概述

Illustrator 的工作区是创建、编辑、处理图形和图像的操作平台，它由标题栏、菜单栏、工具箱、控制面板、文档窗口、状态栏等组成。启动 Illustrator CS3 软件后，屏幕上将会出现标准的工作界面，如图 1-7 所示。

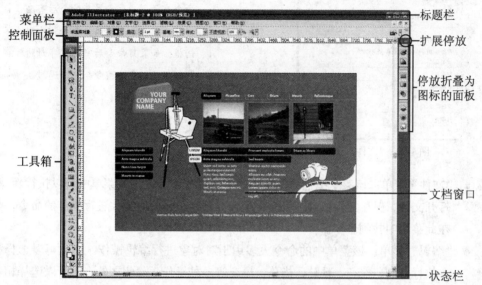

图 1-7　Illustrator CS3 工作区

1.4.2　标题栏与菜单栏

Illustrator CS3 的标题栏位于工作区的顶端，用于显示当前所运行的程序名称以及当前打开的文件名称、缩放比例和颜色模式等信息。标题栏的右侧是最小化、最大化和关闭按钮。

Illustrator CS3 菜单栏中的一系列命令，提供了 Illustrator 的主要功能，它们按照所管理的操作类型进行排列和划分，包括"文件"、"编辑"、"对象"、"文字"、"选择"、"滤镜"、"效果"、"视图"、"窗口"和"帮助"等 10 个主菜单。图 1-8 所示为标题栏和菜单栏。

图 1-8　标题栏和菜单栏

当使用某个命令时，只需将鼠标移动到菜单名上单击，即可弹出下拉菜单，如图 1-9 所示，其中包含了该菜单中的所有命令。

| 文件(F) | 编辑(E) | 对象(O) | 文字(T) | 选择(S) | 滤镜(L) | 效果(C) |

```
新建(N)...              Ctrl+N
从模板新建(T)...         Shift+Ctrl+N
打开(O)...              Ctrl+O
最近打开的文件(F)
浏览...                 Alt+Ctrl+O
Device Central...
关闭(C)                 Ctrl+W
存储(S)                 Ctrl+S
存储为(A)...            Shift+Ctrl+S
存储副本(Y)...          Alt+Ctrl+S
存储为模板...
签入...
存储为 Web 和设备所用格式(W)... Alt+Shift+Ctrl+S
恢复                    F12
置入...
存储为 Microsoft Office 所用格式...
导出...
脚本(R)
文档设置(D)...          Alt+Ctrl+P
文档颜色模式(M)
文件信息(I)...          Alt+Shift+Ctrl+I
打印(P)...              Ctrl+P
退出(X)                 Ctrl+Q
```

图 1-9　"文件"菜单

提示

如果该菜单中有某项命令呈现灰色，则表示该命令不能使用；如果某命令后有三角形符号，则表示命令有子菜单；如果某命令后有省略号，则表示选择该命令会弹出对话框；如果某命令后有英文字母进行标示，则表示该命令可以通过快捷键来直接执行。

- "文件"菜单：该菜单中包括了文档的基本操作命令，在此菜单中可以执行新建文件、打开文件、保存文件、设置页面等工作。总之，有关对文件进行操作的命令，都可以在此菜单中找到。
- "编辑"菜单：该菜单中的命令大多用于对对象进行编辑操作。在此可以选择相关命令执行复制、剪切、粘贴、描摹、填充等多种操作。除此之外，还可以选择相关的命令设置 Illustrator 的性能参数。
- "对象"菜单：该菜单集成了大多数对矢量路径进行操作的命令菜单，在此可以选择与变换、对齐、群组、混合、蒙版、封套等操作有关的命令。
- "文字"菜单：文字功能是 Illustrator 的核心功能之一，在此选择命令可以完成字体、字号、查找与替换、拼写检查、图文混排等多种操作。
- "选择"菜单：在此菜单中可以选择相关命令以选择当前工作页面中的全部对象或某一类对象。
- "滤镜"菜单：该菜单中的命令用于为被操作对象增加特殊效果。还可以选择相关命令，为导入 Illustrator 中的位图添加特殊效果。
- "效果"菜单：该菜单中的命令与"滤镜"菜单中的命令基本相同，不同之处在于此菜单中的命令仅改变对象的外观，而不会改变对象的实质，因此具有较好的恢复特性。
- "视图"菜单：该菜单中的命令均用于改变当前操作图像的视图。如可以选择相关命令放大、缩小当前图像的视图比例，也可以选择相关命令显示标尺、参考线或网格。
- "窗口"菜单：该菜单中的命令用于排列当前操作的多个文档或布置工作空间、显示控制面板，其中多数命令用于显示不同的控制面板。
- "帮助"菜单：该菜单中的命令显示 Adobe 公司的主页以及 Illustrator 的帮助文件。

21世纪电脑学校

1.4.3　工具箱

默认情况下，启动 Illustrator CS3 后，工具箱会自动显示在工作区的左侧并以单排显示。如果习惯以往的双排显示，用户可以单击工具箱上方的小三角按钮将"工具"面板的显示方式更改为传统的双排显示。

在 Illustrator CS3 中，工具箱是非常重要的功能组件，它包含了 Illustrator 中常用的绘制、编辑、处理的操作工具，例如"钢笔"工具、"选择"工具、"旋转"工具、"网格"工具等。用户需要使用某个工具时，只需单击该工具即可。

由于工具空间与工具箱大小的限制，许多工具并未直接显示在工具箱中，因此许多工具都隐藏在工具组中。在工具箱中，如果某工具的右下角有黑色三角形，则表明该工具属于某一工具组，工具组中的其他工具处于隐藏状态尚未显示。将鼠标移至工具图标上单击即可打开隐藏工具组；单击隐藏工具组后的小三角即可将隐藏工具组分离出来，如图 1-10 所示。

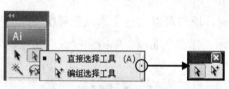

图 1-10　分离隐藏工具组

技巧

如果觉得通过将工具组分离出来选取工具太过麻烦，那么只要按住 Alt 键，在工具箱中单击工具图标就可以进行隐藏工具的切换。

在 Illustrator CS3 中，共有 15 个隐藏工具组，如图 1-11 所示。包括了常用的选择工具组、绘图工具组、变形工具组、符号与图表工具组、变换填充工具组以及修剪工具组等。

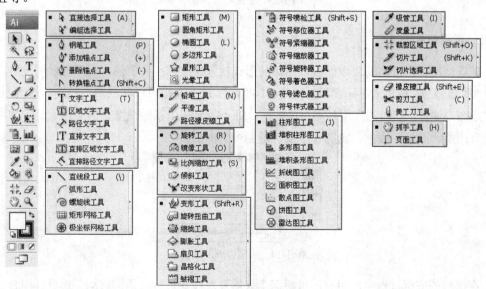

图 1-11　隐藏工具组

1.4.4 面板

Illustrator 中的面板用来辅助工具箱或菜单命令的使用，对图形或图像的修改起着重要的作用，灵活掌握面板的基本使用方法有助于帮助用户快速地进行图形编辑。

1. 控制面板

通过"控制"面板可以快速访问、修改与所选对象相关的选项。默认情况下，"控制"面板停放在菜单栏的下方，如图 1-12 所示。用户也可以通过选择面板菜单中的"停放到底部"命令，将"控制"面板放置在工作区的底端。

图 1-12　控制面板

当"控制"面板中的文本为蓝色且带下划线时，用户可以单击文本以显示相关的面板或对话框，如图 1-13 所示。例如，单击描边，可显示"描边"面板。单击面板或对话框以外的任何位置以将其关闭。

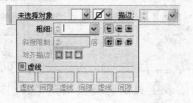 

图 1-13　链接相关面板

2. 常用命令面板

默认情况下，常用的命令面板以图标的形式放置在工作区的右侧，用户可以通过单击右上角"扩展停放"按钮来显示面板，如图 1-14 所示，这些面板可以帮助用户控制和修改图像。要完成图形制作，面板的应用是不可或缺的。Illustrator 提供了数量众多的面板，其中常用的面板有图层、画笔、颜色、轮廓、渐变、透明度等面板。

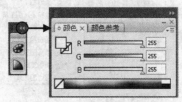

图 1-14　扩展停放的面板

在面板的应用过程中，用户可以根据个人需要对面板进行自由的移动、拆分、组合、折叠等操作。将鼠标移动到面板标题栏上单击按住并向后拖动，即可将选中的面板放置到后方，

如图 1-15 所示。将鼠标放置在需要拆分的面板上单击按住并拖动，当出现蓝色突出显示的放置区域时，则表示拆分的面板将放置在此区域，如图 1-16 所示。例如，通过将一个面板拖移到另一个面板上面或下面的窄蓝色放置区域中，可以在停放中向上或向下移动该面板。如果拖移到的区域不是放置区域，该面板将在工作区中自由浮动。

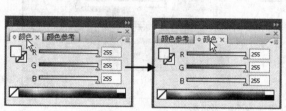

图 1-15　拆分面板

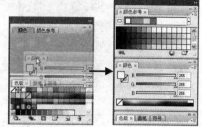

图 1-16　移动面板

将鼠标放置在需要组合的面板上单击按住，并拖动至需要组合的面板组中释放即可，如图 1-17 所示。同时，用户也可以根据需要改变面板的大小，单击面板右上角的最大化按钮，即可将面板全部显示，如图 1-18 所示。单击"最小化"按钮即可将面板堆叠。

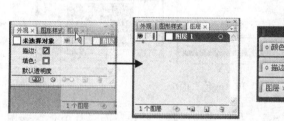

图 1-17　组合面板

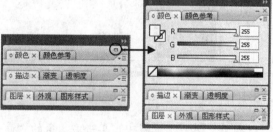

图 1-18　最大化显示面板

1.5　上机实验

本章实验通过用户自定义 Illustrator CS3 工作区，重点练习在 Illustrator 中工作区各组成部分的应用，以及存储自定义工作区的方法。

(1) 启动 Illustrator CS3 程序。在打开的工作区中，单击工具箱左上角"扩展停放"按钮，将工具箱更改为双排显示效果，如图 1-19 所示。

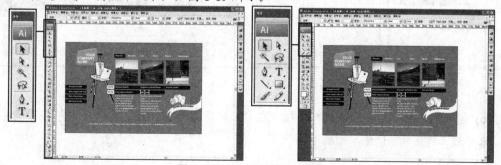

图 1-19　更改工具箱显示效果

(2) 在工作区中，单击右侧堆叠成图标面板上方的"扩展停放"按钮，将堆叠成图标的面板全部展开，如图 1-20 所示。

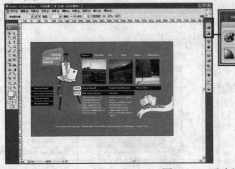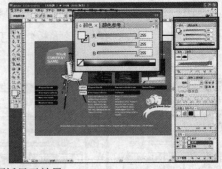

图 1-20　更改常用面板显示效果

(3) 选择菜单栏中的"窗口"|"导航器"命令，打开"导航器"面板，并在"导航器"面板的标题栏上单击按住鼠标左键，将其拖动至"颜色"面板中释放，将"导航器"面板与"颜色"面板进行组合，如图 1-21 所示。

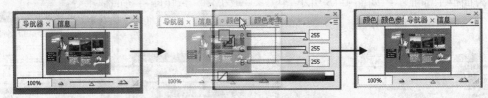

图 1-21　组合"导航器"和"颜色"面板

(4) 在"外观"面板中，单击右上角的"最小化"按钮，将"外观"面板最小化，如图 1-22 所示。

(5) 选择菜单栏中的"窗口"|"工作区"|"存储工作区"命令，打开"存储工作区"对话框。在该对话框的"名称"文本框中输入"未标题工作区 1"，如图 1-23 所示。

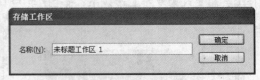

图 1-22　最小化"外观"面板　　　　　　图 1-23　存储工作区

(6) 输入完成后，单击"确定"按钮，在"工作区"命令的集联菜单顶部将显示所创建的"未标题工作区 1"命令，如图 1-24 所示。

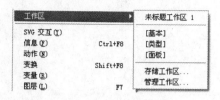

图 1-24 显示命令

技巧

如果用户定义了多个工作界面，可以选择"窗口"|"工作区"|"管理工作区"命令，打开"管理工作区"对话框。在该对话框中，可以对自定义工作界面进行管理。

1.6 思考练习

1.6.1 填空题

1. Adobe Illustrator 可以建立矢量图形，矢量图形由_____和_____构成，而这些是由称为矢量的数学对象定义的。矢量是根据图形的_____描述图形的。

2. 在 Illustrator CS3 中，如果按_____键，则可将当前工作区中的工具箱和停放为图标的面板隐藏；如果按_____键，则只隐藏当前工具区中停放为图标的面板，而不隐藏工具箱。

3. Illustrator CS3 中常用的颜色模式有_____、_____、_____、_____和_____。

1.6.2 选择题

1. 下列的图像格式中，( )是矢量图形文件的格式。

  A. *.JPEG   B. *.BMP

  C. *.AI   D. *.TIF

2. Illustrator CS3 中为用户提供的颜色模式有( )种。

  A. 3   B. 4

  C. 5   D. 6

3. 矢量图形不受( )的影响。

  A. 分辨率   B. 缩放比例

  C. 大小   D. 颜色

1.6.3 操作题

1. 练习操作面板的拆分与组合。

2. 练习自定义工作区的方法，并保存自定义的工作区。

21世纪电脑学校

Illustrator CS3的基本操作

本章导读

Illustrator CS3 拥有良好的操作性能。用户可以新建、打开、保存、关闭、置入和导出文件。同时在编辑操作过程中，用户可以更改当前编辑的对象显示方法，对其进行更加精确的编辑操作。还可以通过显示标尺，以及创建参考线和网格线，精确地创建和编辑对象。

重点和难点

- 文件的基本操作
- 视图的显示模式
- 改变视图的显示
- 辅助工具的使用
- 软件优化设置

2.1 文件的基本操作

Illustrator CS3 中文件的基本操作都包含在"文件"菜单命令下。主要有文件的新建、打开、关闭、保存、置入、导出等。

2.1.1 新建文档

如果要新建文档，在启动 Illustrator CS3 后，在欢迎界面中选择需要创建的文档类型，在弹出的如图 2-1 所示的"新建文档"对话框中进行参数设置，即可创建新文档。用户也可以在启动软件后，选择菜单栏中的"文件"|"新建"命令，打开"新建文档"对话框进行参数设置，即可创建新文档。

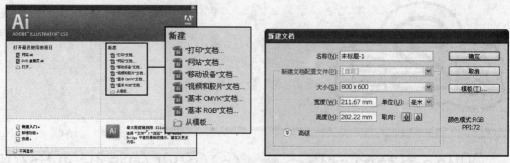

图 2-1 "新建文档"对话框

【**练习 2-1**】启动 Illustrator CS3 并新建 RGB 文档。

(1) 启动 Illustrator CS3 软件后，屏幕上出现欢迎界面，单击"基本 RGB"文档，即可弹出"新建文档"对话框，如图 2-2 所示。

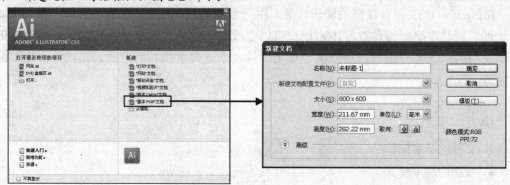

图 2-2 打开"新建文档"对话框

(2) 在对话框中的"名称"文本框中输入用户自定义的文件名称，如图 2-3 所示。默认情况下，文档名称为"未标题-1"。

图 2-3 输入文档名称

(3) 在"新建文档配置文件"选项组中，"大小"下拉列表用于选择 Illustrator 中预设的图形尺寸。"宽度"和"高度"文本框用于输入自定义数值。"单位"下拉列表框用于选择所需的数值单位。本例中设置"宽度"和"高度"均为 200 毫米，如图 2-4 所示。

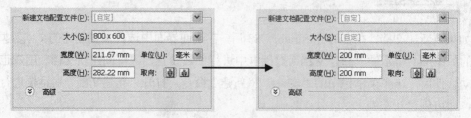

图 2-4 设置文档宽度、高度

(4) 设置完成后，单击"确定"按钮关闭对话框，即可创建名为"新文档"的文档。

另外，用户还可以通过模板新建文档。选择"文件"|"从模板新建"命令，即可通过"从模板新建"对话框创建新文档。

【练习 2-2】启动 Illustrator CS3 并从模板新建文档。

(1) 启动 Illustrator CS3 软件，选择菜单栏中的"文件"|"从模板新建"命令，打开"从模板新建"对话框，如图 2-5 所示。

(2) 在"查找范围"中选择"基本"文件夹下的"活动计划"文件夹，并在"文件类型"下拉列表中选择*.AI 格式，如图 2-6 所示。

　　图 2-5　"从模板新建"对话框　　　　　　　图 2-6　选择查找范围

(3) 然后在"活动计划"文件夹中，选择"DVD 封套"文件，单击"新建"按钮，即可从模板新建文档，如图 2-7 所示。

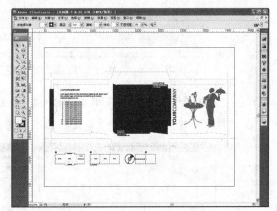

图 2-7　新建 DVD 封套文件

2.1.2　打开文件

在 Illustrator CS3 中要打开文档，选择"文件"|"打开"命令，或按快捷键 Ctrl+O 键，在弹出的"打开"对话框中双击需要打开的文件名，即可将其打开。

中文版 Illustrator CS3 实用教程

【练习 2-3】 启动 Illustrator CS3 并从菜单中打开所需文件。

(1) 启动 Illustrator CS3 软件，选择菜单栏中的"文件"|"打开"命令，打开如图 2-8 左图所示的"打开"对话框。并在"查找范围"下拉列表中选择所需文件所在的位置，如图 2-8 右图所示。

图 2-8　打开"打开"对话框并设置查找路径

(2) 在"查找范围"中选中 E:\"新建文件夹"，并双击"新建文件夹"将其打开，如图 2-9 所示。

图 2-9　打开"新建文件夹"

(3) 在"文件类型"下拉列表框中选择 *.AI 格式，在"查找范围"中选择"名片"文件，这时可在"打开"对话框的下方预览文档的缩览图，如图 2-10 所示。

图 2-10　选择文件类型及文件名称

21 世纪电脑学校

18

(4) 选择完成后，单击"打开"按钮关闭对话框，即可打开所选择的文档。

2.1.3　关闭和保存文档

在 Illustrator CS3 中要关闭文档有 3 种方法，一是选择菜单栏中的"文件" | "关闭"命令，二是按快捷键 Ctrl+W，三是可以直接单击文档窗口右上角的"关闭"按钮 ⊠，即可关闭文档。

要保存文档可以执行菜单栏中的"文件" | "存储"、"存储为"、"存储副本"或"存储为模板"命令。"存储"命令用于保存操作结束前未进行过保存的文档。如果打开的文档进行了编辑修改后，而保存时不想覆盖原文档，此时可以选择"存储为"命令对文档进行另存。

【练习 2-4】在 Illustrator CS3 中，将新绘制的文档进行存储。

(1) 启动 Illustrator CS3，并在新建文档中绘制如图 2-11 所示的图形。

(2) 选择菜单栏中的"文件" | "存储"命令，或按快捷键 Ctrl+S，弹出"存储为"对话框，如图 2-12 所示。

图 2-11　绘制图形

图 2-12　"存储为"对话框

(3) 在"保存在"下拉列表中选择 E 盘，并单击"创建新文件夹"按钮，创建一个新文件夹，如图 2-13 所示。

(4) 在创建的"新建文件夹"名称上单击右键弹出快捷菜单。然后选择菜单中的"重命名"命令，将创建的新文件夹名称更改为"Illustrator 实例"，如图 2-14 所示。

图 2-13　创建新文件夹

图 2-14　更改文件夹名称

(5) 双击刚创建的 "Illustrator 实例" 文件夹，将其打开。然后在 "文件名" 选项栏中输入 "2-4"，保存类型选择 Adobe Illustrator (*.AI)，如图 2-15 左图所示。设置完成后，单击 "保存" 按钮，弹出 "Illustrator 选项" 对话框，这里使用默认设置，再单击 "确定" 按钮，就可以将绘制的作品保存。此时，文档标题栏中将显示文档名称为 2-4。

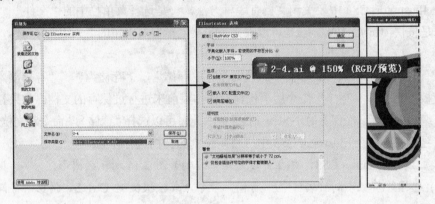

图 2-15　存储文档

【练习 2-5】在 Illustrator CS3 中，使用 "存储为" 命令将修改过的文档进行另存。

(1) 选择菜单栏中的 "文件" | "打开" 命令，在 "打开" 对话框中选择 "Illustrator 实例" 文件夹中的 "2-5" 文档，并双击打开，如图 2-16 所示。

图 2-16　打开文档

(2) 选择 "工具" 面板中的 "选择" 工具 ，在打开的文档中框选全部对象，如图 2-17 所示。

(3) 按住 Ctrl+Alt 键拖动选中对象，将其进行复制，如图 2-18 所示。

图 2-17　框选对象　　　　　　　图 2-18　复制对象

(4) 选择菜单栏中的"文件"|"存储为"命令，打开"存储为"对话框，如图 2-19 所示。

(5) 在"保存存"下拉列表框中选择"本地磁盘(E:)"下的"Illustrator 实例"文件夹保存，如图 2-20 所示。

图 2-19　打开"存储为"对话框　　　　　　图 2-20　选择保存路径

(6) 在"文件名"文本框中，将文件名称更改为"2-5-1"，保存类型选择 Adobe Illustrator (*.AI)，如图 2-21 左图所示。设置完成后，单击"保存"按钮，弹出"Illustrator 选项"对话框，这里使用默认设置，再单击"确定"按钮，即可将修改后的文档另存。此时，文档名称将更改为"2-5-1"，如图 2-21 右图所示。

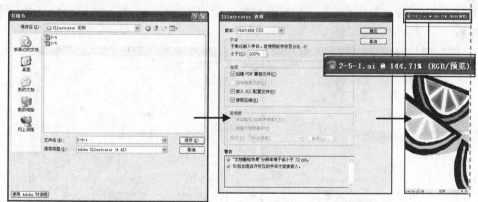

图 2-21　另存文档

2.1.4　置入和导出文件

Illustrator CS3 具有良好的兼容性，利用 Illustrator 的"置入"与"导出"功能，可以置入多种格式的图形图像文件为 Illustrator 所用，也可以将 Illustrator 的文件以其他的图像格式导出为其他软件所用。

1. 置入

菜单栏中的"文件"|"置入"命令主要用于置入"打开"命令不能打开的图形图像文件。

此命令可以将多达 20 多种格式的图形图像文件置入到 Illustrator 软件中，文件还可以以嵌入或链接的形式被置入，也可以作为模板文件置入。

【练习 2-6】在 Illustrator 中置入 JPEG 格式文件。

(1) 选择菜单栏中的"文件"|"打开"命令，打开"打开"对话框。在"打开"对话框中选择"Illustrator 实例"文件夹中的"2-6"图像文档，单击"打开"按钮打开文档，如图 2-22 所示。

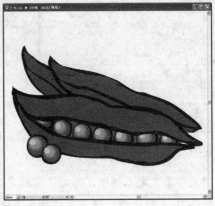

图 2-22　打开图像文档

(2) 选择菜单栏中的"文件"|"置入"命令，弹出如图 2-23 所示的"置入"对话框。

(3) 在对话框的"查找范围"下拉列表框中选择"果脯"文件夹下的 126.jpg 文件，如图 2-24 所示。

图 2-23　打开"置入"对话框　　　　　图 2-24　选择置入的文档

- "链接"复选框：选择此选项，被置入的图形或图像文件与 Illustrator 文档保持独立，最终形成的文档不会太大，当链接的原文件被修改或编辑时，置入的链接文件也会自动修改更新。若不选择此项，置入的文件会嵌入到 Illustrator 文档中，该文件的信息将完全包含在 Illustrator 文档中，形成一个较大的文件，并且当链接的文件被编辑或修改时，置入的文件不会自动更新。默认状态下，此选项处于被选择状态。

- "模板"复选框：选择此选项，将置入的图形或图像创建为一个新的模板图层，并用图形或图像的文件名称为该模板命名。
- "替换"复选框：如果在置入图形或图像文件之前，页面中具有被选取的图形或图像，选择此选项，可以用新置入的图形或图像替换被选取的原图形或图像。页面中如没有被选取的对象，此选项不可用。

(4) 设置完成后，单击"置入"按钮，即可将选取的文件置入到页面中。并选择菜单栏中的"对象"|"排列"|"置于底层"命令，将置入的图像放置到最底层；或在图像上单击右键，在弹出的快捷菜单中选择"排列"|"置于底层"命令，即可将置入图像放置到最底层，如图 2-25 所示。

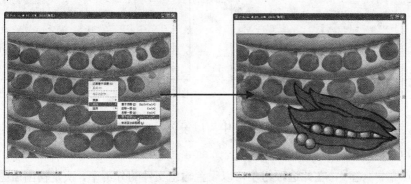

图 2-25　置入并排列图像

2. 导出

使用菜单栏中的"文件"|"导出"命令，可以将 Illustrator 中的图形输出成 13 种其他格式的文件，以便于在其他软件中进行编辑处理。

【练习 2-7】在 Illustrator 中打开文档，并将文档以 PSD 格式导出。

(1) 选择菜单栏中的"文件"|"打开"命令，打开"打开"对话框。在"打开"对话框中选择"饮料"文件夹下的"184"文档，单击"打开"按钮，如图 2-26 所示。

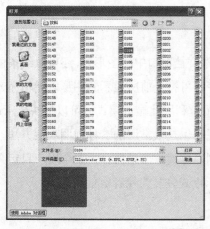

图 2-26　打开图像文档

(2) 选择"文件"|"导出"命令，弹出"导出"对话框，如图 2-27 所示。

(3) 在"保存在"下拉列表中选择导出文件的位置为 E 盘下"Illustrator 实例"文件夹。在"文件名"文本框中重新输入文件名称"2-7"。在"保存类型"下拉列表框中选择*.PSD格式，如图 2-27 所示，单击"保存"按钮，弹出如图 2-28 所示的"PSD 导出选项"对话框。

图 2-27　设置"导出"对话框

图 2-28　设置"PSD 导出选项"对话框

- "颜色模式"选项：在此下拉列表中可以设置输出文件的颜色模式，其中包括 RGB、CMYK 和灰度 3 种。
- "分辨率"选项：在此选项组中可以设置输出文件的分辨率，决定输出后图形文件的清晰度。
- "写入图层"选项：设置此选项，输出的文件将保留图形在 Illustrator 软件中原有的图层。
- "消除锯齿"复选框：选择此选项，输出的图形边缘较为清晰，不会出现粗糙的锯齿效果。

(4) 选项设置完成后，单击"确定"按钮，完成图形的输出操作。启动 Photoshop 软件，按照导出的文件路径就可以打开导出的图形文件了。

2.2　视图的显示模式

在 Illustrator 中除了可以以正常显示的方式观察文档窗口中的图形外，还可以线条稿的形式来观察。选择菜单栏中的"文件"|"轮廓"命令，可将当前所显示的图形以无填充、无颜色、无画笔效果的原线条状态显示，如图 2-29 所示。利用此显示模式，可以加快显示速度。

除此之外，用户也可以自定义视图，自定义视图也是很常用的一种视图观察方法。自定义视图可以将当前图形显示的模式及视图缩放比例、位置等信息保存为一个用户自定义的视图，在需要的时候直接调用即可将当前图形的显示模式恢复为保存时的状态。

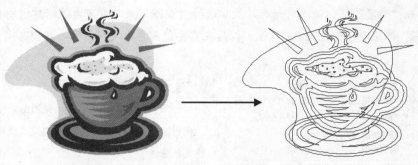

图 2-29　将图形转换为"轮廓"模式

【练习 2-8】在 Illustrator 中创建自定视图显示模式。

(1) 选择菜单栏中的"文件"|"打开"命令，在"打开"对话框中选择"Illustrator 实例"文件夹下的"2-8"图形文档，单击"打开"按钮，如图 2-30 所示。

图 2-30　打开图形文档

(2) 在打开的"2-8"图形文档的状态栏中，直接输入设置缩放为 400%，按下 Enter 键应用设置，将打开的图形文档放大至 400%，如图 2-31 所示。

(3) 选择菜单栏中的"视图"|"新建视图"命令，打开"新建视图"对话框，在对话框"名称"文本框中输入"400%缩放"，如图 2-32 所示。

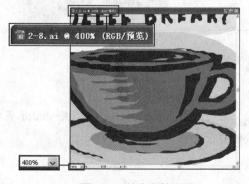
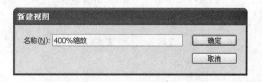

图 2-31　放大文档视图　　　　　　　图 2-32　设置"新建视图"对话框

(4) 单击"确定"按钮关闭对话框,然后选择"视图"菜单即可看见新建视图显示模式"400%缩放"的名称,如图 2-33 所示。以后在需要使用自定义视图时,直接选择自定义命令即可。

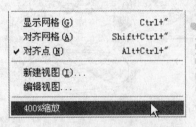

图 2-33 创建"400%缩放"显示模式

提示

当用户建立了多个自定义视图后,可以选择"视图"|"编辑视图"命令对自定义视图进行编辑或删除。

2.3 改变图片的显示

Illustrator 提供了缩放工具、手形工具和"导航器"面板等多种形式,可以方便地按照不同的放大倍数查看图形的不同区域,更加精确地绘制和编辑图像。

2.3.1 使用"缩放"工具

在 Illustrator CS3 中,用户可以通过"视图"菜单中的"放大"、"缩小"、"适合窗口大小"和"实际大小"命令调整所需视图的显示比例。也可以选择工具箱中的"缩放"工具 来实现视图显示比例的调整。如图 2-34 所示为使用"缩放"工具放大、缩小视图效果。在 Illustrator CS3 中,放大显示的最大比例为 6400%。

图 2-34 使用"缩放"工具放大、缩小视图

【练习 2-9】在 Illustrator 中,使用"缩放"工具更改图形文档显示大小。

(1) 选择菜单栏中的"文件"|"打开"命令,在"打开"对话框中选择"Illustrator 实例"文件夹下的"2-9"图形文档,单击"打开"按钮打开文档,如图 2-35 所示。

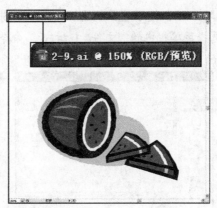

图 2-35　打开图形文档

(2) 选择工具箱中的"缩放"工具🔍，在文档窗口中拖动出一个矩形框如图 2-36 所示。

(3) 所拖动出来的矩形框是所选择的需要放大显示的视图区域，选择好需要放大显示的区域后，释放鼠标即可放大视图的显示比例，如图 2-37 所示。

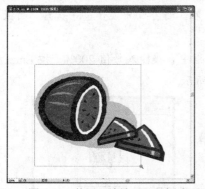
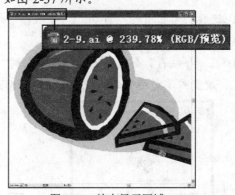

图 2-36　使用"缩放"工具框选区域　　　　图 2-37　放大显示区域

(4) 按住 Alt 键即可将"缩放"工具切换为缩小状态，在图形文档中单击即可将视图缩小。

2.3.2　使用"手形"工具

在放大显示的工作区域中观察图形时，经常还需要观察窗口以外的视图区域，因此，需要通过移动视图显示区域来进行观察。如果需要实现该操作，用户可以选择工具箱中的"手形"工具🖐，然后在工作区中按下并拖动鼠标，即可移动视图显示画面。

2.3.3　使用"导航器"面板

在 Illustrator CS3 中，通过"导航器"面板，用户不仅可以很方便地对工作区中所显示的图形文档进行移动显示观察，还可以对视图显示的比例进行缩放调节。通过选择"窗口"|"导航器"命令即可显示或隐藏"导航器"面板。

【练习 2-10】使用"导航器"面板改变图形文档显示比例和区域。

(1) 选择菜单栏中的"文件"|"打开"命令,在"打开"对话框中选择"Illustrator 实例"文件夹中的"2-10"图形文档,单击"打开"按钮将其打开,如图 2-38 所示。

图 2-38 打开图形文档

(2) 选择菜单栏中的"窗口"|"导航器"命令,在工作界面中显示"导航器"面板,如图 2-39 所示。

(3) 在"导航器"面板底部的"显示比例"文本框中直接输入数值 200%,按 Enter 键应用设置,改变图像文件窗口的显示比例,如图 2-40 所示。

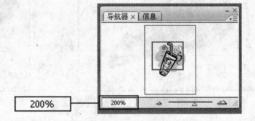

图 2-39 "导航器"面板　　　　　图 2-40 使用"显示比例"文本框

(4) 单击选中"显示比例"文本框右侧的缩放比例滑块,并按住左键拖动至适合位置释放左键,以调整图像文件窗口的显示比例。向左移动缩放比例滑块时,可以缩小画面的显示比例;向右移动缩放比例滑块,可以放大画面的显示比例。在调整画面显示时,"导航器"面板中的红色矩形框也会同时进行相应的缩放,如图 2-41 所示。

图 2-41 拖动滑块改变视图显示比例

(5)"导航器"面板中的红色矩形框表示当前窗口显示的画面范围。当把光标移动至"导航器"面板预览窗口中的红色矩形框内，光标会变为手形标记 ，按住并拖动手形标记，即可通过移动红色矩形框来改变放大的图像文件窗口中显示的画面区域，如图 2-42 所示。

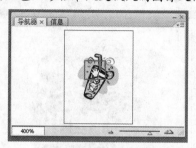

图 2-42 在"导航器"面板中移动画面显示区域

2.4 视图辅助工具

在 Illustrator 中提供了多种辅助绘图的工具。这些工具对绘制图形不作任何修改，只在绘制过程中起到参考作用。这些工具用于测量和定位图形，熟练应用可以提高工作效率。

2.4.1 使用"标尺"

在工作界面中，标尺由水平标尺和垂直标尺两部分组成，通过使用标尺，用户不仅可以很方便地测量出对象的大小与位置，还可以结合从标尺中拖动出的参考线准确地创建和编辑对象。

【练习 2-11】对打开的图形文档应用标尺并设置标尺单位。

(1) 选择菜单栏中的"文件"|"打开"命令，在"打开"对话框中选择"Illustrator 实例"文件夹中的"2-11"图形文档，单击"打开"按钮打开文档，如图 2-43 所示。

图 2-43 打开图形文档

(2) 选择菜单栏中的"视图"|"显示标尺"命令，或者按下 Ctrl+R 键，即可在工作界面中显示标尺，如图 2-44 所示。显示标尺后，选择"视图"|"隐藏标尺"命令，或者再次按下 Ctrl+R 键，即可将工作界面中所显示的标尺隐藏起来。

图 2-44　显示和隐藏标尺

(3) 默认情况下，标尺的度量单位是毫米。如果需要修改标尺的度量单位，可以选择菜单栏中的"编辑"|"首选项"|"单位和显示性能"命令，打开"首选项"对话框的"单位和显示性能"选项，如图 2-45 所示。在"单位和显示性能"选项的"常规"下拉列表中，选择所需的度量单位后单击"确定"按钮即可。用户还可以在标尺的任意区域上单击鼠标右键，然后在弹出的快捷菜单中选择所需的标尺的度量单位即可，如图 2-46 所示。

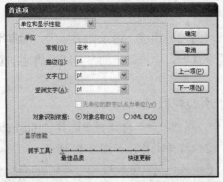
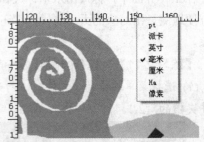

图 2-45　"首选项"对话框的"单位和显示性能"选项　　图 2-46　标尺的度量单位的快捷菜单

2.4.2　使用"网格"

在 Illustrator CS3 中，网格的作用与参考线的作用相同，它们常用于精确创建和编辑对象的辅助操作。在创建和编辑对象时，用户还可以通过选择"视图"菜单中的相关命令使对象能够自动对齐到网格上。

【练习 2-12】在 Illustrator 中使用网格，并利用网格绘制图形。

(1) 选择菜单栏中的"文件"|"打开"命令，在"打开"对话框中选择"Illustrator 实例"文件夹中的"2-12"图形文档，单击"打开"按钮打开文档，如图 2-47 所示。

图 2-47　打开图形文档

(2) 选择菜单栏中的"视图"|"显示网格"命令，或者按下 Ctrl+' 键，即可在工作界面中显示网格，如图 2-48 所示。在显示网格后，通过选择"视图"|"隐藏网格"命令或者按下 Ctrl+' 键，可以将工作界面中所显示的网格隐藏起来。

图 2-48　在工作界面显示和隐藏网格

(3) 选择菜单栏中的"编辑"|"首选项"|"参考线和网格"命令，在打开的"首选项"对话框的"参考线和网格"选项中，设置与调整网格参数。双击网格颜色块，打开"颜色"对话框，在"基本颜色"选项组中选择深灰色，如图 2-49 所示，单击"确定"按钮关闭"颜色"对话框，将网格颜色更改为深灰色。

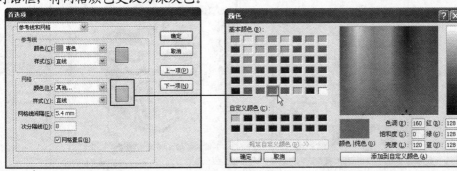

图 2-49　"首选项"对话框的"参考线和网格"选项

在"参考线和网格"选项的"网格"选项组中，各项参数的作用如下：

● "颜色"下拉列表：可以在该下拉列表中选择预设的网格线颜色，也可以通过双击其右侧的色块，在打开的"颜色"对话框中设置颜色参数。

● "样式"下拉列表：可以通过该下拉列表将网格线设置为线或点。

● "网格线间隔"文本框：该文本框用于设置网格线之间的间隔距离。

● "次分隔线"文本框：该文本框用于设置网格线内再分割网格的数量。

● "网格置后"复选框：该复选框用于设置网络线是否显示于页面的最底层。

(4) 在"首选项"对话框设置完成后，单击"确定"按钮即可将所设置的参数应用到文件中。

(5) 选择菜单栏中的"视图"|"对齐网格"命令后，当创建和编辑对象时，对象能够自动对齐网格，以实现操作的准确性。想要取消对齐网格的效果，只需再次选择"视图"|"对齐网格"命令即可。

(6) 选择工具箱中的"矩形"工具，在图形文档中按住左键拖动绘制一个矩形，如图2-50 所示。

图 2-50　绘制矩形

(7) 选择菜单栏中的"窗口"|"画笔库"|"边框"|"边框几何图形"命令，打开"边框_几何图形"面板，并单击选择"几何图形 10"画笔，即可为绘制的矩形添加画笔样式，如图 2-51 所示。

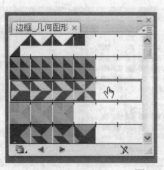

图 2-51　添加画笔样式

2.4.3　使用"参考线"

在 Illustrator CS3 中，参考线指的是放置在工作区中用于辅助用户创建和编辑对象的垂直和水平直线，也被称为辅助线。参考线的类型可分为两种：一种是普通参考线；另一种是智能参考线。在默认情况下，用户自由创建的各种参考线可以直接显示在工作区中，并且为锁定状态，但是用户可以根据需要将其隐藏或解锁。另外，在默认情况下，用户将对象移至参考线附近时，该对象将自动与参考线对齐。

智能参考线与普通参考线的不同之处在于：智能参考线可以根据当前所进行的操作以及操作的状态显示参考线及其相应的提示信息。

选择"视图"|"智能参考线"命令即可启用智能参考线功能。这时，如果用户将光标移至工作区中的对象上时，参考线将会自动以高亮方式显示对象的轮廓路径，并且标注出光标所指对象位置的名称，例如"路径"等，如图 2-52 左图所示。当用户对对象进行编辑操作(如移动)时，系统将显示一些相关的提示信息，如图 2-52 右图所示。

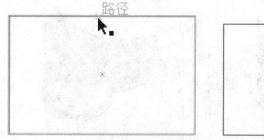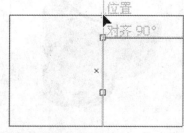

图 2-52　启用智能参考线后进行操作的效果

【练习 2-13】在 Illustrator 中设置参考线，并创建、应用参考线进行相关操作。

(1) 选择菜单栏中的"文件"|"打开"命令，在"打开"对话框中选择"Illustrator 实例"文件夹下的"2-13"图形文档，单击"打开"按钮打开文档，如图 2-53 所示。

图 2-53　打开图形文档

(2) 选择菜单栏中的"编辑"|"首选项"|"参考线和网格"命令，在打开对话框的"参考线"选项组中，单击"颜色"下拉列表，选择淡红色为参考线颜色，如图 2-54 所示，单击"确定"按钮关闭对话框。

图 2-54　设置参考线颜色

提示

"颜色"下拉列表：在该下拉列表中，用户可以选择预设的参考线颜色，也可以通过双击其选项右侧的色块，在打开的"颜色"对话框中设置参考线的颜色。"样式"下拉列表：在该下拉列表中，用户可以将参考线设置为线或点。

(3) 在水平标尺或垂直标尺中按下鼠标左键并拖动，从标尺中拖动出参考线，然后在工作区的适当位置释放鼠标，即可在工作区中创建出水平或垂直参考线，如图 2-55 所示。

图 2-55　创建水平和垂直参考线

(4) 选择工具箱中的"矩形"工具，根据参考线按住鼠标左键在文档中拖动绘制一个矩形，如图 2-56 所示。

(5) 然后选择工具箱中的"选择"工具选中绘制的矩形，选择"视图"|"参考线"|"建立参考线"命令，即可将选中的路径对象转换为参考线；也可以在选中的路径对象上单击鼠标右键，在弹出的快捷菜单中选择"建立参考线"命令即可，如图 2-57 所示。

图 2-56　绘制矩形　　　　图 2-57　将路径转换为参考线

(6) 选择菜单栏中的"视图"|"参考线"|"锁定参考线"命令锁定全部参考线。如果用户需要调整参考线的位置，可以再次选择"视图"|"参考线"|"锁定参考线"命令解锁参考线。这时用户可以看到该命令前的选中状态的标志立即消失。

(7) 解锁参考线后，使用工具箱中的"选择"工具 选中先前转换为参考线的路径，然后选择"视图"|"参考线"|"释放参考线"命令，即可将参考线转换为路径对象，并以当前工具箱中设置的描边与填色参数属性为基准进行应用。也可以在选中的参考线上单击鼠标右键，在打开的快捷菜单中选择"释放参考线"命令即可，如图 2-58 所示。

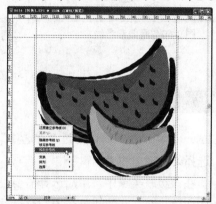

图 2-58　释放参考线

(8) 选择菜单栏中的"窗口"|"画笔库"|"边框"|"边框几何图形"命令，打开"边框_几何图形"面板，并单击选择"三角形"画笔，即可为绘制的矩形添加画笔样式，如图 2-59 所示。

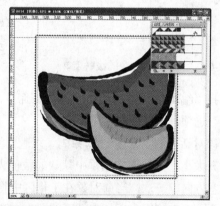

图 2-59　添加画笔样式

(9) 选择菜单栏中的"视图"|"参考线"|"隐藏参考线"命令，将文档中的参考线进行隐藏，如图 2-60 所示。如果需要重新显示参考线，只需选择"视图"|"参考线"|"显示参考线"命令即可。

图 2-60　隐藏参考线

2.5　软件优化设置

在 Illustrator 中，用户可以通过"首选项"命令，对软件各种参数进行设置，从而方便应用绘制。选择菜单栏中的"编辑" | "首选项"命令，可以打开"首选项"的级联菜单，如图 2-61 所示。在该级联菜单中，用户选择需要设置的参数类别选项命令来打开"首选项"对话框中的相应选项。在打开的"首选项"对话框中，设置相应的工作环境参数。下面将介绍常用的"首选项"对话框中的设置选项。

常规(G)...	Ctrl+K
选择和锚点显示(A)...	
文字(T)...	
单位和显示性能(U)...	
参考线和网格(R)...	
智能参考线和切片(S)...	
连字(H)...	
增效工具和暂存盘(P)...	
用户界面(I)...	
文件处理和剪贴板(F)...	
黑色外观(B)...	

图 2-61　"首选项"命令的级联菜单

选择"编辑" | "首选项" | "常规"命令，或按 Ctrl+K 键，打开"首选项"对话框中的"常规"选项，如图 2-62 所示。

在该对话框的"常规"选项中，"键盘增量"文本框用于设置使用键盘方向键移动对象时的距离大小，例如该文本框中默认的数值为 0.3528mm，该数值表示选择对象后按下键盘上的任意方向键一次，当前对象在工作区中将移动 0.3528mm 的距离。"约束角度"文本框用于设置页面工作区中所创建图形的角度，例如输入 30°，那么所绘制的任何图形均按照倾斜 30° 进行创建。"圆角半径"文本框用于设置工具箱中的"圆角矩形"工具绘制图形的圆角半径。"常规"选项中各主要复选框的作用分别如下：

- "使用精确光标"复选框：该复选框用于控制工具箱中图形绘制工具的光标形状。选中该复选框，图形绘制类工具的光标将变成交叉线形状 ×，这样将有助于绘制操作的精确定位。

- "停用自动添加/删除"复选框：选中该复选框，当使用"钢笔"工具绘制路径时，自动切换为"添加"节点工具或"删除节点"工具的功能将被取消。
- "缩放描边和效果"复选框：选中该复选框，当对所选对象进行缩放变形时，对象的描边宽度和应用的效果也随着进行等比例缩放。

选择"编辑"|"首选项"|"文字"命令，系统将打开"首选项"对话框的"文字"选项，如图 2-63 所示。

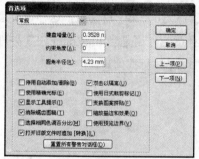

图 2-62　"常规"选项

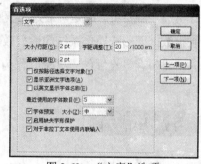

图 2-63　"文字"选项

在该对话框的"文字"选项中，"大小/行距"文本框用于调整文字之间的行距；"字距调整"文本框用于设置文字之间的间隔距离；"基线偏移"文本框用于设置文字基线的位置。选中"仅按路径选择文字对象"复选框，可以通过直接单击文字路径的任何位置来选择该路径上的文字；选中"以英文显示字体名称"复选框，"字符"面板中的"字体类型"下拉列表框中的字体名称将以英文方式进行显示。

选择"编辑"|"首选项"|"单位和显示性能"命令，打开"首选项"对话框中的"单位和显示性能"选项，如图 2-64 所示。

在该对话框中的"单位和显示性能"选项中，通过"常规"下拉列表框可以设置尺寸的度量单位；通过"描边"下拉列表框可以设置描边宽度的度量单位；通过"亚洲文字"下拉列表框可以设置文字字号的度量单位。

在"显示性能"选项组，用户可以设置当使用"抓手"工具移动视图显示时视图显示的效果。当设置该选项为较高显示品质时，将会造成屏幕刷新速度变慢。

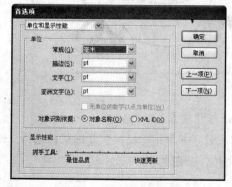

图 2-64　"单位和显示性能"选项

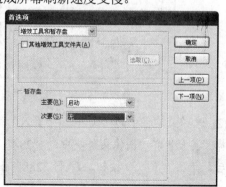

图 2-65　"增效工具和暂存盘"选项

选择"编辑"|"首选项"|"增效工具和暂存盘"命令，打开"首选项"对话框中的"增效工具和暂存盘"选项，如图 2-65 所示。该选项主要用于设置 Illustrator CS3 中第三方开发的程序的磁盘位置以及暂存盘磁盘位置。

在"首选项"对话框的"增效工具和暂存盘"选项中，用户选中"其他增效工具文件夹"复选框后，单击"选取"按钮，在打开的"新建的其他增效工具文件夹"对话框中设置增效工具文件夹的名称与位置。在"暂存盘"选项组中，用户可以设置系统的主要和次要暂存盘存放位置。不过，需要注意的是，最好不要将系统盘 C 作为第一启动盘，这样可以避免因频繁的读写硬盘数据而影响操作系统的运行效率。暂存盘的作用是当 Illustrator CS3 处理较大的图形文件时，将暂存盘设置的磁盘空间作为缓存，以存放数据信息。

2.6 上机实验

本章上机实验主要通过在 Illustrator 中置入、导出其他格式图像文档和自定义视图显示模式，来练习文件菜单的使用和更改显示模式的操作方法。

2.6.1 创建置入导出

在 Illustrator 中，打开已创建图形文档，并置入其他格式图像文档，再以其他格式导出。

(1) 启动 Illustrator CS3，选择菜单栏中的"文件"|"打开"命令，打开"打开"对话框。在该对话框中选择"Illustrator 实例"文件夹中的"261"，单击"打开"按钮打开文档，如图 2-66 所示。

图 2-66　打开图形文档

(2) 选择菜单栏中的"文件"|"置入"命令，打开"置入"对话框，在"置入"对话框中选择"美食世界"图像文件夹中的"288"图像文件，并取消"链接"复选框的选择。设置完成后，单击"置入"按钮，打开"288"图像文档，如图 2-67 所示。

图 2-67　置入图像

（3）选择菜单栏中的"编辑"｜"首选项"｜"参考线和网格"命令，打开"首选项"对话框，如图 2-68 所示。

（4）在对话框中的"参考线"选项组中，单击"颜色"下拉列表，选择"中度蓝色"，如图 2-69 所示，单击"确定"按钮应用设置。

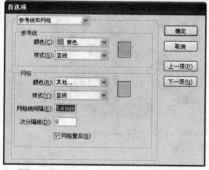
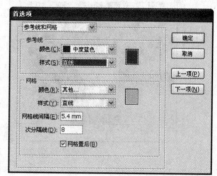

图 2-68　打开"首选项"对话框　　　　　　　图 2-69　设置参考线颜色

（5）使用工具箱中的"选择"工具 单击选中置入的图像，然后选择菜单栏中的"视图"｜"智能参考线"命令，启用智能参考线。

（6）当鼠标移动到控制点位置，光标变成双向直箭头图标时，按住鼠标左键拖动可缩放选中图像的大小，同时会显示相关的位置参考信息，如图 2-70 所示。

（7）使用步骤（6）的方法将置入图像调整至与文档页面同大小，如图 2-71 所示。

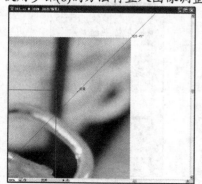

图 2-70　启用智能参考线　　　　　　　图 2-71　调整图像大小

(8) 选择工具箱中的"选择"工具 ，选中置入图像并单击右键。在弹出的菜单中选择"排列"|"置于底层"命令，将图像放置在最底层，如图 2-72 所示。

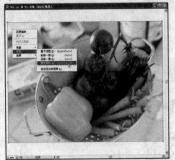

图 2-72　排列图像

(9) 使用"选择"工具 框选图形，并按住左键将其拖动到合适位置后释放鼠标，如图 2-73 所示。

图 2-73　移动选中图形

(10) 选择菜单栏中的"文件"|"导出"命令，打开"导出"对话框。在该对话框中的"文件名"文本框中输入"261JPEG"，在"保存类型"下拉列表框中选择 JPEG(*.JPEG)选项，并设置所要导出图形文件的保存位置，如图 2-74 所示。

(11) 设置完成后，单击"保存"按钮，系统将打开"JPEG 选项"对话框，如图 2-75 所示。在该对话框中，用户可以设置保存图像的品质、格式、分辨率等参数选项。设置完成后，单击"确定"按钮即可按照设置将该图形文件导出为 JPEG 格式的文件。

图 2-74　设置"导出"对话框　　　　图 2-75　设置"JPEG 选项"

2.6.2　设置自定义显示模式

将视图显示模式设置为"轮廓"显示模式，放大图形对象的局部区域，并将当前的视图显示模式保存为"局部放大"。

(1) 启动 Illustrator CS3 后，选择菜单栏中的"文件"|"打开"命令，在"打开"对话框中选择"Illustrator 实例"文件夹中的"262"图形文档，单击"打开"按钮打开文档，如图2-76 所示。

图 2-76　打开图形文档

(2) 选择菜单栏中的"视图"|"轮廓"命令，将工作区中打开的图形文件以"轮廓"显示模式进行显示，如图 2-77 所示。

(3) 选择"工具"面板中的"缩放"工具，然后在工作区中图形对象的局部区域按下鼠标左键并拖动出一个矩形框，如图 2-78 所示。

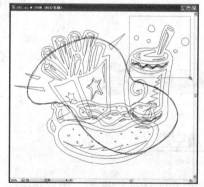

图 2-77　以"轮廓"显示模式显示图像　　图 2-78　使用"缩放"工具框选区域

(4) 使用"缩放"工具拖动到合适的区域后释放鼠标左键，即可放大矩形框中的图像，如图 2-79 所示。

(5) 选择菜单栏中的"视图"|"新建视图"命令，打开"新建视图"对话框，如图 2-80 所示。在该对话框的"名称"文本框中设置视图模式的名称为"局部放大"。

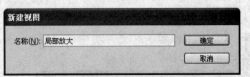

图 2-79　放大局部的图形区域　　　　　图 2-80　"新建视图"对话框

(6) 设置完成后，单击"确定"按钮，在"视图"菜单的底部将显示所创建的自定义视图方式。

(7) 在以后的操作中，只需选择"视图"|"局部放大"命令，即可按照自定义的显示方式显示工作区中的图形对象，如图 2-81 所示。

图 2-81　使用自定义的显示方式

2.7　思考练习

2.7.1　填空题

1. 启动 Illustrator CS3 后，用户必须先_____或_____，才能进行相关的绘制和编辑操作。

2. 标尺在工作界面中由_____和_____两部分组成，使用标尺能够很方便地测量出对象的大小与位置，以准确地在工作区中创建和编辑对象。

3. Illustrator CS3 中提供了_____、_____和_____等多种方式，可以方便地按照不同的放大倍数查看图形文档。

4. Illustrator 中网格的作用与 _____ 是相同的，他们常常用于 _____ 和 _____ 的辅助操作。

2.7.2　选择题

1. 如果用户需要关闭当前操作的图形文件窗口，可以选择(　　)命令，也可以通过按下(　　)组合键来实现，还可以通过单击该文件窗口标题栏上的(　　)按钮将其关闭。下列对于这些操作方法的默认名称表述正确的是(　　)。

    A. "文件" | "关闭"、Ctrl+W、"关闭"

    B. "文件" | "退出"、Ctrl+W、"关闭"

    C. "文件" | "关闭"、Ctrl+Q、"关闭"

    D. "文件" | "关闭"、Ctrl+W、"退出"

2. 在 Illustrator CS3 中，(　　)不是标尺的单位。

    A. 磅　　　　B. 像素　　　　　C. 英寸　　　D. 派卡

3. 在 Illustrator CS3 中，网格的基本单位是(　　)。

    A. 点　　　　B. 像素　　　　　C. 毫米　　　D. 厘米

2.7.3　操作题

1. 创建一个文件名称为 "16K" 的图形文件，以 "厘米" 为度量单位、高为 26cm、宽为 18.4cm、取向为 "横向"、颜色模式为 CMYK 颜色，然后再更改它的高为 18.4cm、宽为 13cm、取向为 "纵向"。

2. 在创建的图形文件中，置入一个 BMP 图像文件，然后将其导出为 AutoCAD 交换格式的图像文件。

图形的基本绘制

本章导读

绘图工具是 Illustrator 工具箱中重要的组成部分。它为用户提供了多种功能的线形工具组和基本图形绘制工具组，通过使用这些工具能够方便地绘制出直线线段、弧形线段、矩形、椭圆形等各种规则或不规则的矢量图形。将这些工具熟练掌握后，对后面章节中的图形绘制及编辑操作有很大的帮助作用。

重点和难点

- 认识路径
- 使用线形工具组
- 使用几何图形工具组
- 使用钢笔工具

3.1 路径概述

路径是 Illustrator 绘制图形的重要部分。无论多复杂的图形，都是由路径组成的。用户可以通过创建和编辑路径，绘制出自己满意的图形。

3.1.1 路径的组成

路径是由锚点、线段、控制柄和控制点组成的，如图 3-1 所示。用户可以根据需要对不同部分进行编辑来改变路径的形状。

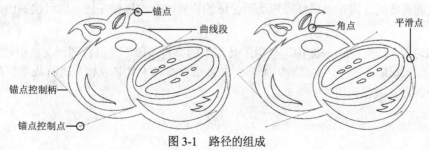

图 3-1 路径的组成

- 锚点：是指各线段两端的方块控制点，它可以决定路径的改变方向。锚点可分为"角点"和"平滑点"两种。
- 线段：是指两个锚点之间的路径部分，所有的路径都以锚点起始和结束。线段分为直线段和曲线段两种。
- 控制柄：在绘制曲线路径的过程中，锚点的两端会出现带有锚点控制点的直线，也就是控制柄。使用"直接选取"工具在绘制好的曲线路径上单击选取锚点，则锚点的两端会出现控制柄，通过移动控制柄上的控制点可以调整曲线的弯曲程度。

3.1.2 闭合路径与开放路径

路径分为闭合路径和开放路径两种。开放路径的起点和终点互不相连；闭合路径的锚点是连续的，如图 3-2 所示。

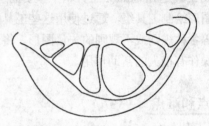

图 3-2　闭合路径和开放路径

3.2 线形工具组的使用

在 Illustrator CS3 中，线形工具组是比较常用的绘图工具之一。线形工具组包括"直线段"工具、"弧线"工具、"螺旋线"工具、"矩形网格"工具和"极坐标网格"工具。下面将依次介绍这些工具的基本操作方法。

3.2.1 "直线段"工具

在使用"直线段"工具绘制直线时，既可以自由绘制，也可以精确绘制。要想在文档中绘制直线线段，可以在工具箱中选择"直线段"工具，然后在文档中按下鼠标左键，并向需要绘制直线的方向拖动鼠标，拖动至合适的位置时释放鼠标左键，即可绘制出一条直线线段。

【练习 3-1】在 Illustrator 中，使用工具箱中的"直线段"工具在图形文档中绘制直线。

(1) 选择工具箱中的"直线段"工具，在文档中心按下鼠标左键并进行拖动，释放鼠标后即可绘制出直线，如图 3-3 所示。

图 3-3　拖动绘制直线

(2) 在绘制直线时按住 Shift 键，可以使绘制的直线以 45° 增量方向旋转，如图 3-4 左图所示。如按住 Alt 键，直线将以单击点为中心向两侧伸展，如图 3-4 右图所示。

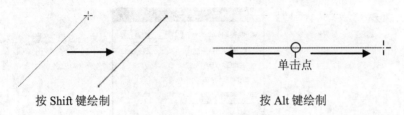

按 Shift 键绘制　　　　　　　　　　　　　　按 Alt 键绘制

图 3-4　按住 Shift 或 Alt 键绘制

(3) 在绘制过程中，按住空格键，可以冻结正在绘制的直线，此时可以移动直线至相应的位置，放开空格键后还可以继续绘制直线。

(4) 如果按住~键，则随着鼠标的拖动，可以绘制出多条直线，如图 3-5 所示。

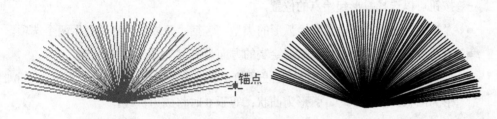

图 3-5　按住~键绘制多条直线

(5) 如果要绘制精确的直线，可选择"直线"工具后，在文档中的任意位置单击鼠标，将打开"直线段工具选项"对话框。在该对话框的"长度"文本框中输入直线的长度；在"角度"文本框中输入数值或旋转转盘以确定直线角度；设置完成后单击"确定"按钮，即可创建一条直线，如图 3-6 所示。

图 3-6　使用"直线段工具选项"精确绘制直线

3.2.2　"弧形"工具

弧线是许多矢量图形中不可缺少的组成部分，使用"弧形"工具可以绘制出各种类型的弧线，其操作方法与直线线段的绘制方法基本相同。

【练习 3-2】在 Illustrator 中使用 "弧形" 工具绘制弧线。

(1) 选择工具箱中的 "弧形" 工具 ，在文档中单击并拖动鼠标即可绘制出弧线，如图 3-7 所示。

(2) 选择 "弧形" 工具 ，在文档中单击鼠标，将打开 "弧线段工具选项" 对话框，通过设置各项参数即可绘制精确的弧线，如图 3-8 所示。

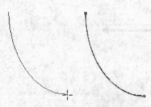

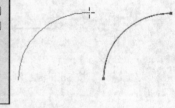

图 3-7　拖动绘制弧形　　　　　图 3-8　使用 "弧线段工具选项" 精确绘制弧形

在 "弧线段工具选项" 对话框中可以设置如下参数：

- "X 轴长度" 和 "Y 轴长度" 选项用于设置弧形在 X 轴和 Y 轴上的长度。并且利用按钮可以选择弧形起始点的位置。

- "类型" 选项用于设置所绘弧形的类型，包括 "开放" 和 "闭合" 两个选项。

- "基线轴" 选项用于设置弧形绘制的方向是沿 X 轴或沿 Y 轴绘制。

- "斜率" 选项用于控制弧形的凹凸程度，其取值范围为-100~100。当值小于 0 时，弧形为凹状；大于 0 时，弧形为凸状；等于 0 时将成为直线。

- "弧线填色" 复选框用于决定是否填充弧线。

(3) 在使用 "弧形" 工具 绘制时，按下 C 键，可以在开放与闭合弧线之间切换，如图 3-9 所示。

(4) 按住~键，则随着鼠标的拖动，可以绘制出多条弧形，如图 3-10 所示。

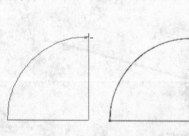

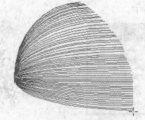

图 3-9　绘制闭合弧形　　　　　　图 3-10　按住~键绘制多条弧形

3.2.3 　"螺旋线" 工具

使用 "螺旋线" 工具 可以方便地绘制出不同类型的螺旋线。

【练习 3-3】在 Illustrator 中使用"螺旋线"工具 绘制螺旋线。

(1) 选择工具箱中的"螺旋线"工具，在文档中单击并拖动鼠标进行绘制，如图 3-11 所示，绘制时可拖动鼠标旋转螺旋线。

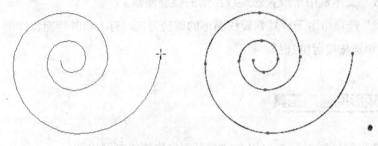

图 3-11　拖动绘制螺旋线

(2) 如按住 Shift 键可以绘制出相等旋转增量的螺旋线图形。按住~键可以同时得到多个螺旋线，如图 3-12 所示。

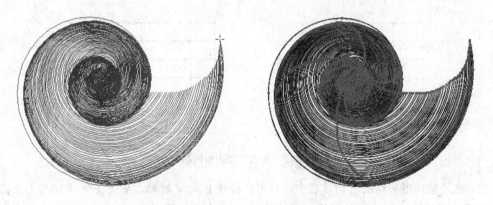

图 3-12　按住~键绘制多条螺旋线

(3) 使用"螺旋线"工具 在文档中单击鼠标，打开"螺旋线"对话框，如图 3-13 所示。通过设置螺旋的各项参数来精确绘制螺旋线，如图 3-14 所示。

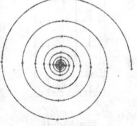

图 3-13　"螺旋线"对话框　　图 3-14　使用"螺旋线"对话框精确绘制

"螺旋线"对话框中主要参数选项的作用如下：

● "半径"文本框用于设置螺旋线图形的半径数值。

- "衰减"文本框用于设置螺旋圈的衰减度百分比，该数值越大，螺旋圈的衰减效果就越明显。
- "段数"文本框用于设置螺旋线图形的螺旋圈数。
- "样式"选项组用于设置螺旋线图形的旋转方向，有"顺时针旋转"和"逆时针旋转"两个单选按钮可供选择。

3.2.4 "矩形网格"工具

使用"矩形网格"工具▦可以在文档页面中快速绘制网格图形。

【练习 3-4】在 Illustrator 中使用"矩形网格"工具▦绘制矩形网格。

(1) 选择工具箱中的"矩形网格"工具▦，在文档中单击并拖动鼠标，即可进行矩形网格绘制，如图 3-15 所示。

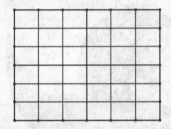

图 3-15　拖动绘制矩形网格

(2) 在绘制矩形网格图形的过程中，当用户按住 F 或 V 键时，系统将会以 10% 由上而下或由下而上递减水平网格线的间距；当按住 X 或 C 键时，系统将以 10% 由右向左或由左向右递减垂直网格线的间距，如图 3-16 所示；当按住↑或↓键时，可以增加或减少网格的行数；当按住→或←键时，可以增加或减少网格的列数。

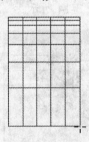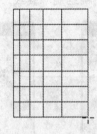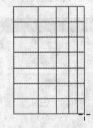

按 F 键绘制　　　　按 V 键绘制　　　　按 X 键绘制　　　　按 C 键绘制

图 3-16　配合不同按键绘制的矩形网格效果

(3) 选择工具箱中的"矩形网格"工具▦，然后在文档中单击鼠标左键，在打开的如图 3-17 所示的"矩形网格工具选项"对话框中设置参数选项，以精确地绘制矩形网格图形。通过设置矩形网格各项参数后，单击"确定"按钮即可在单击的位置处生成矩形网格，如图 3-18 所示。

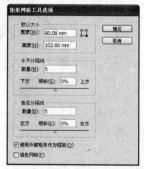

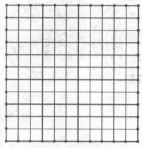

图 3-17 "矩形网格工具选项"对话框　　　　图 3-18 使用对话框精确绘制

"矩形网格工具选项"对话框中主要参数选项的作用如下：

- "默认大小"选项组：该选项组用于设置矩形网格图形的宽度和高度。
- "水平分隔线"选项组：用于设置水平分隔线的数量，以及水平分隔线之间的间距增减的偏移量方向和偏移量数值。
- "垂直分隔线"选项组：用于设置垂直分隔线的数量，以及垂直分隔线之间的间距增减的偏移量方向和偏移量数值。
- "使用外部矩形作为框架"复选框：选中该复选框，可以对当前创建的矩形网格图形应用填充和轮廓效果。
- "填色网格"复选框：选中该复选框，系统将只对当前创建的矩形网格图形的网格线应用填色效果。

3.2.5 "极坐标网格"工具

"极坐标网格"工具 ⊕ 可以在文档页面中绘制具有同心圆的放射线效果。

【练习 3-5】在 Illustrator 中，使用"极坐标网格"工具 ⊕ 绘制具有同心圆的放射线。

(1) 选择工具箱中的"极坐标网格"工具 ⊕，在文档中单击并拖动鼠标，即可进行极坐标网格绘制，如图 3-19 所示。

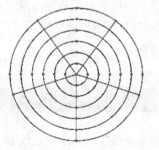

图 3-19 拖动绘制极坐标网格

(2) 在绘制极坐标网格的过程中，按住 Shift 键、Alt 键、~键等按键，绘制出各种特殊的极坐标网格，如图 3-20 所示的是结合不同的键盘按键所绘制出的极坐标网格图形。

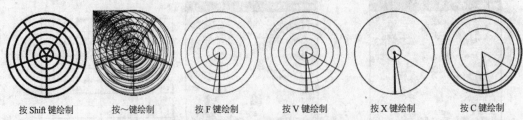

| 按 Shift 键绘制 | 按~键绘制 | 按 F 键绘制 | 按 V 键绘制 | 按 X 键绘制 | 按 C 键绘制 |

图 3-20　结合不同的键盘按键分别绘制的极坐标网格图形

(3) 选择"极坐标网格"工具 ，然后在文档中单击鼠标左键，打开如图 3-21 所示的"极坐标网格工具选项"对话框。然后在该对话框中设置相关的参数，以实现精确绘制极坐标网格图形，设置完成后，单击"确定"按钮即可在单击的位置生成极坐标网格图形，如图 3-22 所示。

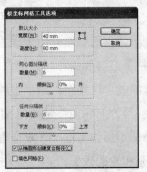

图 3-21　打开"极坐标网格工具选项"对话框　　图 3-22　使用对话框精确绘制极坐标网格

"极坐标网格选项"对话框中主要参数选项的作用如下：

- "默认大小"选项组：该选项组用于设置极坐标网格图形的宽度和高度。
- "同心圆分隔线"选项组：用于设置同心网格线的数量，以及同心网格线之间的间距增减的偏移量方向和偏移量数值。
- "径向分隔线"选项组：用于设置射线网格线的数量，以及射线网格线之间的间距增减的偏移量方向和偏移量数值。
- "从椭圆形创建复合路径"复选框：选中该复选框，可以对当前所创建的极坐标网格图形应用填色和描边效果，并且自动将同心圆的重叠部分删除。
- "填色网格"复选框：选中该复选框，将只对当前所创建的极坐标网格图形的网格线应用填色效果。

3.3　几何图形工具组的使用

使用 Illustrator CS3 的基本图形绘制工具组中的工具，可以在文档中绘制多种几何形状的矢量图形。该工具组中的工具包括"矩形"工具 ▢、"圆角矩形"工具 ▢、"椭圆"工具 ◯、"多边形"工具 ⬠、"星形"工具 ☆ 和"光晕"工具 ◉。下面分别介绍这些工具的基本使用方法。

3.3.1　"矩形"工具

矩形图形是比较常用的基本图形之一，用户可以使用"矩形"工具 ▢ 通过拖动鼠标的方法绘制矩形图形，也可以通过"矩形"对话框来精确地绘制矩形图形。

【练习 3-5】在 Illustrator 中，使用"矩形"工具 ▢ 绘制矩形。

(1) 选择菜单栏中的"文件"|"打开"命令，在"打开"对话框中选择打开"Illustrator 实例"文件夹下的"3-5"图形文件，单击"确定"按钮关闭对话框，打开图形文件，如图 3-23 所示。

图 3-23　打开图形文档

(2) 选择菜单栏中的"视图"|"显示网格"命令，在文档中显示网格。

(3) 选择工具箱中的"矩形"工具 ▢，然后移动鼠标至文档中，按下鼠标左键并向任意方向拖动鼠标，这时系统将显示出一个蓝色的矩形框，将鼠标拖动至合适的位置后释放鼠标，即可完成矩形图形的绘制操作，如图 3-24 所示。

图 3-24　绘制矩形图形

(4) 选择"矩形"工具，在文档中单击鼠标左键，打开如图 3-25 所示的"矩形"对话框。然后在该对话框中设置相关的参数，以实现精确地绘制矩形，设置完成后，单击"确定"按钮即可在单击的位置生成矩形图形，如图 3-26 所示。

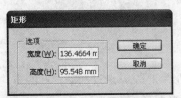

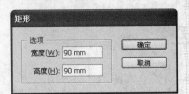

图 3-25　打开"矩形"对话框　　　　　　　图 3-26　使用对话框精确绘制

提示

在绘制矩形图形的过程中，如果同时按住 Shift 键，将绘制出正方形图形；如果同时按住 Alt+Shift 组合键，系统将以单击点为中心绘制正方形图形。

3.3.2　"圆角矩形"工具

在 Illustrator CS3 中，用户不仅可以绘制直角矩形图形，还可以绘制带有圆角的矩形图形。

【练习 3-6】在 Illustrator 中，使用"圆角矩形"工具绘制圆角矩形。

(1) 选择菜单栏中的"文件"|"打开"命令，在"打开"对话框中选择打开"Illustrator 实例"文件夹下的"3-6"图形文件，单击"确定"按钮关闭对话框，打开图形文件，如图 3-27 所示。

图 3-27　打开图形文件

(2) 选择工具箱中的"圆角矩形"工具，然后在文档中需要绘制图形的位置处单击，系统将打开如图 3-28 所示的"圆角矩形"对话框。在该对话框的"宽度"和"高度"文本框中设置矩形的宽度和高度，在"圆角半径"文本框中输入圆角的半径数值。设置完成后，单击"确定"按钮，即可在单击的位置处生成圆角矩形图形，如图 3-29 所示。

图 3-28 打开"圆角矩形"对话框

图 3-29 使用"圆角矩形"对话框精确绘制

(3) 选择"圆角矩形"工具 之后，通过使用拖动鼠标的方法绘制圆角矩形图形，如图 3-30 所示。使用这种方法绘制的圆角矩形，其圆角半径的数值将是上次用户所设置的圆角半径的数值。

图 3-30 拖动绘制圆角矩形

3.3.3 "椭圆"工具

使用"椭圆"工具 可以在文档中绘制椭圆形或者圆形图形。

【练习 3-7】在 Illustrator 中，使用"椭圆"工具 绘制圆形图形。

(1) 选择菜单栏中的"文件"|"打开"命令，在"打开"对话框中选择打开"Illustrator 实例"文件夹下的"3-7"图形文件，单击"确定"按钮关闭对话框，打开图形文件，如图 3-31 所示。

图 3-31 打开图形文档

(2) 选择工具箱中的"椭圆"工具 ⬭，然后在文档中需要绘制图形的位置处单击，系统将打开如图 3-32 所示的"椭圆"对话框。在该对话框的"宽度"和"高度"文本框中设置矩形的宽度和高度。设置完成后，单击"确定"按钮，即可在单击的位置处生成圆形图形，如图 3-33 所示。

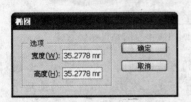

图 3-32　打开"椭圆"对话框　　　　　　　　　　图 3-33　使用对话框精确绘制

(3) 选择工具箱中的"选择"工具，选中绘制的椭圆形，然后单击右键，在弹出的快捷菜单中选择"排列"｜"置于底层"命令，将椭圆形放置在最底层，如图 3-34 所示。

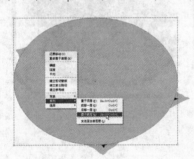

图 3-34　排列图层

(4) 选择"椭圆"工具 ⬭，通过使用拖动鼠标的方法绘制椭圆图形，如图 3-35 所示。

图 3-35　拖动绘制椭圆形

提示

当使用拖动鼠标的方法绘制椭圆形图形时，如果同时按住 Shift 键，将绘制出圆形图形；如果同时按住 Alt+Shift 组合键，系统以单击的位置处为中心点绘制圆形图形。

3.3.4 "多边形"工具

使用"多边形"工具可以绘制任意边数的多边形图形。在 Illustrator CS3 中,通过使用工具箱中的"多边形"工具所绘制出来的多边形图形都是规则的正多边形图形。

【练习 3-8】在 Illustrator 中使用"多边形"工具绘制多边形图形。

(1) 选择菜单栏中的"文件"|"打开"命令,在"打开"对话框中选择"Illustrator 实例"文件夹下的"3-8"图形文件,单击"确定"按钮关闭对话框,打开图形文件,如图 3-36 所示。

图 3-36 打开图形文档

(2) 在工具箱中选择"多边形"工具,然后在文档中单击鼠标左键,系统将打开如图 3-37 所示的"多边形"对话框。

(3) 在打开的对话框中设置多边形半径以及边数,设置完成后单击"确定"按钮,在单击处精确绘制多边形,如图 3-38 所示。在"多边形"对话框中的"边数"文本框中可以输入的最小数值为 3,即为三角形图形。"边数"文本框中的数值越大,所绘制出来的多边形图形将越接近圆形。

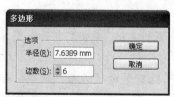
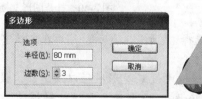

图 3-37 "多边形"对话框   图 3-38 使用对话框精确绘制

(4) 选择工具箱中的"选择"工具,选中绘制的三角形,然后单击右键,在弹出的菜单中选择"排列"|"置于底层"命令,将椭圆形放置在最底层,如图 3-39 所示。

图 3-39　排列图层

（5）在选择"多边形"工具 之后，通过使用拖动鼠标的方法绘制多边形图形。使用这种方法绘制的多边形图形，将会应用前一次所设置的数值为标准绘制图形。

3.3.5　"星形"工具

使用"星形"工具 可以在文档页面中绘制不同形状的星形图形。

【练习 3-9】在 Illustrator 中，使用"星形"工具 绘制十角星。

（1）选择菜单栏中的"文件"|"打开"命令，在"打开"对话框中选择打开"Illustrator实例"文件夹下的"3-9"图形文件，单击"确定"按钮关闭对话框，打开图形文件，如图3-40 所示。

图 3-40　打开图形文档

（2）在工具箱中选择"星形"工具 ，然后在文档中单击鼠标左键，系统将打开如图 3-41所示的"星形"对话框。

（3）在打开的对话框中设置星形半径以及边数，设置完成后单击"确定"按钮，在单击处精确绘制星形，如图 3-42 所示。在该对话框的"半径 1"和"半径 2"文本框中可以分别设置星形的内切圆和外切圆的半径；在"角点数"文本框中可以设置星形的尖角数。

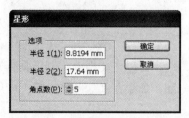

图 3-41 "星形"对话框

图 3-42 使用对话框精确绘制

(4) 选择工具箱中的"选择"工具，选中绘制的十角星，然后单击右键，在弹出的菜单中选择"排列"|"置于底层"命令，将十角星放置在最底层，如图 3-43 所示。

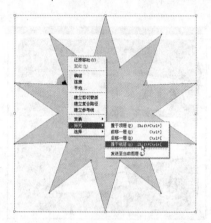

图 3-43 排列图层

(5) 在选择"星形"工具 ☆ 之后，通过使用拖动鼠标的方法绘制多边形图形，如图 3-44 所示。使用这种方法绘制的多边形图形，将会应用前一次所设置的数值为标准绘制图形。

图 3-44 拖动绘制星形

 提示

当使用拖动光标的方法绘制星形图形时，如果同时按住 Ctrl 键，可以在保持星形的内切圆半径不变的情况下，改变星形图形的外切圆半径大小；如果同时按住 Alt 键，可以在保持星形的内切圆和外切圆半径不变的情况下，通过按下↑或↓键调整星形的尖角数。

3.3.6 "光晕"工具

通过使用 Illustrator CS3 工具箱中的"光晕"工具，用户可以在文档中绘制出具有光晕效果的图形。该图形具有明亮的居中点、晕轮、射线和光圈，如果在其他图形对象上应用该图形，将获得类似镜头眩光的特殊效果。

【练习 3-10】在 Illustrator 中，使用"光晕"工具绘制光晕效果。

(1) 选择菜单栏中的"文件"|"打开"命令，在"打开"对话框中选择"Illustrator 实例"文件夹下的"3-10"图形文件，单击"确定"按钮关闭对话框，打开图形文件，如图 3-45 所示。

图 3-45 打开图形文件

(2) 在工具箱中选择"光晕"工具，然后在文档中需要绘制光晕图形的位置处单击鼠标左键，系统将打开如图 3-46 所示的"光晕工具选项"对话框。

(3) 在该对话框中，用户可以设置光晕图形的居中点大小、亮度和模糊度等参数选项。设置完成后，单击"确定"按钮，即可在文档中单击的位置处生成出光晕图形，如图 3-47 所示。

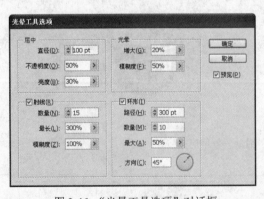

图 3-46 "光晕工具选项"对话框　　　　图 3-47 完成光晕效果

"光晕工具选项"对话框中的各个主要参数选项的作用如下：

- "居中"选项组：在该选项组中，"直径"文本框用于设置光晕居中点的直径大小；"不透明度"文本框用于设置光晕居中点的不透明程度；"亮度"文本框用于设置光晕居中点的明暗强弱。

- "射线"选项组：在该选项组中，"数量"文本框用于设置居中点射线的数量；"最长"文本框用于设置射线的最大长度；"模糊度"文本框用于设置射线的柔和程度。

- "光晕"选项组：在该选项组中，"增大"文本框用于设置光晕的发光范围；"模糊度"文本框用于设置射线的柔和程度。

- "环形"选项组：在该选项组中，"路径"文本框用于设置光晕中心点与结束点之间的距离；"数量"文本框用于设置光晕图形中光圈的数量；"最大"文本框用于设置光圈的最大比例；"方向"文本框用于设置光圈组排列的方向。

3.4 "铅笔"工具的使用

通过使用"铅笔"工具 ，既可以在文档中绘制开放路径的图形，也可以绘制闭合路径的图形，并且 Illustrator CS3 将会根据用户手绘的轨迹自动创建路径。在实际应用中，"铅笔"工具 常应用于草图的勾画等绘制操作中。

【练习 3-11】在 Illustrator 中，使用"铅笔"工具 绘制任意图形。

(1) 在工具箱中选择"铅笔"工具，然后在文档中按下鼠标左键并拖动鼠标，即可进行绘制操作。绘制完成后，释放鼠标即可结束绘制图形的操作。

(2) 想要绘制闭合路径的曲线，可以在拖动鼠标的同时按住 Alt 键，这时光标将变为 形状，表示绘制的曲线为闭合路径曲线。完成绘制操作后，释放鼠标左键和 Alt 键，即可自动闭合所绘制的曲线。

(3) 双击工具箱中的"铅笔"工具，打开如图 3-48 所示的"铅笔工具首选项"对话框并进行设置。设置完成后，单击"确定"按钮关闭对话框，并使用"铅笔"工具在文档中绘制如图 3-48 所示图形。

图 3-48　设置"铅笔工具首选项"对话框并绘制图形

在"铅笔工具首选项"对话框中，各个主要参数选项的作用如下：

- "保真度"选项：用于控制自动创建的路径曲线与光标绘制的轨迹的偏离程度。数值越低，自动创建的路径曲线将越偏离光标绘制的轨迹；数值越高，自动创建的路径曲线将越接近鼠标绘制的轨迹。用户可以直接在其文本框内输入数值，也可以通过拖动滑块设置参数数值。

- "平滑度"选项：用于控制自动创建的路径曲线的平滑程度。数值越高，自动创建的路径曲线越平滑。用户可以直接在其文本框内输入数值，也可以通过拖动滑块设置参数数值。

- "保持选定"复选框：选中该复选框，可以在曲线绘制完成后，保持自动创建的路径曲线为选择状态。

- "编辑所选路径"复选框：选中该复选框，可以在曲线完成绘制后，能够接着再对自动创建的路径曲线进行绘制。其下方的"范围"文本框用于设置可以继续绘制操作的像素距离范围。只要在该像素值范围内进行绘制，可以连接原创建路径进行绘制。

3.5 "钢笔"工具与控制面板的使用

工具箱中的"钢笔"工具 是 Illustrator 中最基本、最重要的矢量绘图工具，它可以绘制直线、曲线和任意的复杂图形。选择"钢笔"工具后，控制面板如图 3-49 所示。

图 3-49　"钢笔"工具控制面板

【练习 3-12】在 Illustrator 中，使用"钢笔"工具 在文档中绘制钥匙图形。

(1) 启动 Illustrator CS3 软件，选择菜单栏中的"文件"|"新建"命令，打开"新建文档"对话框。在对话框的"名称"文本框中输入"3-12"，"大小"下拉列表中选择 800×600，"取向"按钮中单击"横向"按钮，设置完成后，如图 3-50 所示，单击"确定"按钮创建新文档。

(2) 在创建的新文档中，选择菜单栏中的"视图"|"显示网格"命令显示网格。按 Ctrl+R 键在文档中显示标尺，并使用左键在标尺上单击并拖动，创建如图 3-51 所示的参考线。

图 3-50　设置"新建文档"对话框

图 3-51　显示网格并创建参考线

(3) 选择菜单栏中的"视图"|"智能参考线"命令，选择工具箱中的"钢笔"工具，在文档中单击创建第一个锚点，然后拖动到所需位置再单击，创建第二个锚点，如图 3-52 所示。

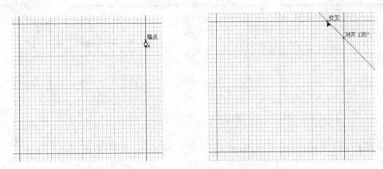

图 3-52　绘制锚点

(4) 使用步骤(3)方法依次绘制后面的锚点，直至闭合路径，完成的闭合路径如图 3-53 所示。

(5) 选择工具箱中的"圆角矩形"工具，在如图 3-54 所示位置按住鼠标左键拖动绘制一个圆角矩形。

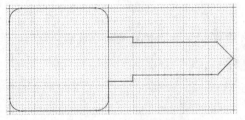

图 3-53　完成的闭合路径

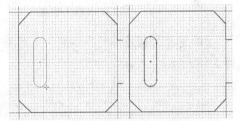

图 3-54　绘制圆角矩形

(6) 选择工具箱中的"直接选择"工具，在第一个锚点上单击将其选中。在控制面板中单击"将所选锚点转换为平滑"按钮，将选中的锚点转换为平滑点，如图 3-55 左图所示，并使用"直接选择"工具拖动锚点控制柄调整其形状。使用相同方法调整钥匙柄得到如图 3-55 右图所示形状。

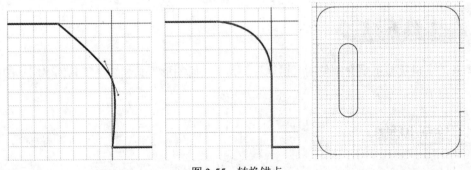

图 3-55　转换锚点

(7) 继续使用"直接选择"工具，在路径上单击选中需要移动的锚点，按住鼠标左键拖动至合适的位置释放即可，如图 3-56 所示。

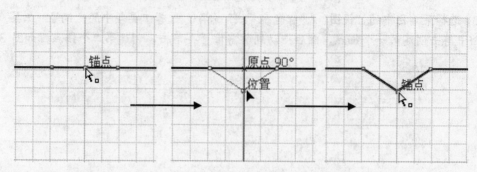

图 3-56　移动锚点

(8) 使用步骤(7)的方法调整其他锚点的位置，得到的效果如图 3-57 所示。

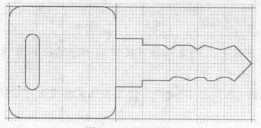

图 3-57　移动锚点

提示

　选择锚点时，可以按住 Shift 键同时选中需要进行相同操作的多个锚点。

(9) 选择工具箱中的"钢笔"工具，在闭合路径继续绘制直线段，最后得到的效果如图 3-58 所示。

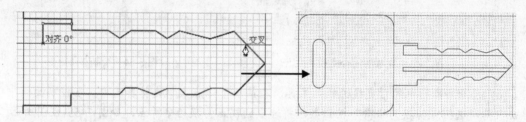

图 3-58　完成效果

3.6　上机实验

　本章的上机实验主要介绍使用"钢笔"工具、几何图形工具和线形工具创建图形的操作方法。

3.6.1　绘制小插图

　在创建的图形文档中，使用"钢笔"工具绘制自由图形，并使用"矩形网格"工具、"螺旋线"工具为绘制图形添加效果。

21世纪电脑学校

(1) 启动 Illustrator CS3 软件，选择菜单栏中的"文件"|"新建"命令，打开"新建"对话框。在"名称"文本框中输入新建文档名称"361"，"新建文档配置文件"的下拉列表中选择"基本 RGB"，"大小"下拉列表中选择 800×600，"单位"下拉列表中选择"毫米"，"取向"选项中选择"横向"按钮，如图 3-59 所示。设置完成后，单击"确定"按钮创建新文档。

(2) 在工具箱中选中"填色"按钮，单击"无(/)"按钮，将填充颜色设置为无，如图 3-60所示。

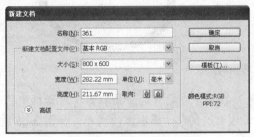

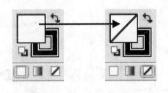

图 3-59　新建文档　　　　　　　　　　　　　图 3-60　取消填色

(3) 选择工具箱中的"钢笔"工具，在图形文档中单击创建锚点，绘制插图基本形，如图 3-61 所示。

(4) 选择工具箱中的"直接选择"工具，在绘制的基本形路径上单击需要调整的锚点。在选中锚点后，单击控制面板中的"将所选锚点转换为平滑"按钮，将锚点转换为平滑点，并使用工具箱中的"转换锚点"工具调节锚点的控制柄，如图 3-62 所示。

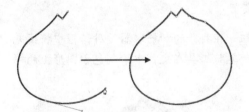

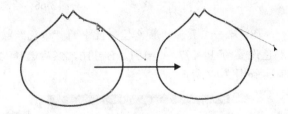

图 3-61　绘制基本形　　　　　　　　　　　　图 3-62　调节锚点

(5) 使用步骤(3)和(4)的方法绘制如图 3-63 所示的图形。选择工具箱中的"选择"工具选中刚绘制的图形，单击工具箱中的"描边"按钮，将其设置为无，然后双击工具箱中的"填色"按钮，打开"拾取器"对话框，设置颜色为 R=248、G=246、B=189，单击"确定"按钮应用设置，如图 3-64 所示。

图 3-63　绘制图形　　　　　　　　　　　图 3-64　改变填充颜色

(6) 使用工具箱中的"选择"工具，选中最先绘制的基本形。并在颜色控制区中单击"互换填色和描边"按钮 ↻，将描边色转换为填充色，如图 3-65 所示。

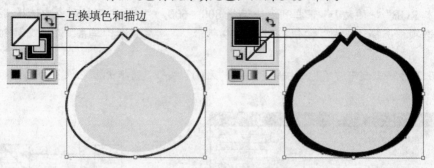

图 3-65　转换填充颜色

(7) 在工具箱的颜色控制区中双击"填色"按钮，在打开的"拾取器"对话框中将填充颜色设置为白色，然后选择"钢笔"工具在文档中绘制包子图形上的高光，如图 3-66 所示。

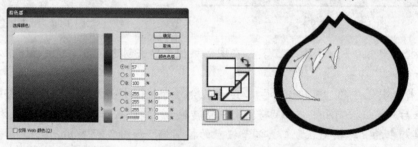

图 3-66　绘制高光

(8) 双击工具箱的颜色控制区中的"填色"按钮，在打开的"拾取器"对话框中将填充颜色设置为 R=177、G=151、B=116，然后选择"钢笔"工具在文档中绘制包子图形上的褶皱，如图 3-67 所示。

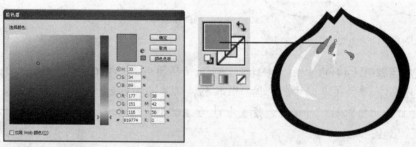

图 3-67　绘制褶皱

(9) 双击工具箱的颜色控制区中的"填色"按钮，在打开的"拾取器"对话框中将填充颜色设置为 R=177、G=151、B=116，然后选择"钢笔"工具在文档中绘制包子图形上的阴影，如图 3-68 所示。

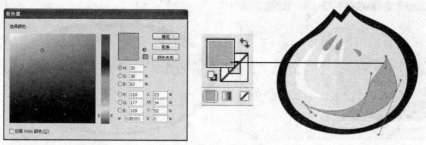

图 3-68　绘制阴影

(10) 使用工具箱中的"选择"工具，在图像文档中框选全部的图形，并选择菜单栏中的"对象"|"编组"命令，将所有图形编组，如图 3-69 所示。

(11) 按住 Ctrl+Alt 键，使用"选择"工具复制移动编组图形，得到的效果如图 3-70 所示。

图 3-69　编组图形

图 3-70　移动复制图形

(12) 在工具箱的颜色控制区中，单击"默认填色和描边"按钮，恢复填色和描边默认设置，然后单击"填色"按钮，将其设置为无。选择工具箱中的"钢笔"工具，在图形文件中绘制如图 3-71 所示的图形。

(13) 使用工具箱中的"选择"工具，选中刚绘制的盘子基本形。并在颜色控制区中单击"互换填色和描边"按钮，将描边色转换为填充色，如图 3-72 所示。

图 3-71　绘制盘子基本形

图 3-72　转换填充色

(14) 在工具箱的颜色控制区中，双击"填色"按钮，在打开的"拾取器"对话框中设置 R=206、G=186、B=217，单击"确定"按钮关闭对话框。选择工具箱中的"钢笔"工具，在图形文档中绘制盘面，如图 3-73 所示。

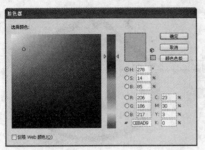

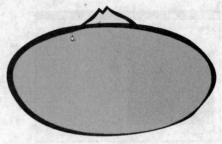

图 3-73　绘制盘面

　　(15) 选择工具箱中的"选择"工具选中盘子基本形和盘面图形，并单击右键，在弹出的菜单中选择"排列"|"置于底层"命令，将选中图形放置在底层，如图 3-74 所示。

图 3-74　排列图形

　　(16) 在工具箱的颜色控制区中，双击"填色"按钮，在打开的"拾取器"对话框中设置 R=59、G=60、B=146，单击"确定"按钮关闭对话框。选择工具箱中的"钢笔"工具，在图形文档中绘制盘面阴影，如图 3-75 所示。

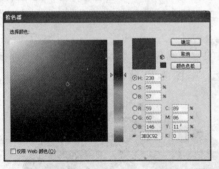

图 3-75　绘制盘面阴影

　　(17) 在工具箱的颜色控制区中，选中"填色"按钮将其设置为无，然后双击"描边"按钮，在打开的"拾取器"对话框中，将描边颜色设置为 R=177、G=151、B=116，单击"确定"按钮关闭对话框。使用工具箱中的"螺旋线"工具 ，在文档中拖动绘制如图 3-76 所示的螺旋线。

图 3-76　绘制螺旋线

(18) 选择工具箱中的"选择"工具，在文档中框选螺旋线，然后选择菜单栏中的"窗口" | "描边"命令，打开"描边"对话框，在"粗细"下拉列表框中选择 2pt，按 Enter 键应用设置，如图 3-77 所示。

图 3-77　设置描边

(19) 在工具箱的颜色控制区中，双击"填色"按钮，在打开的"拾取器"对话框中设置颜色为 R=248、G=246、B=189，单击"确定"按钮关闭对话框。然后双击"描边"按钮，在打开的"拾取器"对话框中将颜色设置为白色。并在"描边"面板中设置"粗细"为 3pt。

(20) 在工具箱中双击"矩形网格"工具 ▦，打开"矩形网格工具选项"对话框。在对话框中设置"水平分割线"、"垂直分割线"的"数量"均为 10，并选中"填色网格"复选框，设置完成后单击"确定"按钮关闭对话框。然后在文档中单击鼠标左键拖动绘制网格底纹，如图 3-78 所示。

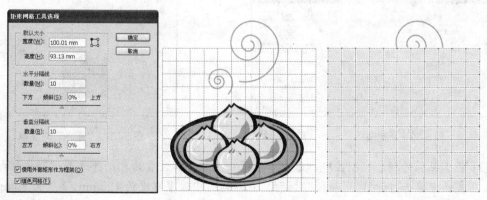

图 3-78　绘制网格底纹

(21) 选择工具箱中的"选择"工具，选中网格底纹并单击右键，在弹出的菜单栏中选择"排列"|"置于底层"命令，得到最终的绘制效果，如图 3-79 所示。

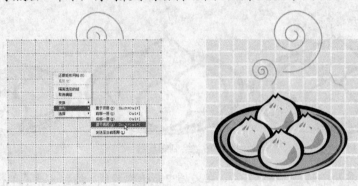

图 3-79　完成效果

3.6.2　美化图像

使用"圆角矩形"工具和"星形"工具为置入图像文档添加效果。

(1) 启动 Illustrator CS3 软件，选择菜单栏中的"文件"|"新建"命令，打开"新建"对话框。在"名称"文本框中输入新建文档名称"362"，"新建文档配置文件"的下拉列表中选择"基本 RGB"，"大小"下拉列表中选择 800×600，"单位"下拉列表中选择"毫米"，"取向"选项中选择"横向"按钮，如图 3-80 所示。设置完成后，单击"确定"按钮创建新文档。

(2) 选择菜单栏中的"文件"|"置入"命令，打开"置入"对话框。在对话框中选择"Illustrator 实例"文件夹下的"362JPEG"图像文件，并取消"链接"复选框，如图 3-81 所示，单击"确定"按钮置入图像文件。

图 3-80　新建文档

图 3-81　"置入"对话框

(3) 在工具箱的颜色控制区中，选中"填色"按钮将其设置为无，并选择"圆角矩形"工具，在文档中单击打开"圆角矩形"对话框，在对话框中设置宽度为 120mm，高度为 80mm，圆角半径为 10mm，单击"确定"按钮，关闭对话框并绘制圆角矩形，如图 3-82 所示。

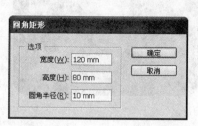

图 3-82　绘制圆角矩形

（4）在工具箱中的颜色控制区中，单击"互换填色和描边"按钮 ↳，将圆角矩形转换为黑色填充。

（5）选择工具箱中的"选择"工具，在图形文档中单击选择圆角矩形，并单击右键，在弹出的菜单中选择"排列"|"置于底层"命令，将圆角矩形放置在最底层，如图 3-83 所示。

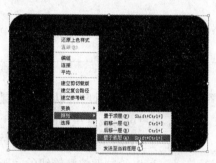

图 3-83　排列图层

（6）在工具箱中的颜色控制区中，双击"填色"按钮，在打开的"拾取器"对话框中设置颜色为白色。在工具箱中选中"星形"工具 ☆，在文档中单击打开"星形"对话框，设置"半径 1"为 7mm，"半径 2"为 16mm，"角点数"为 5，单击"确定"按钮关闭对话框。然后在文档中单击处绘制星形，如图 3-84 所示。

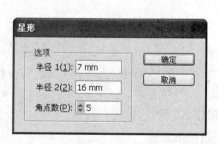

图 3-84　绘制星形

（7）选择工具箱中的"星形"工具 ☆，在文档中单击打开"星形"对话框，在打开的对话框中设置"半径 1"为 7mm，"半径 2"为 16mm，"角点数"为 5，单击"确定"按钮关闭对话框。然后在文档中单击处绘制星形，如图 3-85 所示。

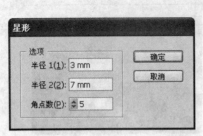

图 3-85 绘制星形

3.7 思考练习

3.7.1 填空题

1. 通过使用 Illustrator CS3 中的基本图形绘制工具组中的工具，可以在工作区中绘制多种几何形状的矢量图形。该工具组中的工具有_____、_____、_____、_____、_____和_____。

2. 在"星形"对话框的"半径 1"和"半径 2"文本框中，用户可以分别设置星形的_____和_____的半径；在"点"文本框中，用户可以设置星形的_____。

3. 在绘制螺旋线过程中，如果同时按住_____进行拖动，可以绘制出相等旋转增量的螺旋线图形；如果同时按住_____进行拖动，可以绘制调整螺旋线的间距大小；如果同时按住_____进行拖动，可以绘制多条螺旋线；如果同时按_____，可以改变螺旋线图形的旋转方向。

4. 在"多边形"对话框的"边数"文本框中，可输入的最小数值为_____，即绘制出_____图形。"边数"文本框中的数值越大，绘制出来的图形将越接近于_____图形。

3.7.2 选择题

1. 使用"直线"工具，在工作区按下鼠标左键并拖动鼠标时，如果同时(　　)，将绘制出多条直线段。

    A. 按住～键　　　　　　　　　　B. 按住 Alt 键

    C. 按住 Ctrl 键　　　　　　　　　D. 按住 Shift 键

2. 在绘制椭圆形图形的过程中，如果同时按住 Shift 键，将绘制出圆形图形；如果同时按住(　　)键，将以单击鼠标的位置为中心点绘制圆形图形。

    A. Ctrl+Shift　　　　　　　　　B. Alt+Shift

    C. Ctrl+Alt　　　　　　　　　　D. Ctrl+Alt+Shift

3. 以下哪种工具可以让用户建立直线和精确的平滑、流畅曲线(　　)。

    A. "画笔"工具   B. "铅笔"工具

    C. "直线段"工具   D. "钢笔"工具

4. 使用以下哪种工具可以自动地描绘输入到 Illustrator 的任何位图图像(　　)。

    A. "画笔"工具   B. "铅笔"工具

    C. "自动描图"工具   D. "钢笔"工具

3.7.3　操作题

1. 绘制如图 3-86 所示的小插图。

2. 制作如图 3-87 所示的图像效果。

图 3-86　小插图

图 3-87　图像效果

路径的编辑

本章导读

绘制完成路径后,用户还可以利用 Illustrator 提供的路径编辑工具对已有路径上的锚点或整体路径进行调整。并且可以通过多种工具和命令方便、快捷地改变图形路径的形状。

重点和难点

- 路径的选择
- 路径锚点编辑
- 路径的整体编辑
- 改变路径外观

4.1 编辑路径

在 Illustrator 中,用户可以通过多种方法选择路径图形后,对路径的锚点进行添加、删除或是转换锚点,还可以对路径进行平滑、擦除、分割、对齐与连接、改变路径图形外观等编辑操作。

4.1.1 选取路径图形

一般路径绘制完成后,用户需要对所绘制的路径进行调整与编辑操作。但是,在调整与编辑路径之前,用户还需先通过选择类工具选中需要操作的路径对象,这样才能有针对性地调整与编辑路径对象。下面将介绍这些选择类工具及其操作方法。

1. 使用"选择"工具

通过使用工具箱中的"选择"工具 ,用户可以直接单击选中整条路径,也可以通过选择路径上的任意一个锚点从而选中整条路径。

【练习 4-1】使用工具箱中的"选择"工具选择一个或多个路径对象。

(1) 选择工具箱中的"选择"工具 ，当移动"选择"工具 的光标至需要进行操作的路径对象上时，光标将变成可选择光标的形状 ；当移动"选择"工具的光标至已选择的路径对象上时，光标将变成可编辑光标的形状 ，如图 4-1 所示。

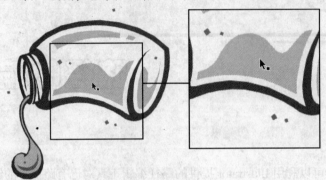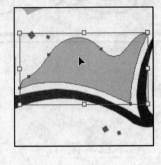

图 4-1　使用"选择"工具

(2) 使用"选择"工具 并按住 Shift 键击路径对象，可以在工作区中选择一个或多个路径对象。被选中的路径对象，将会显示其控制框，如图 4-2 所示。默认情况下，被选择的多个对象将以整体方式显示控制框。用户可以通过对象显示的控制框进行移动、复制、缩放和变形等操作。

图 4-2　选择一个或多个路径对象的效果

2. 使用"直接选择"工具

通过使用工具箱中的"直接选择"工具 ，用户可以从编组的路径对象中直接单击选中其中任意的路径对象，并且还可以单独选中路径对象的锚点。

【练习 4-2】使用工具箱中的"直接选择"工具 选择路径对象并调整。

(1) 在工具箱中选择"直接选择"工具 ，当移动"直接选择"工具 的光标至路径对象上时，光标将变成选择光标的形状 ；当移动"直接选择"工具的光标至路径对象的锚点上时，光标将变成可编辑光标的形状 ，如图 4-3 所示。

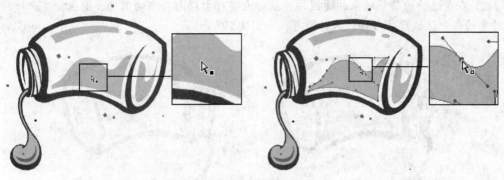

图 4-3 使用"直接选择"工具

(2) 用户通过"直接选择"工具单击并拖动锚点的控制点和控制线，可以调整控制点和控制线，改变路径线段的形状，如图 4-4 所示。

图 4-4 使用"直接选择"工具调整控制点和控制线

3. 使用"编组选择"工具

将鼠标移动到工具箱中的"直接选择"工具 图标上按下鼠标左键不放，即可在打开的工具组中选择"编组选择"工具 。通过使用该工具，用户可以在包含多个编组对象的复合编组对象中，选择任意一个路径对象。其操作非常简单，只要单击需要选择的路径对象，即可在复合编组对象中将其选中。想要选择该路径对象所在的整个编组对象，只需双击该复合编组对象中的路径对象即可。与"直接选择"工具 所不同的是，"编组选择"工具 不能单独选择路径对象的锚点。

4. 使用"套索"工具

在 Illustrator CS3 中，用户除了可以使用以上介绍的选择类工具之外，还可以使用工具箱中的"套索"工具 进行选择操作。通过使用"套索"工具 ，可以在工作区中任意选择一个或多个路径对象。

【练习 4-3】使用工具箱中的"套索"工具选择路径对象。

(1) 在工具箱中选择"套索"工具 。

(2) 在要选择的路径对象的周围按下鼠标左键并由外向内拖动鼠标，圈出需要选择的路径对象的部分区域，然后释放鼠标即可，如图 4-5 所示。

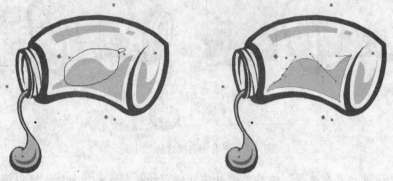

图 4-5 使用"套索"工具选择路径对象

4.1.2 编辑路径锚点

Illustrator 中的"添加锚点"工具、"删除锚点"工具和"转换锚点"工具可以对路径上的锚点进行编辑操作。

1. 添加和删除锚点

用户可以在绘制路径时添加或删除锚点，也可以在编辑路径时在任何路径上添加或删除锚点。

通过添加锚点，用户可以更好地控制路径的形状，还可以协助其他的编辑工具调整路径的形状。通过删除锚点，用户可以删除路径中不需要的锚点，以减少路径形状的复杂程度。

【练习 4-4】使用工具箱中的"添加锚点"工具和"删除锚点"工具改变图形形状。

(1) 选择工具箱中的"添加锚点"工具，然后在路径对象中需要添加锚点的位置单击鼠标左键，即可在该位置创建一个新的锚点，如图 4-6 所示。

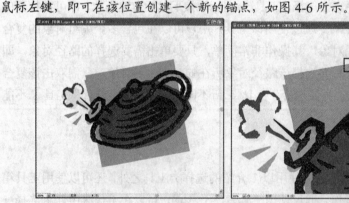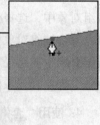

图 4-6 添加锚点

(2) 选择工具箱中的"删除锚点"工具，然后在路径对象中需要删除的锚点上单击鼠标即可，如图 4-7 所示。

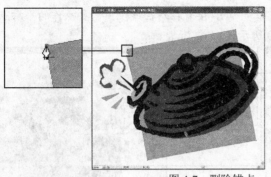

图 4-7　删除锚点

2. 转换锚点

在 Illustrator 中，用户不仅可以通过使用"直接选择"工具 移动锚点改变路径的形状，而且通过使用钢笔工具组中的"转换锚点"工具 ，可以很方便地将角点转换为平滑点，或将平滑点转换为角点。

【练习 4-5】使用"转换锚点"工具 改变锚点属性。

(1) 选择工具箱中的"直接选择"工具 ，单击选择需要移动的锚点，并按住鼠标拖动锚点至所需要的位置，如图 4-8 所示。

图 4-8　移动锚点

(2) 选择工具箱中的"转换锚点"工具 ，接着在路径线段中需要操作的角点上，按下鼠标左键并向右拖动，然后调整线段弧度至合适的位置后释放鼠标左键即可，如图 4-9 所示。

图 4-9　调整锚点

(3) 选择工具箱中的"转换锚点"工具 ，接着在路径线段中需要操作的平滑点上单击，即可将平滑点转换成角点，如图 4-10 所示。

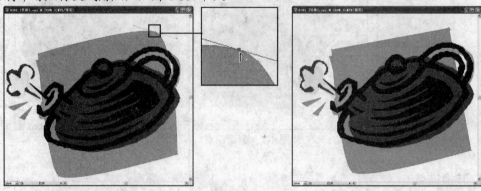

图 4-10　转换锚点属性

4.1.3　平滑与擦除路径

使用"平滑"工具 可以改变路径的平滑程度，使用"路径橡皮擦"工具 可以擦除路径中需要修改的部分。这两个工具都只能用于修饰、处理路径。

1. "平滑"工具

"平滑"工具 是一种路径修饰工具，可以对用户所绘制的路径进行平滑处理，并尽可能地保持路径的原有形状。

【练习 4-6】使用工具箱中的"平滑"工具 对选中路径进行平滑处理。

(1) 选择菜单栏中的"文件"|"打开"命令，在"打开"对话框中选择"Illustrator 实例"文件夹下的"4-6"图形文档，单击"确定"按钮打开，如图 4-11 所示。

图 4-11　打开图形文档

(2) 选择工具箱中的"选择"工具 ，选中文档中需要操作的路径对象，如图 4-12 所示。

(3) 选择工具箱中的"平滑"工具，可以双击工具箱中的"平滑"工具，系统将打开如图 4-13 所示的"平滑工具首选项"对话框。在该对话框中通过设置"保真度"和"平滑度"文本框中的数值，可以调整"平滑"工具的操作效果。

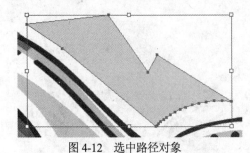

图 4-12　选中路径对象　　　　　　　图 4-13　"平滑工具首选项"对话框

(4) 在路径对象中需要平滑处理的位置外侧按下鼠标左键并由外向内拖动，然后释放左键，即可对路径对象进行平滑处理，如图 4-14 所示。

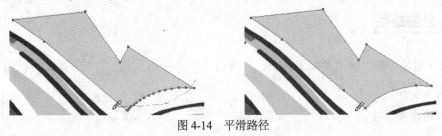

图 4-14　平滑路径

2. "路径橡皮擦"工具

"路径橡皮擦"工具也是一种路径修饰工具，通过使用它能够擦除路径的全部或部分曲线。

【练习 4-7】使用"路径橡皮擦"工具在图形文档中擦除路径。

(1) 选择菜单栏中的"文件"|"打开"命令，在"打开"对话框中选择"Illustrator 实例"文件夹下的"4-7"图形文档，单击"确定"按钮打开，如图 4-15 所示。

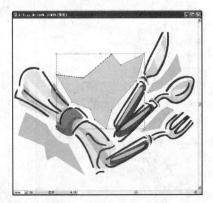

图 4-15　打开图形文档

(2) 在工具箱中选择"路径橡皮擦"工具，然后沿着需要擦除的路径按下鼠标左键并拖动鼠标进行擦除，如图 4-16 所示。

(3) 操作完成后释放鼠标左键，即可将鼠标所经过的路径曲线擦除掉，如图 4-17 所示。这时可以看到，擦除操作后的路径末端将会自动创建一个新的节点，并且擦除后的路径将处于选中状态。

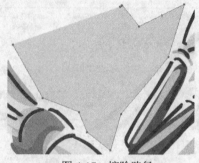

图 4-16　使用"路径橡皮擦"工具　　　　　　　　图 4-17　擦除路径

4.1.4　分割路径

选择工具箱中的"橡皮擦"工具 、"剪刀"工具 和"美工刀"工具 可以用来分割开放式或闭合式路径。

1. "橡皮擦"工具

用户通过使用"橡皮擦"工具 可擦除图稿的任何区域，被抹去的边缘将自动闭合，并保持平滑过渡。

【练习 4-8】使用工具箱中的"橡皮擦"工具 擦除图形文档区域，并自动闭合擦除后的图形。

(1) 选择菜单栏中的"文件"|"打开"命令，在"打开"对话框中选择"Illustrator 实例"文件夹下的"4-8"图形文档，单击"确定"按钮打开，如图 4-18 所示。

图 4-18　打开图形文档

(2) 选择工具箱中的"橡皮擦"工具 ，并双击打开"橡皮擦工具选项"对话框，在对话框中设置角度、圆度和直径，如图 4-19 所示，单击"确定"按钮关闭对话框。

(3) 使用"橡皮擦"工具 在文档窗口中拖动，即可擦除图形区域，如图 4-20 所示。

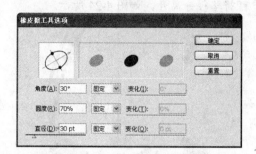

图 4-19　"橡皮擦工具选项"对话框

图 4-20　使用"橡皮擦"工具

2."剪刀"工具

"剪刀"工具 主要用来剪断路径，可应用于开放式或闭合式路径。

【练习 4-9】使用"剪刀"工具 剪断对象路径。

(1) 选择菜单栏中的"文件"|"打开"命令，在"打开"对话框中选择"Illustrator 实例"文件夹下的"4-9"图形文档，单击"确定"按钮打开，如图 4-21 所示。

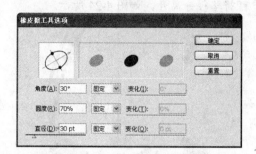

图 4-21　打开图形文档

(2) 使用工具箱中的"选择"工具选中需要分割的闭合路径，选择工具箱中的"剪刀"工具 ，在路径上单击即可使之成为开放路径，如图 4-22 所示。

(3) 开放路径的起始点与终点在单击位置重叠，选择工具箱中的"直接选择"工具 单击并拖动路径，路径成分离状态，如图 4-23 所示。

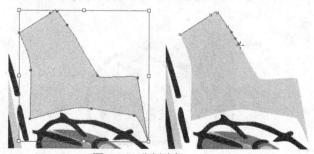

图 4-22　分割路径

图 4-23　分离路径

(4) 使用"剪刀"工具 ✂ 在开放路径上单击，即可将该路径剪断为两个独立的开放路径，两个路径各有一个端点在单击处重叠，用户可将路径分离开，如图 4-24 所示。

图 4-24　分割开放路径

3. "美工刀"工具

"美工刀"工具 🔪 可以将闭合路径切割成两个独立的闭合路径，该工具不能应用于开放路径。在切割图形时，切割线要穿过图形，否则切割不起作用。

【练习 4-10】使用工具箱中的"美工刀"工具 🔪 分割路径图形。

(1) 选择菜单栏中的"文件"|"打开"命令，在"打开"对话框中选择"Illustrator 实例"文件夹下的"4-10"图形文档，单击"确定"按钮打开，如图 4-25 所示。

图 4-25　打开图形文档

(2) 选择工具箱中的"美工刀"工具 🔪，在要切割的闭合路径上按下并拖动鼠标，画出切割线，如图 4-26 所示。

(3) 释放鼠标，按住 Ctrl 键，光标变为"直接选择"工具，在空白处单击，取消路径图形的选中状态，然后选择图形被裁切部分进行移动，可以看到闭合路径被切割成为两个独立的部分，如图 4-27 所示。

图 4-26　绘制切割线　　　　　　　　　　　图 4-27　分离对象

4.1.5 端点的对齐与连接

通过 Illustrator 中的对齐功能，可以准确地定位锚点，并且使用连接功能可以将开放路径的两个端点连接起来，形成闭合路径，也可以连接两条开放路径的任意端点，将它们连接在一起。

1. 对齐

Illustrator CS3 新增了锚点对齐功能，这一功能在先前版本中需要用插件来完成。

【**练习 4-11**】在 Illustrator 中使用对齐功能，对齐任意绘制路径的选中锚点。

(1) 选择菜单栏中的"文件"|"新建"命令，在打开的"新建文档"中创建名为"4-11"的新建文档，如图 4-28 所示，单击"确定"按钮。

(2) 选择工具箱中的"钢笔"工具，在图形文档中绘制如图 4-29 所示路径。

图 4-28 新建文档

图 4-29 绘制路径

(2) 选择工具箱中的"直接选择"工具，使用"直接选择"工具在路径上框选需要对齐的锚点，如图 4-30 所示。被选中的锚点以实心方块表示。

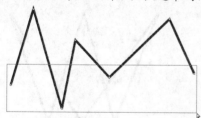
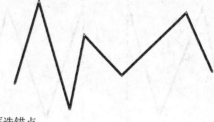

图 4-30 框选锚点

(3) 在"控制面板"上单击"垂直底对齐"按钮，即可将选中的锚点进行底对齐，如图 4-31 所示。

(4) 然后单击"控制面板"上的"水平居中分部"按钮，即可将选中的锚点进行水平居中分布，如图 4-32 所示。

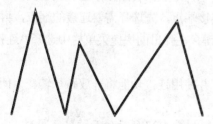

图 4-31 垂直底对齐

图 4-32 水平居中对齐

(5) 选择工具箱中的"直接选择"工具，使用"直接选择"工具在路径上框选需要对齐的锚点，如图 4-33 所示。

图 4-33　框选锚点

(6) 在"控制面板"上单击"垂直底对齐"按钮，即可将选中的锚点进行底对齐。然后再单击"控制面板"上的"水平居中分部"按钮，即可将选中的锚点进行水平居中分布，如图 4-34 所示。

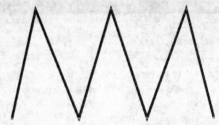

图 4-34　对齐锚点

(7) 按住 Shift 键，使用"直接选择"工具分别选择两端的锚点，如图 4-35 所示。在"控制面板"上单击"水平居中对齐"按钮，即可将两端锚点水平居中对齐，如图 4-36 所示。

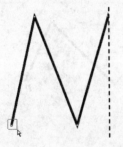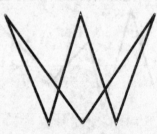

图 4-35　选择两端锚点　　　　　　　　图 4-36　水平居中对齐

1．连接

通过连接端点可以将开放路径的两个端点连接起来，形成闭合路径，也可以连接两条开放路径的任意两个端点，将它们连接在一起。要想连接端点，先选择需要连接的端点，再使用控制面板上"连接所有终点"按钮或单击鼠标右键，在弹出的快捷菜单栏中选择"连接"命令将端点进行连接。

【练习 4-12】使用"钢笔"工具绘制开放路径，并使用连接功能将开放路径转变为闭合路径。

(1) 选择工具箱中的"钢笔"工具，在文档中绘制如图 4-37 所示的开放路径图形。

（2）选择工具箱中的"直接选择"工具，在图形文档中框选需要连接的锚点。如图 4-38 所示。然后在文档中单击右键，在弹出的快捷菜单中选择"连接"命令，即可将选中的锚点连接，如图 4-39 所示。

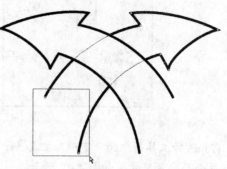

图 4-37 绘制开放路径　　　　　　　图 4-38 框选锚点

（3）选择工具箱中的使用"直接选择"工具，在图形文档框选需要连接的锚点，并单击控制面板中的"连接所有终点"按钮，连接锚点，闭合路径，如图 4-40 所示。

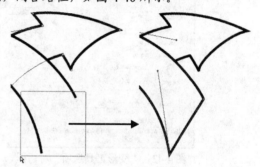

图 4-39 使用"连接"命令　　　　　　图 4-40 使用"连接所有终点"按钮

4.2 改变路径图形的外观

用户编辑图形时，可以利用变形工具来执行变形、扭曲、收拢、膨胀等变形操作使图形效果更加完善。变形的对象可以是单个的路径图形，也可以是组合的对象。

4.2.1 "变形"工具

使用"变形"工具可以对路径图形做弯曲处理，弯曲方向随鼠标拖动而变化。使用"变形"工具时，可以直接将对象变形，不需要选取对象。

【练习 4-13】在图形文档中使用"变形"工具改变图形形状。

（1）选择"文件"|"打开"命令，打开"Illustrator 实例"文件夹下的"4-13"图形文件，如图 4-41 所示。

图 4-41　打开图形文档

（2）选择工具箱中的"变形"工具，并双击打开"变形工具选项"对话框。在对话框中设置全局画笔尺寸，如图 4-42 所示。

（3）设置完成后，单击"确定"按钮关闭对话框，并使用"变形"工具在要修改的图形上单击并拖动鼠标，即可变形鼠标经过的路径，如图 4-43 所示。

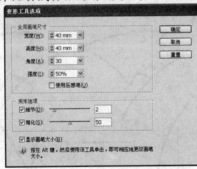
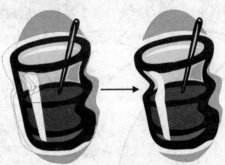

图 4-42　"变形工具选项"对话框　　　　　图 4-43　使用"变形"工具

4.2.2　"旋转扭曲"工具

使用"旋转扭曲"工具可以使路径图形的形状发生扭转变化。

【练习 4-14】在图形文档中使用"旋转扭曲"工具改变图形形状。

（1）选择"文件"|"打开"命令，打开"Illustrator 实例"文件夹下的"4-14"图形文件，如图 4-44 所示。

图 4-44　打开图形文档

(2) 选择工具箱中的"旋转扭曲"工具 ，并双击"旋转扭曲"工具 打开"旋转扭曲工具选项"对话框。在对话框中设置全局画笔尺寸，如图 4-45 所示。

(3) 设置完成后，单击"确定"按钮关闭对话框，在图形上需要扭转的位置单击，即可扭转图形。在扭曲图形对象时，如单击对象后按住鼠标不放，图形的扭转变化为螺旋形递增，如图 4-46 所示。

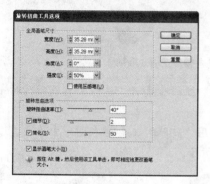

图 4-45　"旋转扭曲工具选项"对话框　　　　　图 4-46　使用"旋转扭曲"工具

4.2.3　"收缩"与"膨胀"工具

使用"收缩"工具 可以对图形执行收缩操作，产生变形。"膨胀"工具 产生的效果与"收缩"工具相反。使用"膨胀"工具可以使路径图形在形状上向外扩张。

【练习 4-15】在图形文档中使用"收缩"工具 和"膨胀"工具 改变图形形状。

(1) 选择"文件"|"打开"命令，打开"Illustrator 实例"文件夹下的"4-15"图形文件，如图 4-47 所示。

图 4-47　打开图形文档

(2) 选择工具箱中的"收缩"工具 ，并双击"收缩"工具 打开"收缩工具选项"对话框，在对话框中设置全局画笔尺寸，如图 4-48 所示。

(3) 设置完成后，单击"确定"按钮关闭对话框，在图形文档中需要收缩的位置单击，即可将图形收缩，如图 4-49 所示。

21 世 纪 电 脑 学 校

图 4-48 "收缩工具选项"对话框

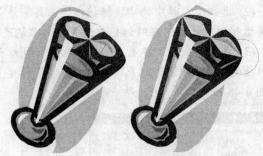

图 4-49 使用"缩拢"工具

(4) 选择工具箱中的"膨胀"工具，并双击"膨胀"工具打开"膨胀工具选项"对话框，在对话框中设置全局画笔尺寸，如图 4-50 所示。

(5) 设置完成后，单击"确定"按钮关闭对话框，使用"膨胀"工具在图形中单击，在图形内侧向外膨胀，在图形外侧向内膨胀，如图 4-51 所示。

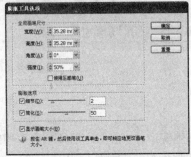

图 4-50 "膨胀工具选项"对话框

图 4-51 使用"膨胀"工具

4.2.4 "褶皱"工具

使用"褶皱"工具可以对图形进行折皱变形操作，使图形产生抖动效果。

【练习 4-16】在图形文档中使用"褶皱"工具改变图形形状。

(1) 选择"文件"|"打开"命令，打开"Illustrator 实例"文件夹下的"4-16"图形文件，如图 4-52 所示。

图 4-52 打开图形文档

(2) 选择工具箱中的"褶皱"工具 ，并双击"褶皱"工具 打开"褶皱工具选项"对话框，设置全局画笔尺寸，如图 4-53 所示。

(3) 设置完成后，单击"确定"按钮关闭对话框。使用"褶皱"工具 在图形上单击，即可使路径图形产生褶皱边缘，如图 4-54 所示。

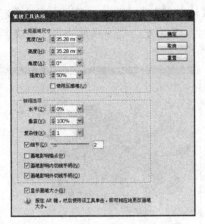

图 4-53　"褶皱工具选项"对话框

图 4-54　使用"褶皱"工具

4.3　使用"路径查找器"面板

当在 Illustrator 中编辑图形对象时，经常会使用"路径查找器"面板。该面板包含了多个功能强大的图形路径编辑工具。通过使用它们，用户可以对多个图形路径进行特定的运算，从而形成各种复杂的图形路径。

如果工作界面中没有显示"路径查找器"面板，用户可以通过选择"窗口"|"路径查找器"命令，打开如图 4-55 所示的"路径查找器"面板。该面板包含了"形状模式"和"路径查找器"两个选项组。用户选择所需操作的对象后，单击该面板上的功能按钮，即可实现所需的图形路径效果。

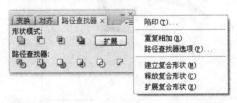

图 4-55　"路径查找器"面板及面板控制菜单

> **提示**
>
> 用户也可以通过单击该面板上的黑色小三角按钮，在打开的面板控制菜单中选择相应的命令，即可实现图形路径的编辑效果。

4.3.1　使用"形状模式"按钮

在"形状模式"选项组中，有"与形状区域相加"按钮 、"与形状区域相减"按钮 、"与形状区域相交"按钮 、"排除重叠形状区域"按钮 和"扩展"按钮 扩展 5 个功能按钮。使用前面的 4 个功能按钮，用户可以在多个选中图形的路径之间实现不同的运算组合方式。下面将依次介绍各个功能按钮的操作方法和功能作用。

【**练习 4-17**】在图形文档中使用"形状模式"按钮对选中对象进行编辑操作。

(1) 打开一幅图形文档，选择工具箱中的"选择"工具，按 Shift 键，单击选择两个颜色不同的对象，如图 4-56 所示。

(2) 单击"路径查找器"面板中的"与形状区域相加"按钮，可将选定对象有重叠的对象融合在一起，合成为单一的新对象，最上面对象的填充与笔画属性决定了并集后的新对象的填充与笔画属性，如图 4-57 所示。

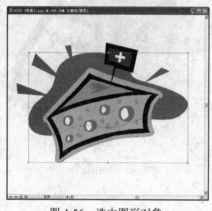

图 4-56　选中图形对象

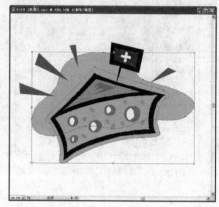

图 4-57　与形状区域相加

(3) 如果单击"路径查找器"面板中的"与外形区域相减"按钮，可删除对象之间的重叠区域和位于最上层的被选中的对象，如图 4-58 所示。

(4) 如果单击"路径查找器"面板中的"与外形区域相交"按钮，可将选中对象不相交部分删除，保留相交部分，如图 4-59 所示。

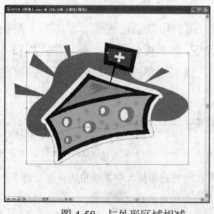

图 4-58　与外形区域相减

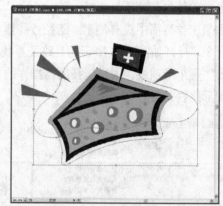

图 4-59　与外形区域相交

(5) 如果单击"路径查找器"面板中的"排除重叠形状区域"按钮，可删除对象的重叠部分，只保留不重叠的部分，如图 4-60 所示。

(6) 使用上述按钮制作出相应的复合形状后，选中复合图形，单击"扩展"按钮。单击该按钮后，选中的复合图形将变为一个独立的对象。

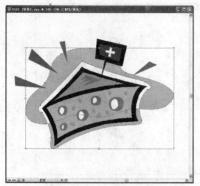

图 4-60　排除重叠形状区域

4.3.2　使用"路径查找器"按钮

"路径查找器"选项组中共有 6 个功能按钮，它们分别是"分割"按钮 、"修边"按钮 、"合并"按钮 、"裁剪"按钮 、"轮廓"按钮 和"减去后方对象"按钮 ，通过使用它们，用户可以运用更多的运算方式对图形形状进行编辑处理。与"形状模式"选项组中的运算方式不同的是，当执行"路径查找器"选项组中的运算方式之后，将不能通过该面板的控制菜单中的"释放复合形状"命令将图形对象恢复至运算之前的状态。

【练习 4-18】在图形文档中使用"路径查找器"按钮对选中对象进行编辑操作。

(1) 打开一幅图形文档，选择工具箱中的"选择"工具，按 Shift 键，单击选择两个颜色不同的对象，如图 4-61 所示。

(2) 单击"分割"按钮 ，可以分离相互重叠的图形，得到多个独立的图形，新生成的对象的填充与画笔属性同原来对象一致，如图 4-62 所示。

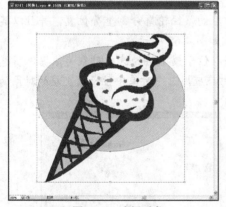

图 4-61　选择对象

图 4-62　分割图形

(3) 单击"修边"按钮 ，即可删除位于重叠区域下方的选中对象的重叠区域，但是，这种运算方式不会分割位于重叠区域上方的选中对象的重叠区域，如图 4-63 所示。

图 4-63 修边

(4) 单击"合并"按钮 ，即可将选中的对象合并成一个图形对象，并且只具有填充属性。如果选中的是两个或两个以上具有不同填充属性的图形对象，那么单击"路径查找器"面板中的"合并"按钮将产生与单击"修边"按钮相同的运算效果。

(5) 单击"裁剪"按钮 ，系统将以最上层的选中对象为基准保留选中的多个对象之间的重叠区域，并且将选中的对象中位于最下层的对象的填充和描边属性应用至运算后的图形对象，如图 4-64 所示。

图 4-64 裁剪

提示

虽然使用直接选择工具可以单独选择对象，但用选择工具无法单独选择一个对象，因为此时对象是一个群组。

(6) 单击"轮廓"按钮 ，即可按照选中对象的路径轮廓分割重叠位置，并且以其原有的填充颜色为运算后的对象添加路径描边颜色，如图 4-65 所示。

(7) 单击"减去后方对象"按钮 ，系统将以位于最下层的选中对象为依据保留选中的多个对象之间的重叠区域，并且对运算后的图像对象应用选中对象中位于最上层的对象的填充和描边属性，如图 4-66 所示。

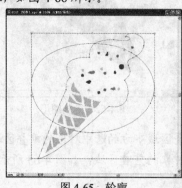

图 4-65 轮廓　　　　　　　　　图 4-66 减去后方对象

4.4　上机实验

本章上机实验主要通过在 Illustrator 中自制创意相框，来练习变形工具和擦除工具的使用操作方法。

(1) 选择菜单栏中的"文件"|"新建"命令，在打开的"新建"对话框中设置"名称"为"44-1"，大小为 800×600，，如图 4-67 左图所示，单击"确定"按钮创建新文档。选择工具箱中的"矩形"工具，将填充色设置为黑色，并拖动绘制如图 4-67 右图所示矩形。

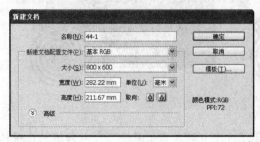

图 4-67　新建文档并绘制矩形

(2) 选择工具箱中的"旋转扭曲"工具，按 Alt 键拖动调整画笔大小，然后在矩形左下角单击，旋转扭曲图形对象，如图 4-68 所示。

图 4-68　使用"旋转扭曲"工具

(3) 使用步骤(2)的方法绘制如图 4-69 所示的图形对象效果，按住鼠标左键释放时间的长短，可以改变旋转扭曲的效果。

图 4-69　旋转扭曲效果

（4）在工具箱的颜色控制区中将填色设置为黑色，描边为无，然后使用工具箱中的"椭圆"工具，在文档中按住 Shift+Alt 键单击拖动绘制一个圆形，如图 4-70 左图所示。接着选择工具箱中的"旋转扭曲"工具，在刚绘制的圆形上进行旋转扭曲操作，得到的效果如图 4-70 右图所示。

图 4-70　绘制圆形并旋转扭转

（5）在工具箱中双击"橡皮擦"工具，打开"橡皮擦工具选项"对话框。在对话框中设置角度为 30°，圆度为 50%，直径为 20pt、随机、变化 9pt，如图 4-71 左图所示。设置完成后，单击"确定"按钮关闭对话框，使用"橡皮擦"工具在图形文档中相框的位置随意擦除，擦除过程中可以按[键或]键，放大缩小画笔，最终得到的效果如图 4-71 右图所示。

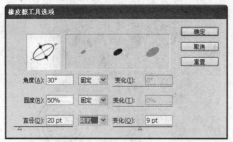

图 4-71　使用"橡皮擦"工具

（6）使用工具箱中的"选择"工具框选全部图形，选择菜单栏中的"窗口"|"路径查找器"命令，打开"路径查找器"面板。在打开的"路径查找器"面板中单击"与形状区域相加"按钮，然后单击"扩展"按钮将所有图形对象进行结合，如图 4-72 所示。

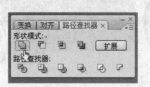

图 4-72　结合图形

(7) 选择菜单栏中的"文件"|"置入"命令，在打开的"置入"对话框中，选择"Illustrator实例"文件夹下的"44-1JPEG"图像文档，取消"链接"选择，单击"确定"按钮置入图像文档，如图 4-73 所示。

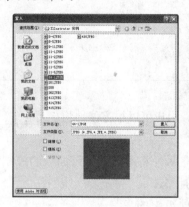

图 4-73　置入图像文档

(8) 在图像文档上单击右键，在弹出的快捷菜单中选择"排列"|"置于底层"命令，将图像文档放置在最底层，如图 4-74 所示。

图 4-74　排列图层

(9) 在工具箱的颜色控制区中，将填色设置为白色，描边设置为无，然后选择工具箱中的"钢笔"工具根据相框的形状将图像文档中多出相框的部分用白色图形覆盖，如图 4-75 左图所示。绘制完成后单击右键，在弹出的菜单中选择"排列"|"后移一层"命令，得到的最终效果如图 4-75 右图所示。

图 4-75　最终效果

4.5 思考练习

4.5.1 填空题

1. 路径绘制完成后，用户可以通过_____、_____、_____、_____工具选取所需要编辑操作的路径对象。

2. 使用钢笔工具组中的"转换锚点"工具 ，用户可以很方便地将_____，或将_____。

3. 在执行"路径查找器"选项组的运算方式之后，将不能通过该面板的控制菜单中的_____命令，将图形对象恢复至运算之前的状态。

4. 在"路径查找器"面板的"形状模式"选项组中的_____、_____、_____和_____4 个功能按钮主要用于在多个选中图形的路径之间实现不同的运算组合方式。

4.5.2 选择题

1. 在选择工具组中，不能单独选择锚点的工具是(　　)。
   A. 选择工具和套索工具　　　　　　　　C. 选择工具和编组选择工具
   B. 直接选择工具和编组选择工具　　　　D. 选择工具和直接选择工具

2. (　　)工具可以将闭合路径切割成两个独立的闭合路径，但不能应用于开放路径。
   A. 剪刀　　　　　　　　　　　　　　　C. 路径橡皮擦
   B. 美工刀　　　　　　　　　　　　　　D. 橡皮擦

3. 利用(　　)按钮，可以以位于最下层的选中对象为依据保留选中的多个对象之间的重叠区域，并且对运算后的图像对象应用选中对象中位于最上层的对象的填充和描边属性。
   A. 减去后方对象　　　　　　　　　　　C. 合并
   B. 修边　　　　　　　　　　　　　　　D. 裁剪

4.5.3 操作题

1. 使用"橡皮擦"工具分割图形对象，如图 4-76 所示。

2. 使用多种变形工具，制作如图 4-77 所示的特殊效果相框。

图 4-76　使用"橡皮擦"工具分割图形

图 4-77　制作相框

路径艺术效果处理

本章导读

在 Illustrator CS3 中，用户可以使用画笔工具绘制出带有画笔笔触的路径，还可以通过"画笔"面板选择或创建不同的画笔笔触样式。另外，用户还可以使用符号方便、快捷地生成很多相似的图形实例，并且也可以通过"符号"面板灵活调整和修饰符号图形。

重点和难点

- "画笔"面板和画笔库的使用
- 创建和编辑画笔
- 使用符号工具

5.1 使用画笔

使用画笔工具可以直接绘制路径并同时应用画笔样式效果，或将画笔样式效果应用到现有的路径上。Illustrator CS3 中提供了多种不同样式的画笔，可以建立各种外观风格的路径。

5.1.1 画笔的类型

在 Illustrator 中有 4 种画笔类型，分别是书法画笔、散点画笔、艺术画笔和图案画笔。

书法画笔的效果类似使用笔尖呈某个角度的蘸水笔，如图 5-1 所示。艺术画笔会沿着路径的长度，平均地拉长画笔形状或对象形状，如图 5-2 所示。

图 5-1　书法画笔

图 5-2　艺术画笔

图案画笔的效果是沿着路径重复绘制一个拼贴图案，如图 5-3 所示。散点画笔通常可以达到图案画笔相同的效果，但与图案画笔不同的是散点画笔不完全依循路径，如图 5-4 所示。

图 5-3 图案画笔   图 5-4 散点画笔

5.1.2 "画笔"面板与画笔库的使用

"画笔"面板用于显示当前文件的画笔。无论何时从画笔库中选择画笔，都会自动将其添加到"画笔"面板中。创建并存储在"画笔"面板中的画笔仅与当前文件相关联，即每个 Illustrator 文件可以在其"画笔"面板中包含一组不同的画笔。选择菜单栏中的"窗口"|"画笔"命令即可以打开"画笔"面板，如图 5-5 所示。

画笔库是随 Illustrator 提供的一组预设画笔。可以打开多个画笔库以浏览其中的内容并选择画笔。选择"窗口"|"画笔库"命令下的子菜单可以打开不同的画笔库，如图 5-6 所示，也可以使用"画笔"面板菜单来打开画笔库。

图 5-5 "画笔"面板   图 5-6 画笔库

【练习 5-1】在 Illustrator 中，应用"画笔"面板和画笔库，添加、编排、删除画笔样式。

(1) 选择菜单栏中的"窗口"|"画笔库"|"装饰"|"装饰_散布"命令，打开"装饰_散布"画笔库，并在"装饰_散布"画笔框中单击"小星形"画笔样式，即可将该画笔自动添加到"画笔"面板中，如图 5-7 所示。

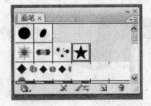

图 5-7 添加画笔样式

(2) 在"装饰_散布"画笔库中，先按住 Shift 键单击需要选择的第一个画笔样式，再单击最后一个画笔样式选中，选择连续的画笔样式。然后单击"画笔库"面板右上角小三角按钮，在弹出的菜单中选择"添加到画笔"命令，即将选中的所有画笔添加到"画笔"面板中，如图 5-8 所示。如果要选择不相邻的画笔，按住 Ctrl 键在每个要选择的画笔上单击。

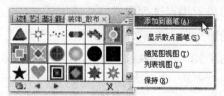
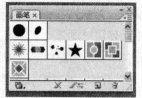

图 5-8　添加多个画笔样式

(3) 在"画笔"面板中可以查看所有的画笔，或者只查看某几种类型的画笔。如果要显示或隐藏画笔类型，在面板的弹出式菜单中选择"显示书法画笔"、"显示散点画笔"、"显示图案画笔"、"显示艺术画笔"命令即可，如图 5-9 所示。

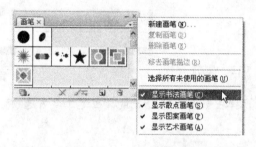
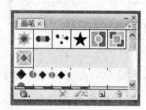

图 5-9　显示画笔

(4) 在"画笔"面板中，选中"小星形"画笔样式，将其拖动到需要放置的位置释放即可改变画笔样式位置，如图 5-10 所示。但只能将画笔样式在其所属的画笔类型中拖动到新位置。

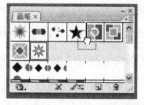
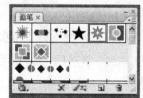

图 5-10　改变画笔样式位置

(5) 在"画笔"面板中选择要删除的画笔，然后单击"删除画笔"按钮，弹出如图 5-11所示的对话框，并在其中单击"删除描边"按钮，即可将选择的画笔样式删除。也可以直接在面板中拖动要删除的画笔样式到"删除画笔"按钮上，同样也可将其删除。

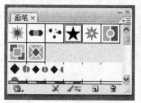

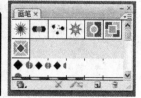

图 5-11　删除画笔样式

5.1.3 使用画笔工具创建路径

使用"画笔"工具并结合"画笔"面板和画笔库可以绘制路径和应用画笔样式，Illustrator 会在绘制时自动设定锚点，绘制完成后可以对锚点进行调整。

【练习 5-2】使用"画笔"工具在图形文档中绘制路径，并应用画笔样式。

(1) 选择菜单栏中的"窗口"｜"画笔库"｜"艺术效果"｜"艺术效果_画笔"命令，打开"艺术效果_画笔"面板，并在面板中单击"调色刀"画笔样式，将其添加到"画笔"面板中，如图 5-12 所示。

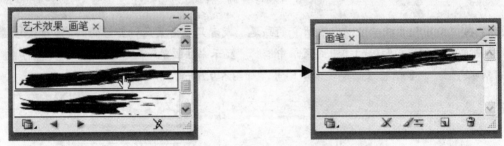

图 5-12　添加画笔样式

(2) 在工具箱中双击"画笔"工具，弹出如图 5-13 所示的"画笔工具首选项"对话框，在对话框中可以对绘制路径进行设置。

- "保真度"选项：用来设定"画笔"工具在绘制曲线时，所经过的路径上各点的精确度，保真度的值越小，所绘制的曲线就越粗糙，精度较低；保真度的值越大，所绘制的曲线就越逼真，精度越高。保真度的范围从 0.5~20 像素。

- "平滑度"选项：用来指定"画笔"工具所绘制曲线的光滑程度。平滑值越大，所绘制曲线就越平滑，否则相反。平滑度的范围可以从 0%~100%。

- "填充新画笔描边"复选框：如选中"填充新画笔描边"复选框，则每次使用"画笔"工具绘制图形时，系统会自动以默认颜色来填充对象的轮廓线；如果不选中该复选框，则不填充轮廓线。

- "保持选定"复选框：如果选中"保持选定"选项，则每绘制一条曲线，绘制出的曲线都将处于选中状态；如果不选中该复选框所绘制出的曲线不被选中。

- "编辑选定的路径"复选框：选中该复选框，可使用"画笔"工具来变更现有的路径。

- "范围"选项：决定如果要使用笔刷工具来编辑现有路径时，鼠标与该路径之间的接近程度，只有在选取"编辑选定路径"选项是才能使用此选项。

(3) 使用工具箱中的"画笔"工具 ，在文档中的适当位置拖动鼠标，如图 5-14 所示。绘制完成后，按 Ctrl 键在空白处单击取消选择。

图 5-13 "画笔工具首选项"对话框

图 5-14 使用"画笔"工具

5.1.4 应用、替换画笔样式

在 Illustrator 中，可以将画笔样式应用到其他 Illustrator 绘图工具创建的路径上。也可以使用不同的画笔样式，替换路径上已有的画笔样式。

【练习 5-3】在 Illustrator 中，使用钢笔工具绘制路径图形后，更改、替换路径的画笔样式。

(1) 选择菜单栏中的"文件"|"新建"命令，在打开的"新建文档"对话框中新建"5-3"图形文档，如图 5-15 所示。

(2) 选择工具箱中的"钢笔"工具，在文档中绘制如图 5-16 所示的路径图形。

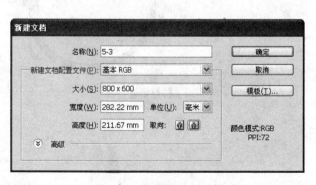

图 5-15 新建文档

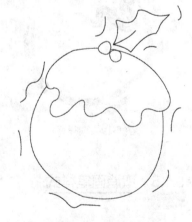

图 5-16 绘制路径

(3) 在工具箱中选择"选择"工具，在图形文档中选中全部路径图形，如图 5-17 所示。

(4) 在菜单栏中执行"窗口"|"画笔库"|"艺术效果"|"艺术效果_画笔"命令，打开
"艺术画笔_画笔"画笔库，并在其中单击画笔样式，即可将画笔样式应用到路径上，如图
5-18 所示。

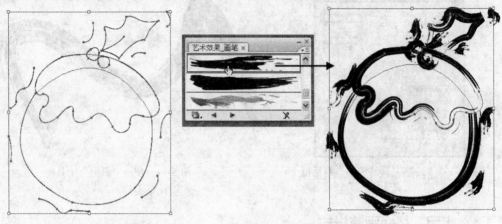

图 5-17　选择路径图形　　　　　　　　　　　　图 5-18　应用画笔

(5) 在工具箱中选择"选择"工具，按 Shift 键，在图形文件中选中多个路径图形，如图
5-19 所示。

(6) 在"艺术效果_画笔"画笔库中单击"干画笔 7"画笔，即可将路径上的画笔替换，
效果如图 5-20 所示。

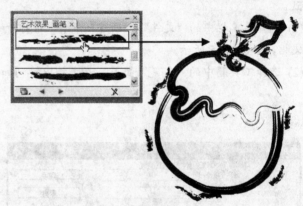

图 5-19　选择路径　　　　　　　　　　　　图 5-20　替换画笔效果

5.1.5　取消画笔样式

在 Illustrator 中，不仅可以在路径图形上应用画笔样式，也可以取消路径上的画笔样式，
将画笔路径转换成正常的路径。

【练习 5-4】在 Illustrator 中，打开图形文档，并将其路径图形上的画笔样式取消。

(1) 选择菜单栏中的"文件"｜"打开"命令，打开"Illustrator 实例"文件夹中的"5-4"图形文档，如图 5-21 所示。

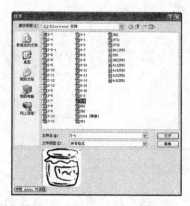

图 5-21　打开图形文档

(2) 使用工具箱中的"选择"工具在图形文档中框选全部路径图形，如图 5-22 所示。

(3) 在"画笔"面板中单击"移去画笔描边"按钮，即可将路径上的画笔样式取消，如图 5-23 所示。

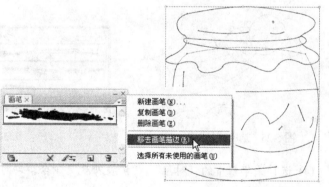

图 5-22　选中路径　　　　　　　　　　图 5-23　移去画笔描边

5.1.6　将画笔样式转换成外框

在 Illustrator 中，可以使用"扩展外观"命令，将画笔样式转换为外框路径，当要编辑画笔路径的个别组件时，使用这个命令非常方便。

【练习 5-5】在打开的图形文档中应用画笔样式，对画笔样式使用"扩展外观"命令将其转换并进行编辑。

(1) 选择菜单栏中的"文件"｜"打开"命令，打开"Illustrator 实例"文件夹中的"5-5"图形文档，如图 5-24 所示。

图 5-24　打开图形文档

(2) 在工具箱中选择"选择"工具，在图形文档中选中路径图形，如图 5-25 所示。

(3) 在菜单栏中执行"窗口"｜"画笔库"｜"艺术效果"｜"艺术效果_画笔"命令，打开"艺术画笔_画笔"画笔库，并在其中单击画笔样式，即可将画笔样式应用到路径上，如图 5-26 所示。

 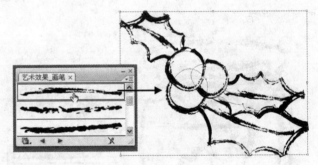

图 5-25　选中路径图形　　　　　　　　图 5-26　应用画笔样式

(4) 选择菜单栏中的"对象"｜"扩展外观"命令，即可将画笔样式转换为外框路径，如图 5-27 所示。

(5) 在"色板"面板中，选中描边颜色为当前颜色设置，设置颜色值 R=0、G=169、B=157，即可将外框路径的颜色进行更改，在空白处单击以取消选择，最终效果如图 5-28 所示。

 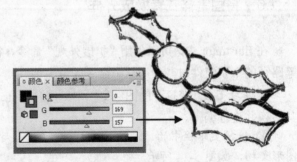

图 5-27　扩展外观　　　　　　　　　　图 5-28　更改路径颜色

5.2　创建和编辑画笔

在 Illustrator 中可以创建新画笔和修改当前选择的画笔。所有的画笔必须是由简单的矢量对象所构成，画笔不能包含有渐变、混合、其他画笔描边、网格对象、位图图像、图表、置入文件或蒙版。

对于艺术画笔和图案画笔，图稿中不能包含文字。若要实现包含文字的画笔描边效果，先将文字创建轮廓，然后使用该轮廓创建画笔。

5.2.1　创建"书法画笔"

在 Illustrator 中，用户可以创建新的书法画笔，并且可以更改书法画笔绘制时的角度、圆度和直径。

【练习 5-6】在 Illustrator 中，创建用户自定义书法画笔。

(1) 选择菜单栏中的"窗口"|"画笔"命令，打开"画笔"面板。在"画笔"面板中单击"新建画笔"按钮　，在弹出的"新建画笔"对话框中选择"新建书法画笔"单选按钮，如图 5-29 所示。

(2) 单击"确定"按钮，接着打开"书法画笔选项"对话框，如图 5-30 所示。

图 5-29　"新建画笔"对话框

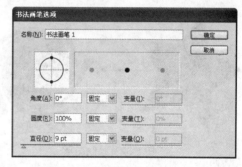

图 5-30　"书法画笔选项"对话框

- "角度"：如果要设定旋转的椭圆形角度，可在预览窗口中拖动箭头，也可以直接在"角度"文本框中输入数值。
- "圆度"：如果要设定圆度，可在预览窗口中拖动黑点往中心点或往外以调整其圆度，也可以在"圆度"文本框中输入数值。数值越高，圆度越大。
- "直径"：如果要设定直径，可拖动直径滑杆上的滑块，也可在"直径"文本框中输入数值。

(3) 在"书法画笔选项"对话框中设置角度为 60°，圆度为 35%、随机变量为 10%，直径为 19，如图 5-31 左图所示，单击"确定"按钮，即可创建一个书法画笔，如图 5-31 右图所示。

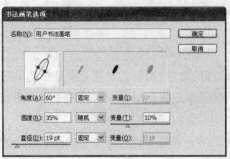

图 5-31　使用"用户书法画笔"

5.2.2　创建"散点画笔"

可以使用一个 Illustrator 图稿来创建散点画笔，也可以变更散点画笔所绘制路径上对象的大小、间距、分散图案和旋转。

【练习 5-7】在 Illustrator 中，创建用户自定义散点画笔。

(1) 选择工具箱中的"星形"工具绘制星形图形，并填充黑色。选择工具箱中的"旋转扭曲"工具，在绘制的星形中单击，得到如图 5-32 所示效果。

(2) 选择工具箱中的"选择"工具，框选全部图形，如图 5-33 所示。

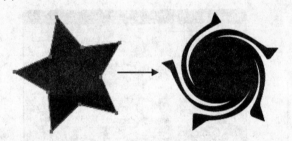

图 5-32　绘制图形　　　　　　　　　　　　　　图 5-33　框选图形

(3) 单击"画笔"面板中的"新建画笔"按钮，弹出"新建画笔"对话框，选择"新建散点画笔"单选按钮，如图 5-34 所示。

(4) 单击"确定"按钮，接着打开"散点画笔选项"对话框，如图 5-35 所示。

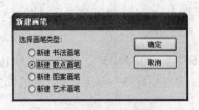

图 5-34　"新建画笔"对话框　　　　　图 5-35　"散点画笔选项"对话框

- 大小：控制对象的大小。
- 间距：控制对象之间的距离。
- 分布：控制路径两侧对象与路径之间接近的程度。数值越高，对象与路径之间的距离越远。
- 旋转：控制对象的旋转角度。
- 方法：可以在其下拉列表中选择上色方式。

(5) 在"散点画笔选项"对话框中，设置"大小"为20%随机，"间距"为80%随机，如图5-36所示。单击"确定"按钮，即可将设定好的样式定义为散点画笔。

(6) 选择工具箱中的"画笔"工具，在文档中拖动，即可得到如图5-37所示效果。

图 5-36　设置"散点画笔"选项

图 5-37　使用"用户散点画笔"

5.2.3 创建"艺术画笔"

在 Illustrator 中，用户可以使用 Illustrator 图稿来定义艺术画笔，并且可以更改用艺术画笔沿着路径所绘对象的方向和大小，也可以沿着路径或跨越路径翻转对象。

【练习5-8】在 Illustrator 中，创建用户自定义艺术画笔。

(1) 在工具箱中选择"铅笔"工具，然后在文档中绘制任意图形，并填充黑色，如图5-38所示。

图 5-38　绘制图形

(2) 使用工具箱中的"选择"工具框选所绘图形，如图5-39所示。然后单击"画笔"面板中的"新建画笔"按钮，弹出"新建画笔"对话框，选择"新建艺术画笔"单选按钮，如图5-40所示。

图 5-39　选中图形

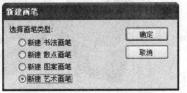

图 5-40　"新建画笔"对话框

(3) 单击"确定"按钮，在弹出的"艺术画笔选项"对话框中设置宽度为 80%，如图 5-41 所示，单击"确定"按钮关闭对话框。

(4) 选择工具箱中的"画笔"工具，在画面中拖动，即可得到如图 5-42 所示效果。

图 5-41　"艺术画笔选项"对话框

图 5-42　使用"用户艺术画笔"

5.2.4　创建"图案画笔"

如要创建图案画笔，可以使用"色样"面板中的图案色样或文档中的图稿，来定义画笔中的拼贴。利用色样定义图案画笔时，可使用预先加载的图案颜色或自定义的图案色样。

创建用户自定义的"图案画笔"可以更改图案画笔的大小、间距和方向，另外，还能将新的图稿应用至图案画笔中的任一拼贴上，以重新定义该画笔。

【练习 5-9】在 Illustrator 中，创建用户自定义图案画笔。

(1) 选择工具箱中的"钢笔"工具，绘制如图 5-43 所示的图形。在工具箱中选择"选择"工具框选图形，并在颜色控制区中将描边颜色设置为无，填充颜色设置为红色，如图 5-44 所示。

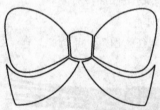

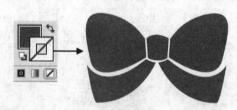

图 5-43　绘制图形

图 5-44　填充颜色

(2) 然后单击"画笔"面板中的"新建画笔"按钮，弹出"新建画笔"对话框，从中选择"新建图案画笔"单选按钮，如图 5-45 所示。

图 5-45　"新建画笔"对话框

(3) 单击"确定"按钮,在打开的"图案画笔选项"对话框中设置缩放为 50%,间距为 50%,如图 5-46 所示,单击"确定"按钮关闭对话框。

(4) 选择工具箱中的"画笔"工具,在画面中拖动,即可得到如图 5-47 所示的效果。

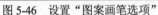

图 5-46　设置"图案画笔选项"　　　　　　图 5-47　用户图案画笔

5.3 使用符号

符号是一种可以在文档中反复使用的艺术对象,它可以方便、快捷地生成很多相似的图形实例。同时还可以通过符号体系工具来灵活、快速地调整和修饰符号图形的大小、距离、色彩、样式等。

5.3.1 创建符号

在 Illustrator 中,用户可以通过任何 Illustrator 图形对象创建符号,包括路径、复合路径、文字、点阵图、网格对象以及对象群组。但不能使用链接的图稿或一些组(如图表组)创建符号。还可以从现有的符号创建新符号、复制符号,并且进行编辑。也可以在创建符号后,对其重新命令或进行复制以创建新符号。

【练习 5-10】在 Illustrator 中,使用绘制的图形创建符号。

(1) 选择工具箱中的"钢笔"工具,绘制袜子图形。使用工具箱中的"选择"工具在文档中按 Shift 键单击选中袜头和袜跟部分图形,并在"颜色"面板中设置描边为无,填充颜色为 R=102、G=45、B=145,如图 5-48 左图所示。然后使用"选择"工具选中袜身部分,在"颜色"面板中设置描边为无,填充颜色为 R=255、G=216、B=31,如图 5-48 右图所示。

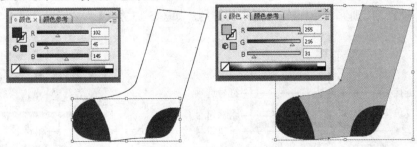

图 5-48　绘制图形并填充

(2) 使用工具箱中的"选择"工具框选全部图形，如图 5-49 所示。在"符号"面板中单击"新建符号"按钮，或单击"符号"面板右上角的小三角按钮，在打开的菜单中选择"新建符号"命令，如图 5-50 所示。

图 5-49 选择图形

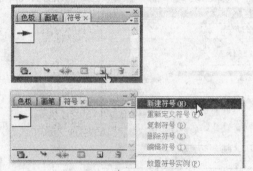

图 5-50 创建新符号

(3) 单击"新建符号"按钮后，打开"符号选项"对话框，在"名称"文本框中输入符号名称"袜子"，类型中选择"图形"单选按钮，单击"确定"按钮，即可将其转换成符号，如图 5-51 所示。

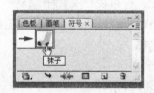

图 5-51 转换为符号

5.3.2 "符号"面板与符号库的使用

"符号"面板用来管理文档中的符号，可以用来建立新符号、编辑修改现有的符号以及删除不再使用的符号。选择菜单栏中的"窗口"|"符号"命令，可打开"符号"面板，如图 5-52 所示。

在 Illustrator 中还自带了多种变化的预设符号，这些符号都按类别存放在符号库中。选择菜单栏中的"窗口"|"符号库"命令下的子菜单就可以查看、选取所需的符号，也可以建立新的符号库。当选择一种符号库后，它会出现在新面板中，它的用法与"符号"面板基本相同，只是不能新增、删除或编辑符号库中的符号，如图 5-53 所示。

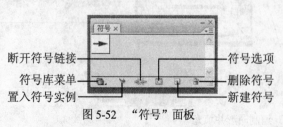

图 5-52 "符号"面板

图 5-53 "符号库"面板

【**练习 5-11**】使用"符号"面板和"符号库"面板进行符号的添加、置入、替换、删除、编辑等操作。

(1) 选择菜单栏中的"窗口"|"符号"命令,显示"符号"面板,如图 5-54 所示。

(2) 在"符号"面板中单击"符号库菜单"按钮 ,在弹出的菜单中选择"复古"符号库,打开"复古"符号库面板,如图 5-55 所示。

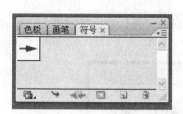

图 5-54 "符号"面板

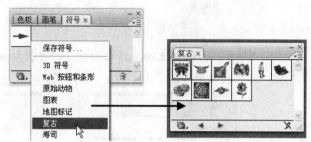

图 5-55 打开"复古"符号库

(3) 在"复古"符号库面板中,单击"蝴蝶"符号,该符号将自动添加至"符号"面板中,如图 5-56 所示。

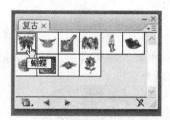
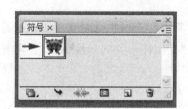

图 5-56 添加符号

(4) 如果要选择连续的符号,按住 Shift 键,单击要选择的符号范围中的第一个符号,再单击最后一个符号,然后单击符号库面板右上角的小三角按钮,在打开的菜单中选择"添加到符号"命令,即可将选中的符号添加至"符号"面板中,如图 5-57 所示。按 Ctrl 键可以选择不连续的符号。

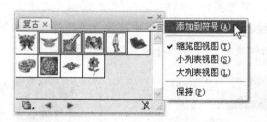
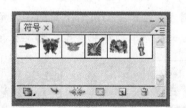

图 5-57 添加多个符号

(5) 在"符号"面板中单击右上角的小三角按钮,在打开的菜单中选择"大列表视图",即可在面板中显示缩览图与符号名称,如图 5-58 所示。

图 5-58　更改显示预览

(6) 在"符号"面板中选择要移动的符号，再拖动符号到所需的位置出现粗线条状态时松开左键，即可将该符号移至到该处，如图 5-59 所示。

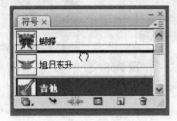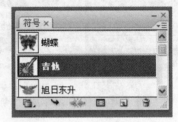

图 5-59　移动符号

(7) 在"符号"面板中选择需要置入的符号，如"小型公共汽车"，然后单击"符号"面板下方的"置入符号实例"按钮 ，即可在文档中置入符号实例，如图 5-60 所示。

图 5-60　置入符号实例

(8) 在文档中选中"小型公共汽车"符号实例，然后在"符号"面板中选中"心型"符号实例，并且单击面板右上角的小三角按钮，在打开的菜单中选择"替换符号"命令，即可将文档中的"小型公共汽车"符号实例替换成"心形"符号实例，如图 5-61 所示。

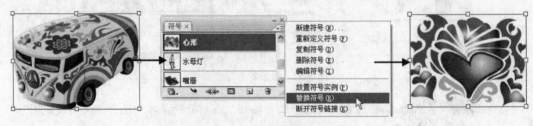

图 5-61　替换符号实例

(9) 在"符号"面板中单击"断开符号链接"按钮 ，可将文档中的符号实例转变为普通图形，从而可以对符号实例进行编辑，如图 5-62 所示。

图 5-62　断开符号链接

(10) 在工具箱中选择"直接选择"工具，按 Shift 键，在图形上选中需要删除的部分，然后按 Delete 键删除，如图 5-63 所示。

图 5-63　编辑符号实例

(11) 使用工具箱中的"选择"工具框选文档中编辑后的符号图形，然后在"符号"面板中单击右上角的小三角按钮，在打开的菜单中选择"新建符号"命令，如图 5-64 所示。

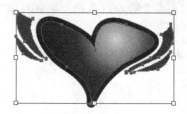

图 5-64　新建符号

(12) 在打开的"符号选项"对话框中设置"名称"为"心形-1"，类型为图形，单击"确定"按钮关闭对话框后，修改后的符号实例便放置在了"符号"面板中，如图 5-65 所示。

图 5-65　设置新建符号

(13) 如果对选中的符号实例不满意,可以在"符号"面板中单击右上角的小三角按钮,在打开的菜单中选择"编辑符号"命令,即可在文档中使用锚点工具调整图形形状,如图5-66所示。

图 5-66 编辑符号

5.4 符号工具的应用

使用"符号喷枪"工具建立符号组,然后再使用其他的符号工具可以变更组合中实例的密度、颜色、位置、尺寸、旋转度、透明度与样式等。

5.4.1 "符号喷枪"工具

使用"符号喷枪"工具通过单击或拖动可以将"符号"面板中选中的符号应用到文档中。

【练习5-12】在 Illustrator 中,使用"符号喷枪"工具创建符号组。

(1) 选择菜单栏中的"窗口"|"符号库"|"疯狂科学"命令,显示"疯狂科学"符号库面板,并选中"原子1"符号,如图5-67所示。

(2) 选择工具箱中的"符号喷枪"工具 ,在文档中拖动鼠标,即可得到如图5-68所示的效果。

提示

产生符号多少、疏密,是根据按住左键拖动时的快慢和按住左键不释放的时间长短而定的,并且它的随机性比较强。

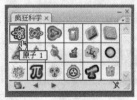

图 5-67 选择符号实例   图 5-68 使用"符号喷枪"

(3) 在工具箱中双击"符号喷枪"工具，弹出"符号工具选项"对话框，并在其中设定"符号组密度"为 1，单击"确定"按钮，即可将选中的符号的密度减小，如图 5-69 所示。

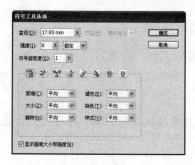

图 5-69　调整符号组密度

5.4.2　"符号位移器"工具

使用"符号位移器"工具可以移动应用到文档中的符号实例或符号组。

【练习 5-13】在 Illustrator 中，使用"符号位移器"工具 移动符号组。

(1) 在工具箱中选中"选择"工具，选择文档中的符号组，如图 5-70 所示。

(2) 在工具箱中选择"符号位移器"工具，然后在符号组中单击拖动需要移动的符号实例至合适的位置释放即可，如图 5-71 所示。

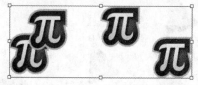

图 5-70　选中符号组

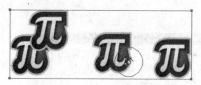

图 5-71　使用"符号位移器"

(3) 在工具箱中双击"符号位移器"工具，打开"符号工具选项"对话框，并设置"直径"为 30，如图 5-72 所示，单击"确定"按钮关闭对话框。

(4) 然后在需要移动的符号组上按住左键拖动至合适位置，松开左键即可得到如图 5-73 所示的效果。

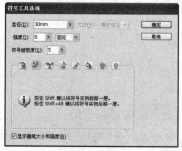

图 5-72　"符号工具选项"对话框

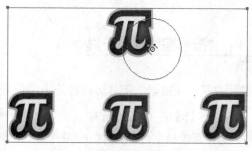

图 5-73　使用"符号位移器"

5.4.3 "符号紧缩器"工具

使用"符号紧缩器"工具可以将应用到文档中的符号缩紧。

【练习5-14】在 Illustrator 中，使用"符号紧缩器"工具 缩紧符号组。

(1) 选择菜单栏中的"窗口"|"符号库"|"庆祝"命令，打开"庆祝"符号库，并在其中单击"聚会帽"符号，如图5-74所示。

(2) 在工具箱中选择"符号喷枪"工具，然后在文档中按住左键拖动，即可得到如图5-75所示的图形。

图5-74　打开"庆祝"符号库

图5-75　创建符号组

(3) 从工具箱中双击"符号紧缩器"工具，打开"符号工具选项"对话框，在对话框中设置"强度"为1，"符号组密度"为6，如图5-76所示，单击"确定"按钮关闭对话框。使用"符号紧缩器"工具在符号组中单击，即可得到如图5-77所示效果。

图5-76　"符号工具选项"对话框

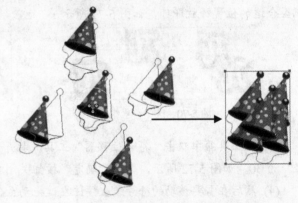

图5-77　使用"符号紧缩器"

5.4.4 "符号缩放器"工具

使用"符号缩放器"工具可以将选中的符号放大或缩小。

【练习5-15】在 Illustrator 中，使用"符号缩放器"工具 缩放符号组。

(1) 选择菜单栏中的"窗口"|"符号库"|"原始动物"命令，打开"原始动物"符号库，并在其中单击"鸟类"符号，如图5-78所示。

(2) 在工具箱中选择"符号喷枪"工具，然后在文档中按住左键拖动，即可得到如图 5-79 所示的图形。

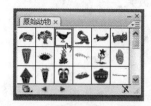

图 5-78 "原始动物"符号库　　　　　　　图 5-79 创建符号组

(3) 在工具箱中双击"符号缩放器"工具，弹出"符号工具选项"对话框，在其中设定"强度"为 10，如图 5-80 所示，单击"确定"按钮关闭对话框。

(4) 使用"符号缩放器"工具，在符号上按住左键，然后再释放即可得到如图 5-81 所示的效果。按住 Alt 键在要缩小的符号上按住左键不放，即可将该符号缩小。

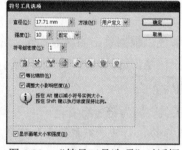

图 5-80 "符号工具选项"对话框　　　　　图 5-81 使用"符号缩放器"

5.4.5 "符号旋转器"工具

使用"符号旋转器"工具可以将文档中所选的符号进行任意角度旋转。

【练习 5-16】在 Illustrator 中，使用"符号旋转器"工具 旋转符号组。

(1) 选择菜单栏中的"窗口"|"符号库"|"原始动物"命令，打开"原始动物"符号库，并在其中单击"独木舟"符号，如图 5-82 所示。

(2) 在工具箱中选择"符号喷枪"工具，然后在文档中按住左键拖动，即可得到如图 5-83 所示的图形。

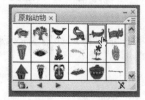

图 5-82 打开"原始动物"符号库　　　　　图 5-83 创建符号组

(3) 在工具箱中双击"符号旋转器"工具，在打开的"符号工具选项"对话框中设置"直径"为 69mm，"强度"为 10，单击"确定"按钮关闭对话框，然后使用"符号旋转器"工具在符号组上按住左键拖动，释放左键即可得到如图 5-84 所示的效果。

图 5-84　使用"符号旋转器"工具

5.4.6　"符号着色器"工具

使用"符号着色器"工具可以将文档中所选符号进行着色。根据单击的次数不同，着色的颜色深浅也会不同。单击次数越多颜色变化越大，如果按住 Alt 键的同时单击则会减小颜色变化。

【练习 5-17】在 Illustrator 中，使用"符号着色器"工具 为符号组着色。

(1) 选择菜单栏中的"窗口"|"符号库"|"徽标元素"命令，打开"徽标元素"符号库，并在其中单击"鱼"符号，如图 5-85 所示。

(2) 在工具箱中选择"符号喷枪"工具，然后在文档中按住左键拖动，即可得到如图 5-86 所示的图形。

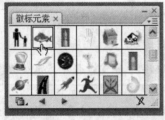

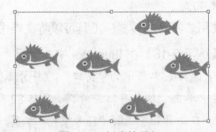

图 5-85　打开"徽标元素"符号库　　　　　图 5-86　创建符号组

(3) 在菜单栏中选择"窗口"|"颜色"命令，显示"颜色"面板，并在面板中设置填充颜色为 R=8、G=64、B=123，如图 5-87 所示。

(4) 选择工具箱中的"符号着色器"工具，在符号上单击即可得到如图 5-88 所示效果。

图 5-87　设置"颜色"面板

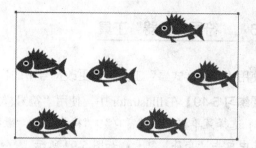

图 5-88　使用"符号着色器"

5.4.7　"符号滤色器"工具

使用"符号滤色器"工具可以改变文档中所选符号的不透明度。

【练习 5-18】在 Illustrator 中，使用"符号滤色器"工具  设置符号不透明度。

(1) 选择菜单栏中的"窗口"|"符号库"|"徽标元素"命令，打开"徽标元素"符号库，并在其中单击"跑步者"符号，如图 5-89 所示。

(2) 在工具箱中选择"符号喷枪"工具，然后在文档中按住左键拖动，即可得到如图 5-90 所示的图形。

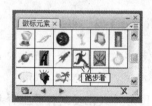

图 5-89　打开"徽标元素"符号库

图 5-90　创建符号组

(3) 在工具箱中双击"符号滤色器"工具，打开"符号工具选项"对话框，在对话框中设置"强度"为 8，单击"确定"按钮关闭对话框。然后使用"符号滤色器"工具在符号上单击，即可把符号的不透明度降低，效果如图 5-91 所示。

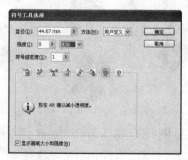

图 5-91　使用"符号滤色器"

5.4.8 "符号样式器" 工具

使用"符号样式器"工具可以更改符号中的样式。

【练习 5-19】在 Illustrator 中,使用"符号样式器"工具 ⊘ 设置符号样式。

(1) 选择菜单栏中的"窗口"|"符号库"|"徽标元素"命令,打开"徽标元素"符号库,并在其中单击"音符"符号,如图 5-92 所示。

(2) 在工具箱中选择"符号喷枪"工具,然后在文档中按住左键拖动,即可得到如图 5-93 所示的图形。

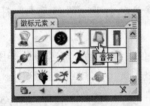

图 5-92 打开"徽标元素"符号库

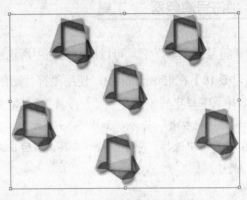

图 5-93 创建符号组

(3) 选择菜单栏中的"窗口"|"图形样式库"|"艺术效果"命令,显示"艺术效果"图形样式面板,并在面板中单击选择"彩色半调"图形样式,如图 5-94 所示。

(4) 选择"符号样式器"工具,将"彩色半调"图形样式拖动到符号上释放,即可在符号上应用样式,如图 5-95 所示。

图 5-94 打开"艺术效果"面板

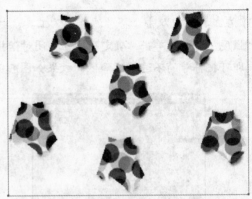

图 5-95 使用"符号样式器"工具

5.5 上机实验

本章上机实验主要通过制作自定义拼贴图案画笔，练习画笔的创建方法与应用。

(1) 选择菜单栏中的"文件"|"打开"命令，在打开对话框中选择打开"Illustrator 实例"文件夹下的"5-3"图形文档。

(2) 使用工具箱中的"选择"工具在文档中框选全部图形对象，并将其拖动到"色板"面板中将其添加为"新建图案色板 4"，如图 5-96 所示。

图 5-96　添加图案色板

(3) 选择工具箱中的"钢笔"工具，在文档中绘制如图 5-97 左图所示的曲线，然后选择工具箱中的"旋转扭曲"工具，在曲线的两端单击，制作如图 5-97 右图所示的线条效果。

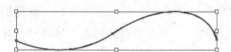

图 5-97　制作线条效果

(4) 选择菜单栏中的"窗口"|"画笔库"|"艺术效果"|"艺术效果_画笔"命令，打开"艺术效果_画笔"画笔库，并单击一种画笔样式将其应用到线条上，如图 5-98 所示。

图 5-98　应用画笔样式

(5) 将制作好的线条效果拖动到"色板"面板中，将其添加为"新建图案色板 5"，如图 5-99 所示。

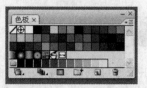

图 5-99　添加图案色板

(6) 单击"画笔"面板右上角的小三角按钮，在打开的菜单中选择"新建画笔"命令。然后在弹出的"新建画笔"对话框中选择"新建图案画笔"，单击"确定"按钮。接着打开"图案画笔选项"对话框，如图 5-100 所示。

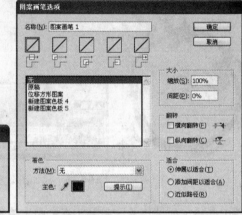

图 5-100　打开"图案画笔选项"

(7) 在"图案画笔选项"对话框中单击"边线拼贴"，并在下面的列表中选择"新建图案色板 5"，如图 5-101 左图所示。单击选择"外角拼贴"，并在下面的列表中选择"新建图案色板 4"，如图 5-101 右图所示。

图 5-101　设置拼贴

(8) "内角拼贴"选择"新建图案色板 4"，"起点拼贴"选择"新建图案色板 5"，"终点拼贴"选择"新建图案色板 4"，设置完成后单击"确定"按钮关闭对话框。选择工具箱中的"矩形"工具，在文档中拖动绘制一个矩形，即可应用制作完成的拼贴图案画笔，如图 5-102 所示。

 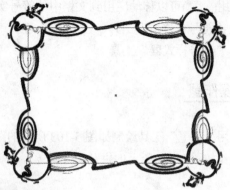

图 5-102　应用拼贴图案画笔

5.6　思考练习

5.6.1　填空题

1. 在 Illustrator 中有 4 种画笔类型，分别是_____、_____、_____和_____。

2. 在 Illustrator 中，可以使用_____命令，将画笔样式转换为外框路径。_____。

3. 在 Illustrator 中，用户可以通过任何 Illustrator 图形对象创建符号，包括_____、_____、_____、_____、_____、_____。

5.6.2　选择题

1. 在创建"散点画笔"笔触时，在"散点画笔选项"对话框中，下列(　　)选项的表述是错误的。

　　A．"间距"选项用于设置路径上的散点对象的间距比例大小。

　　B．"旋转"选项用于设置路径上的散点对象的旋转角度。

　　C．在"旋转相对于"下拉列表中，可以选择分布在路径上的对象的旋转方向。

　　D．在"方法"选项的下拉列表中，可以选择路径中散点对象的分布方式。

2. 在 Illustrator 中，用户不可以通过(　　)对象创建符号。

　　A．路径、复合路径　　　　　　　　B．文字、点阵图

　　C．网格对象、对象群组　　　　　　D．链接的图稿、图表组

3. 使用( )可以移动应用到文档中的符号实例或符号组。

   A. "符号位移器"工具　　　　　B. "符号旋转器"工具

   C. "符号样式器"工具　　　　　D. "符号紧缩器"工具

5.6.3 操作题

1. 使用"钢笔"工具绘制如图 5-103 所示的路径图形对对象，并替换画笔样式。

2. 制作如图 5-104 所示的拼贴图案画笔。

图 5-103　应用画笔

图 5-104　拼贴图案

设置描边与填色

本章导读

在 Illustrator 中创建图形对象后，用户可以对图形对象的填充、描边进行艺术处理，使图形更加完美。本章将主要介绍如何对路径图形的填色和描边进行修饰，以及与之相关的各种面板的使用方法。

重点和难点

- 填充渐变
- 实时上色
- 混合对象
- "色板"面板与"颜色参考"面板

6.1 描边与填色的设置

在 Illustrator 中，可以使用工具箱中的颜色控制区(如图 6-1 所示)或"颜色"面板中的填充和描边颜色选框(如图 6-2 所示)设置绘制对象的填充和描边。

填色是指对象中的颜色、图案或渐变。填色可以应用于开放和封闭的对象，以及"实时上色"组的表面。

描边是对象、路径或实时上色组边缘的可视轮廓。用户可以控制描边的宽度和颜色。也可以使用"路径"选项来创建虚线描边，并使用画笔为风格化描边上色。

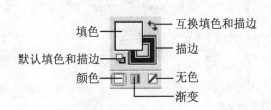

图 6-1　颜色控制区

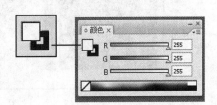

图 6-2　颜色选框

【练习 6-1】在 Illustrator 中，使用工具箱中的颜色控制区修改路径对象的填色和描边。

(1) 选择工具箱中的"星形"工具，绘制如图 6-3 所示的图形，此时图形的填色与描边使用默认的填色和描边。

(2) 使用工具箱中的"选择"工具选中内星形，并在工具箱中的颜色控制区中选中"填色"按钮，然后单击"无色"按钮，取消填色，如图 6-4 所示。

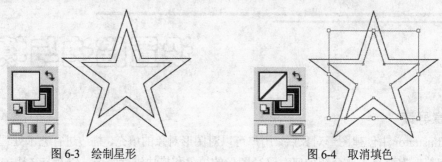

图 6-3 绘制星形   图 6-4 取消填色

(3) 接着在颜色控制区中单击"互换填色和描边"按钮，将内星形的描边色变为填充色，如图 6-5 所示。

(4) 选择工具箱中的"选择"工具，单击选中外星形，如图 6-6 所示。

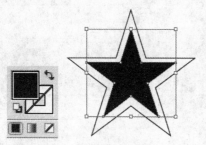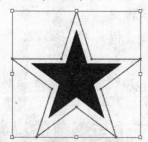

图 6-5 互换填色和描边   图 6-6 选中外星形

(5) 在工具箱的颜色控制区中，双击"填色"按钮，打开"拾色器"对话框，并在对话框中设置 R=244、G=197、B=28，单击"确定"按钮关闭对话框，将选中外星形应用设置的填充颜色，如图 6-7 所示。

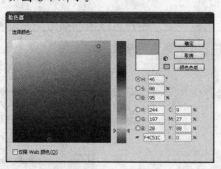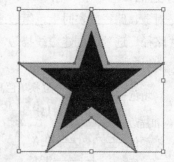

图 6-7 设置填充颜色

(6) 使用"选择"工具选中内星形，选择菜单栏中的"窗口"|"色板"命令，打开"色板"面板，并单击"色板"面板中的"径向渐变 1"色板，即可将该色板应用到选中的图形中，如图 6-8 所示。

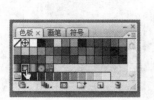

图 6-8 应用色板

6.2 填充渐变

如果要在对象上应用渐变效果，可通过使用渐变工具、"渐变"面板与网格工具。使用网格工具可以在图形内添加网格点，并结合颜色面板来填充颜色，而填充的颜色向周围渐层展开。渐变工具则需结合"渐变"面板，并在"渐变"和"颜色"面板中编辑所需的渐变颜色。

6.2.1 "网格"工具的使用

在 Illustrator 中，可以利用"网格"工具给对象进行渐变填充，以达到逼真的立体效果，如绘制三维物体和人物。

【练习 6-2】在 Illustrator 中，使用"网格"工具为图形文档添加渐变效果。

(1) 选择菜单栏中的"文件"|"打开"命令，打开"Illustrator 实例"文件夹下的"6-2"图形文档，如图 6-9 所示。

图 6-9 打开图形文档

(2) 使用工具箱中的"选择"工具单击选中橙子的外形,然后选择菜单栏中的"窗口" | "色板"命令,显示"色板"面板,并选择 R=247、G=147、B=30 的橙色色样,将其应用到选中的图形中,如图 6-10 所示。

(3) 接着使用"选择"工具,按 Shift 键选中橙肉图形,然后在"色板"面板中单击选择 R=252、G=238、B=33 的黄色色样,将其应用到选中的图形中,如图 6-11 所示。

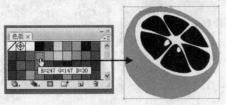
图 6-10　填充橙色

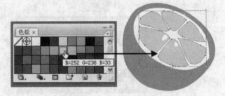
图 6-11　填充黄色

(4) 选择工具箱中的"网格"工具,在橙子外形上单击,创建一个锚点,并在"色板"面板中,单击选中 R=252、G=238、B=33 的黄色色样,将刚创建锚点位置的颜色设置为黄色,如图 6-12 所示。

(5) 并将光标移动到锚点的控制点上,移动控制点调节黄色渐变的效果,如图 6-13 所示。

图 6-12　设置锚点颜色

图 6-13　调节渐变效果

(6) 选择工具箱中的"网格"工具,在橙瓣图形上单击,创建一个锚点。并使用"网格"工具选中边缘的锚点,在"色板"面板中,单击选中 R=251、G=176、B=59 的黄色色样,将选中锚点位置的颜色设置为黄色,如图 6-14 所示。

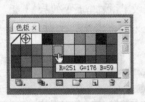

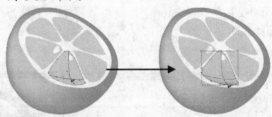

图 6-14　设置锚点颜色

(7) 使用步骤(6)的方法,调整其他需要调整的图形,得到的最终效果如图 6-15 所示。

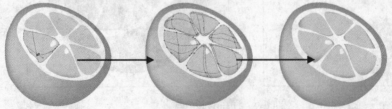
图 6-15　最终完成效果

6.2.2 "渐变" 工具与面板的使用

在使用"渐变"工具时通常需要配合使用"渐变"面板，并且是先在"渐变"面板中设定所需的渐变后，再用渐变工具在画面中拖动鼠标给图形进行渐变填充。

【练习 6-3】在 Illustrator 中，使用"渐变"工具及面板为图形文档添加渐变效果。

(1) 选择菜单栏中的"文件"|"打开"命令，在"打开"对话框中选择打开"Illustrator 实例"文件夹下的"6-3"图形文档，如图 6-16 所示。

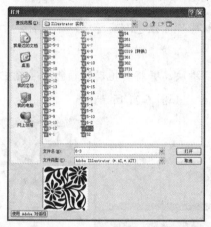

图 6-16 打开图形文档

(2) 使用工具箱中的"选择"工具选中全部图形，然后选择菜单栏中的"窗口"|"色板"命令，显示"色板"面板，并在"色板"面板中单击选择"径向渐变 2"色样，如图 6-17 所示。

(3) 选择菜单栏中的"窗口"|"渐变"命令，显示"渐变"面板，如图 6-18 所示。

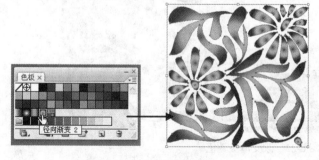

图 6-17 应用渐变色板

图 6-18 "渐变"面板

(4) 在"渐变"面板中选中红色渐变滑块，按住鼠标左键，将其拖动到"渐变"面板外即可将红色渐变滑块删除，如图 6-19 所示。

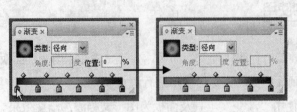

图 6-19　删除红色渐变滑块

(5) 使用与步骤(4)同样的方法，在"渐变"面板中删除橙色渐变滑块、绿色渐变滑块和深蓝色渐变滑块，如图 6-20 所示。

(6) 在"渐变"面板中，使用鼠标选中黄色渐变滑块，并将其拖动到颜色滑竿最左端；然后选中浅蓝色颜色滑块将其拖动到位置 50%的地方，如图 6-21 所示。

图 6-20　删除渐变滑块　　　　　　　　　　图 6-21　调整颜色滑块位置

(7) 接着在"渐变"面板中，按住 Ctrl+Alt 键拖动浅蓝色颜色滑块，将其复制一个放置在滑竿最右边，然后选择菜单栏中的"窗口"|"颜色"命令，显示"颜色"面板，并设置最右端滑块颜色为 R=0、G=85、B=198，得到的效果如图 6-22 所示。

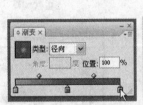

图 6-22　改变滑块颜色

(8) 在"渐变"面板中，单击"类型"下拉列表框，在列表中"线性"，然后选择工具箱中的"渐变"工具，在图形上按住鼠标左键从左上角向右下角进行拖动，释放鼠标后得到的效果如图 6-23 所示。

图 6-23　应用线性渐变

6.3　使用"实时上色"与"实时上色选择"工具

通过将图稿转换为实时上色组，用户可以使用"实时上色"与"实时上色选择"工具对实时上色组进行着色，就像对画布或纸上的绘画进行着色一样。用户可以使用不同颜色为每个路径段描边，并使用不同的颜色、图案或渐变填充每个路径。

6.3.1　关于实时上色

"实时上色"是一种创建彩色图画的直观方法。通过采用这种方法，用户可以将绘制的全部路径视为在同一平面上。实际上，路径将绘画平面分割成几个区域，可以对其中的任何区域进行着色，而不论该区域的边界是由单条路径还是多条路径段确定的。这样，为对象上色就简单地如同在填色簿上填色一样简单。

6.3.2　使用"实时上色"工具

通过使用"实时上色"工具，用户可以使用当前填充和描边属性为实时上色组的表面和边缘上色。使用"实时上色"工具时，工具指针显示为一种或三种颜色方块，它们表示选定填充或描边颜色；如果使用色板库中的颜色，则表示库中所选颜色及两边相邻颜色。通过按向左或向右箭头键，可以访问相邻的颜色以及这些颜色旁边的颜色。

【练习6-4】在 Illustrator 中，使用"实时上色"工具编辑修改图形。

(1) 选择菜单栏中的"文件"|"打开"命令，在"打开"对话框中选择打开"Illustrator 实例"文件夹中的"6-4"图形文档，如图 6-24 所示。

图 6-24　打开图形文档

(2) 使用工具箱中的"选择"工具在文档中选中全部路径图形，选择"对象"|"实时上色"|"建立"建立实时上色组，如图 6-25 所示。

 提示

　　某些对象类型(如文字、位图图像和画笔)无法直接建立到"实时上色"组中。必须先把这些对象转换为路径。

(3) 双击工具箱中的"实时上色"工具 ⊡，打开"实时上色工具选项"对话框，如图 6-26 所示。该对话框用于指定实时上色工具的工作方式，即选择只对填充进行上色或只对描边进行上色；以及当工具移动到表面和边缘上时如何对其进行突出显示。

 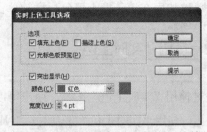

图 6-25　建立实时上色组　　　　图 6-26　"实时上色工具选项"对话框

- 选中"填充上色"选项，可以对实时上色组的各表面上色。
- 选中"上色描边"选项，可以对实时上色组的各边缘上色。
- 选中"光标色板预览"选项，可以在使用实时上色工具时，光标上端显示为 3 种颜色色板 ▱：选定的填充或描边颜色以及"色板"面板中紧靠该颜色两侧的颜色。

- 选中"突出显示"选项，可以绘制出光标当前所在表面或边缘的轮廓。用粗线突出显示表面，细线突出显示边缘。
- "颜色"下拉列表，用于设置突出显示线的颜色。用户可以从菜单中选择颜色，也可以单击色板以指定自定颜色。
- "宽度"选项，用于指定突出显示轮廓线的粗细。

(4) 选择工具箱中的"实时上色"工具 ，当指针位于需要填充的对象表面上时，它将变为半填充的油漆桶形状 ，并且突出显示填充内侧周围的线条。然后单击需要填充的对象，以对其进行填充，如图 6-27 所示。三击对象表面可以填充所有当前具有相同填充的对象表面。

图 6-27　使用"实时上色"工具

(5) 要对边缘进行上色，按 Shift 以暂时切换到"描边上色"选项，然后将光标靠近边缘，当路径加粗显示时单击，即可为边缘路径上色，如图 6-28 所示。

图 6-28　描边上色

(6) 选择工具箱中的"钢笔"工具，在实时上色组上绘制如图 6-29 左图所示的路径。选择工具箱中的"选择"工具，选中实时上色组和要添加到组中的路径，如图 6-29 中图所示。然后选择菜单栏中的"对象"|"实时上色"|"合并"命令，或者单击控制面板中的"合并实时上色"按钮 合并实时上色 ，将添加的路径结合到实时上色组中，如图 6-29 右图所示。

图 6-29　添加路径至实时上色组

(7) 选择工具箱中的"直接选择"工具，单击路径将其选定。然后使用"直接选择"工具对路径进行编辑，如图 6-30 所示。

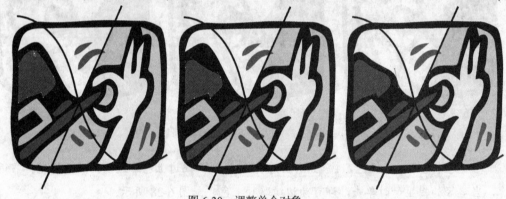

图 6-30　调整单个对象

(8) 使用"选择"工具选中实时上色组，选择菜单栏中的"对象"｜"实时上色"｜"释放"命令，可以将实时上色组变为只有 0.5 磅宽的黑色描边路径，如图 6-31 所示。选择菜单栏中的"对象"｜"实时上色"｜"扩展"命令，可以将实时上色组变为由单独的填充和描边路径所组成的对象，使用工具箱中的"编组选择"工具可以分别选择和修改这些路径，如图 6-32 所示。

图 6-31　释放实时上色组

图 6-32　扩展实时上色组

6.3.3　使用"实时上色选择"工具

使用"实时上色选择"工具可以选择实时上色组的表面和边缘。如果要选择整个实时上色组，只需用"选择"工具单击该组即可。

【练习6-5】在 Illustrator 中，使用"实时上色选择"工具编辑修改图形。

(1) 选择菜单栏中的"文件"|"打开"命令，在"打开"对话框中选择打开"Illustrator 实例"文件夹下的"6-5"图形文档，如图 6-33 所示。

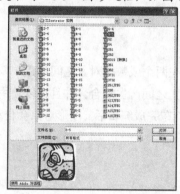 

图 6-33　打开图形文档

(2) 使用工具箱中的，选择工具在文档中选中全部路径图形，选择"对象"|"实时上色"|"建立"命令建立实时上色组。然后选择工具箱中的"实时上色选择"工具，将工具移近"实时上色"组，直至要选择的表面或边缘被突出显示为止，如图 6-34 所示。

 提示

如果很难选择小的表面或边缘，可以放大视图或将实时上色选择工具选项设置为仅选择填充或描边。

若要在选区中添加或删除表面或边缘，按住 Shift 键并单击要添加或删除的表面/边缘。

若要切换到"吸管"工具并对填色和描边进行取样，按住 Alt 键单击所需的填色和描边。

(3) 在工具箱中双击"实时上色选择"工具，可以打开"实时上色选择选项"对话框，指定实时上色选择工具的工作方式，如图 6-35 所示。

 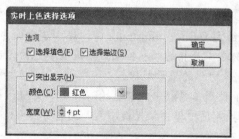

图 6-34　选择表面　　　　　　　图 6-35　"实时上色选择选项"对话框

- "选择填色"选项，可以选择"实时上色"组的表面(边缘内的区域)。
- "选择描边"选项，可以选择实时上色组的边缘。
- "突出显示"选项，可以绘制出光标当前所在表面或边缘的轮廓。
- "颜色"选项，可以设置突出显示线的颜色。用户可以从菜单中选择颜色，也可以单击上色色板以指定自定颜色。
- "宽度"选项，可以指定所选项目的突出显示线的粗细。

6.4　混合对象的操作

使用 Illustrator 的混合工具和混合命令，可以在两个或数个对象之间创建一系列的中间对象。可在两个开放路径、两个封闭路径、不同渐变之间产生混合。并且可以使用移动、调整尺寸、删除或加入对象的方式，编辑与建立混合。在完成编辑后，图形对象会自动重新混合。

6.4.1　关于混合

混合就是利用混合工具或混合命令在两个对象之间平均建立和分配形状。可以在两个开放路径之间进行混合，在对象之间产生渐变的变化，如图 6-36 所示。或结合颜色和对象的混合，在特定对象形状中产生颜色的转换，如图 6-37 所示。

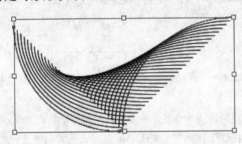
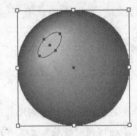

图 6-36　路径混合　　　　图 6-37　颜色和对象的混合

6.4.2　创建混合

使用混合工具和混合命令可以为两个或两个以上的图形对象创建混合。

【练习 6-6】在 Illustrator 中，使用混合命令对颜色和图形对象进行混合。

(1) 在工具箱的颜色控制区中设置填色为无色，并选择"钢笔"工具在图形文档中绘制如图 6-38 所示的梨子形状。

(2) 使用工具箱中的"选择"工具，按 Shift 键在图形文档中选中梨子外形，并在工具箱的颜色控制区中单击"互换填色和描边"按钮，将选中对象变为黑色填充，设置描边为无，如图 6-39 所示。

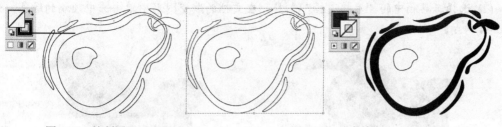

图 6-38　绘制图形　　　　　　　　　　　图 6-39　改变填充

(3) 选择工具箱中的"选择"工具，单击选中梨身图形，并双击填色按钮，在打开的"拾取器"对话框中将其设置为绿色，如图 6-40 所示。

(4) 选择工具箱中的"选择"工具，单击选中梨身高光图形，并双击填色按钮，在打开的"拾取器"对话框中将其设置为黄色，如图 6-41 所示。

图 6-40　填充梨身颜色　　　　　　图 6-41　填充梨身高光

(5) 使用"选择"工具，按 Shift 键单击选中梨身和高光图形，并选择菜单栏中的"对象"|"混合"|"建立"命令创建混合。然后在工具箱中双击"混合"工具，打开"混合选项"对话框，在"间距"下拉列表中选择"指定的步数"，并在文本框中输入 200，单击"确定"按钮关闭对话框，得到的效果如图 6-42 所示。

图 6-42　设置混合选项

6.4.3　编辑混合

Illustrator 的编辑工具能移动、删除或变形混合；也可以使用任何编辑工具来编辑锚点和路径或改变混合的颜色。当编辑原始对象的锚点时，混合也会随着改变。原始对象之间所混合的新对象不会拥有其本身的锚点。

【练习 6-7】在 Illustrator 中，对渐变图形进行编辑。

(1) 选择菜单栏中的"文件"|"打开"命令，打开如图 6-43 所示的图形文件。

(2) 选择工具箱中的"直接选择"工具，在文档的渐变图形中单击选中顶端的绿色，如图 6-44 所示。

图 6-43　打开图形文档　　　　　　　　图 6-44　选择渐变图形

(3) 选择菜单栏中的"窗口"|"色板"命令，显示"色板"面板，并在"色板"面板中单击"RGB 黄色"色样，将选中的渐变图形的绿色改为黄色，如图 6-45 所示。

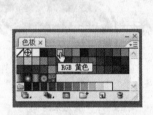

图 6-45　更改渐变颜色

(4) 选择工具箱中的"选择"工具，选中混合对象，并选择菜单栏中的"对象"|"混合"|"混合选项"命令或双击工具箱中的"混合"工具，打开"混合选项"对话框，在"间距"下拉列表中选择"指定的步数"，在文本框中输入 2，单击"确定"按钮关闭对话框，效果如图 6-46 所示。

图 6-46　指定步数

(5) 选择工具箱中的"直接选择"工具，在渐变图形上单击并调整其形状，如图 6-47 所示。

图 6-47　调整渐变形状

6.4.4　释放混合

创建混合后，如果不想再使用混合，还可以将混合释放，释放后原始对象以外的混合对象即被删除。

【练习 6-8】在 Illustrator 中，释放渐变图形。

(1) 选择菜单栏中的"文件"|"打开"命令，打开如图 6-48 所示的图形文档。

(2) 使用工具箱中的"选择"工具选中要释放的混合对象，然后在菜单栏中选择"对象"|"混合"|"释放"命令，即可将原始对象以外的混合对象删除，只保留混合前的对象，如图 6-49 所示。

图 6-48　打开图形文档　　　　　　　　图 6-49　释放渐变

6.5　"色板"面板的应用

"色板"面板主要用于存储颜色，并且还能存储渐变色、图案等。存储在"色板"面板中的颜色、渐变色、图案均为正方形，即"色板"的形式显示。利用"色样"面板可以应用、创建、编辑和删除色板。

6.5.1　使用"色板"面板设置色块

"色板"面板可以存储颜色、渐变、图案以及颜色组等。通过使用"色板"面板可以对色板进行应用、创建、编辑和删除色样等操作管理。

【练习6-9】在 Illustrator 中，应用"色板"面板并创建、复制和删除色样。

(1) 使用工具箱中的"选择"工具单击选择要着色的对象，然后选择菜单栏中的"窗口"|"色板"命令，显示"色板"面板，并单击面板中的色样，即可为对象着色，如图 6-50 所示。

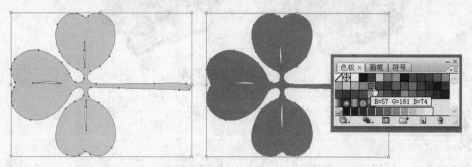

图 6-50　应用色样

(2) 在"色板"面板中单击"显示'色板类型'菜单"按钮 ，打开快捷菜单可以选择"色板"面板中色样的显示方式，如图 6-51 所示。

图 6-51　色样显示方式

(3) 在"色板"面板中单击面板下方的"新建色板"按钮，打开"新建色板"对话框，设置"色板名称"为"用户色"，R=250、G=181、B=74，单击"确定"按钮关闭对话框，将色板添加到"色板"面板中，如图 6-52 所示。

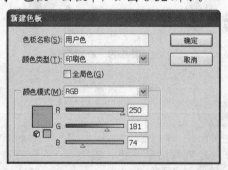

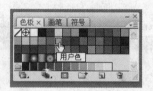

图 6-52　创建色板

(4) 在"色板"面板中选中需要复制的色板，如"用户色"色板，然后单击面板下方的"新建色板"按钮 ，在打开的"新建色板"对话框中设置"色板名称"为"用户色1"，单击"确定"按钮关闭对话框即可复制色板，如图 6-53 所示。或单击"色板"面板右上角的小三角按钮，在打开的菜单中选择"复制色板"命令，也可以复制色板。

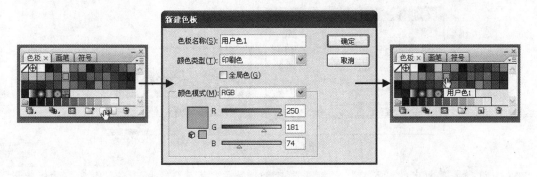

图 6-53　复制色板

(5) 在"色板"面板中，单击选中"用户色 1"色板，然后单击面板底部的"删除色板"按钮，在弹出的信息提示对话框中，单击"是"按钮，即可将选中色板删除，如图 6-54 所示。

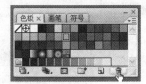

图 6-54　删除色板

6.5.2　创建色板

在 Illustrator 中，用户可以将自己定义的颜色、渐变或图案创建为色样存储到"色板"面板中。

【练习 6-10】在 Illustrator 中，创建自定义的颜色、渐变和图案色样。

(1) 在"色板"面板中，单击面板右上角小三角按钮，在打开的下拉菜单中选择"新建色板"命令，如图 6-55 所示。

(2) 在打开的"新建色板"对话框中，新色样的默认颜色为"颜色"面板中的当前颜色，如图 6-56 所示。

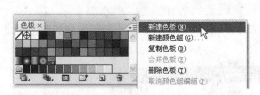
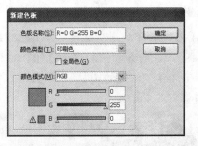

图 6-55　"新建色板"命令　　　　图 6-56　"新建色板"对话框

(3) 在"新建色板"对话框中，设置"色板名称"为"胭脂红"，R=230、G=125、B=160，单击"确定"按钮，关闭对话框，将设置的色板添加到面板中，如图 6-57 所示。

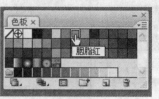

图 6-57 添加色板

(4) 选择菜单栏中的"窗口"|"渐变"命令，显示"渐变"面板。在"渐变"面板中设置渐变后，在"色板"面板中单击"新建色板"按钮，打开"新建色板"对话框。在对话框中设置"色板名称"为"红-黄-蓝"，单击"确定"按钮即可将渐变色板添加到面板中，如图 6-58 所示。

图 6-58 添加渐变色板

(5) 在文档中使用"选择"工具选中绘制的图形，直接将其拖动到"色板"面板中，即可创建图案色板，如图 6-59 所示。

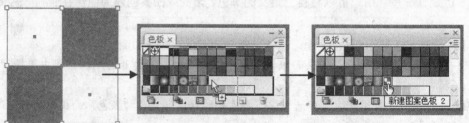

图 6-59 创建图案色板

(6) 在文档中使用"选择"工具选中绘制的图形，在"色板"面板中单击"新建颜色组"按钮 ，在打开的"新建颜色组"对话框中设置"名称"为"颜色组 1"，在"创建自"选项组中选择"选定的图稿"单选按钮，然后单击"确定"按钮，即可创建新颜色组，如图 6-60 所示。

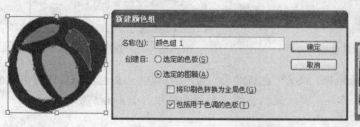

图 6-60 创建新颜色组

6.5.3 使用色板库

在 Illustrator 中,还提供了多种预置色板库,每个色板库中均含有大量的颜色供用户使用。

【练习6-11】在 Illustrator 中,使用色板库并将色板库中的颜色添加至"色板"面板中。

(1) 选择菜单栏中的"窗口"|"色板库"命令,在显示的子菜单中包含了系统提供的所有色板库,用户可以根据需要选择合适的色板库,打开相应的色样库,如图 6-61 所示。

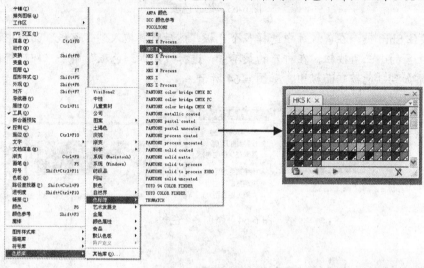

图 6-61 打开色板库

(2) 在打开的 HKS K 色板库的下方有一个 ✗ 按钮,表示其中的色样为只读。单击选中"HKS 1 K"色板或者直接将其拖动到"色板"面板中,如图 6-62 所示,即可将色板库中的色板添加到"色板"面板中。

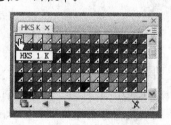 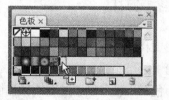

图 6-62 添加色板

(3) 再双击"色板"面板中的"HKS 1 K"色板,即可打开"色板选项"对话框。在对话框中设置"色板名称"为"HKS 1 K RGB",在"颜色模式"下拉列表中选择RGB,如图 6-63 所示,单击"确定"按钮即可应用对色板的修改。

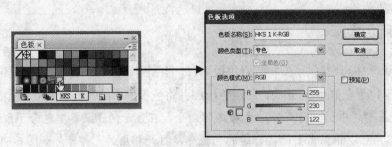

图 6-63　修改色板

(4) 按住 Shift 键，在色板库中选择多个色板，然后将其拖入到"色板"面板中，或者单击面板右上角的小三角按钮，在打开的菜单中，选择"添加到色板"命令，即可将色板库中多个色板添加到"色板"面板中，如图 6-64 所示。

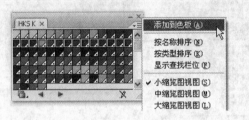

图 6-64　添加多个色板

6.6　"颜色参考"面板的应用

在 Illustrator CS3 中，新增了"颜色参考"面板。通过"颜色参考"面板可以轻松地创建协调颜色、编辑颜色以及存储颜色。

6.6.1　颜色参考概述

在创建图形文档时，可以使用"颜色参考"面板作为配色的辅助工具。"颜色参考"面板会基于工具箱中的当前颜色建议协调颜色。用户在使用这些颜色为图形着色时，也可以将这些颜色存储为色板，也可以通过更改颜色协调规则或调整变化类型和显示的变化颜色的数目，处理"颜色参考"面板生成的颜色。如果希望对颜色进行更多的控制，单击"编辑颜色"按钮打开"实时颜色"对话框。

选择菜单栏中的"窗口" | "颜色参考"命令，即可打开如图 6-65 所示的"颜色参考"面板。并且可以通过单击"将颜色限定为指定的色板库"按钮 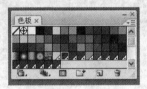，在"颜色参考"面板中打开色板库中的颜色，如图 6-66 所示，根据这些颜色创建协调色。

颜色协调规则菜单和当前颜色组

设置为基色

颜色变化

将颜色限定为指定的色板库
在"实时颜色"对话框中打开颜色

将组存储到"色板"面板中

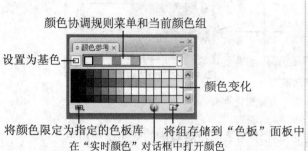

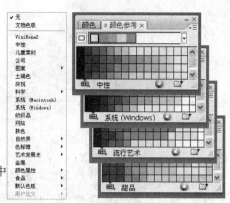

图 6-65　"颜色参考"面板

图 6-66　将颜色限定为指定的色板库

6.6.2　使用"颜色参考"创建协调颜色

使用"颜色参考"面板可以在文档中根据当前使用的颜色创建协调色，通过面板调整协调色的变化，并可以将协调色添加到"色板"面板中创建颜色组。

【练习 6-12】在 Illustrator 中，使用"颜色参考"面板创建、调整协调色，并将创建的协调色添加到"色板"面板中。

(1) 选择菜单栏中的"窗口" | "颜色参考"命令，显示"颜色参考"面板，如图 6-67 所示。

(2) 选择菜单栏中的"窗口" | "色板"命令，显示"色板"面板，并单击"色板"中的 R=237、G=30、B=121 颜色色板，将其设置为基色，如图 6-68 所示。

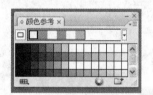

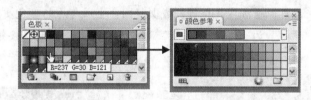

图 6-67　显示"颜色参考"面板

图 6-68　设置基色

(3) 在"颜色参考"面板中单击"颜色协调规则"下拉列表，在列表中选择"近似色 2"颜色协调规则，如图 6-69 所示。

图 6-69　选择颜色协调规则

(4) 接着在"颜色参考"面板单击右上角的小三角按钮，在打开的菜单中选择变化类型"显示冷色/暖色"，如图 6-70 所示。

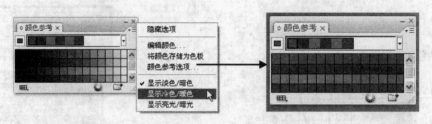

图 6-70　调整变化类型

- "显示淡色/暗色"选项，对左侧的变化添加黑色，对右侧的变化添加白色。
- "显示冷色/暖色"选项，对左侧的变化添加红色，对右侧的变化添加蓝色。
- "显示亮光/暗光"选项，减少左侧的变化中的灰色饱和度，并增加右侧的变化中的灰色饱和度。

 提示

　　如果使用的是专色，请仅使用"淡色/暗色"变化并从变化网格的淡色(右)侧选择颜色。所有其他变化会导致专色转换为印刷色。

　　(5) 在"颜色参考"面板中单击右上角的小三角按钮，在打开的菜单中选择"颜色参考选项"命令。打开"变化选项"对话框，"步骤"指定要在生成的颜色组中的每种颜色的左侧和右侧显示的颜色数目。"变量数"滑块向左拖动可以减少变化范围；将"范围"滑块向右拖动可以增加变化范围。减少范围会生成与原始颜色更加相似的颜色。如图 6-71 所示，设置"步骤"为 12，"变量数"为较多，单击"确定"按钮。

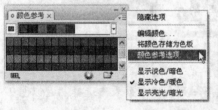

图 6-71　设置"颜色参考选项"

　　(6) 在"颜色参考"面板中单击"将颜色组保存到'色板'面板"按钮 ，即可将创建的协调颜色组添加到"色板"面板。接着在"色板"面板中选择此组，然后在面板菜单中选择"颜色组选项"命令，在打开的"颜色组选项"对话框中，将名称修改为"用户颜色组"，单击"确定"按钮关闭对话框应用修改，如图 6-72 所示。

图 6-72　修改颜色组名称

6.7　其他常用面板

在 Illustrator 中,除了以上的工具和面板可以对路径图形的填色和描边进行创建、编辑外,还可以通过"颜色"面板、"描边"面板和"透明度"面板进行编辑操作。

6.7.1　"颜色"面板

"颜色"面板是 Illustrator 中重要的常用面板,使用"颜色"面板可以将颜色应用于对象的填色和描边,可以编辑和混合颜色。"颜色"面板还可以使用不同颜色模式显示颜色值。选择菜单栏中的"窗口"|"颜色"命令,即可打开如图 6-73 所示的"颜色"面板。

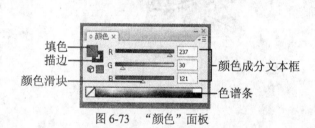

图 6-73　"颜色"面板

> **提示**
>
> 要调整"颜色"面板的显示大小,可以从面板扩展菜单中选择"显示选项"或"隐藏选项"命令。或者通过单击面板名称左侧的双向箭头按钮,对面板显示大小进行循环切换。

【练习 6-13】在 Illustrator 中,使用"颜色"面板修改图形对象的填色和描边。

(1) 选择菜单栏中的"文件"|"打开"命令,在"打开"对话框中选择打开"Illustrator 实例"文件夹下的"6-12"图形文档,并选择菜单栏中的"窗口"|"颜色"命令,显示"颜色"面板,如图 6-74 所示。

(2) 在"颜色"面板中单击右上角的小三角按钮,在打开的菜单中选择"灰度"、RGB、HSB、CMYK 或 Web 安全 RGB,这里选择 CMYK,如图 6-75 所示。

图 6-74　打开图形文档

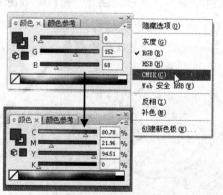

图 6-75　设置颜色模式

(3) 选择工具箱中的"选择"工具，单击选中图形对象。然后在"颜色"面板中单击选中"填色"按钮，将鼠标移动到色谱条上，当鼠标变为吸管形状时单击吸取颜色，并在颜色成分文本框中具体调整颜色色值，如图 6-76 所示，即可改变填充颜色。

(4) 接着在"颜色"面板中单击选中"描边"按钮，将鼠标移动到色谱条上，当鼠标变为吸管形状时单击吸取颜色，并在颜色成分文本框中具体调整颜色色值，如图 6-77 所示，即可改变描边颜色。

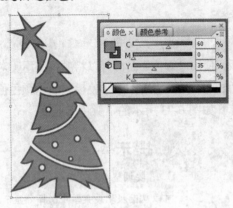
图 6-76　更改填色

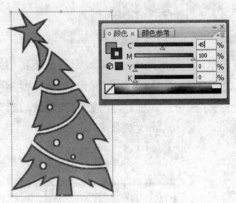
图 6-77　更改描边

6.7.2 "描边"面板

使用"描边"面板可以控制绘制线条是实线还是虚线；控制虚线次序、描边粗细、描边对齐方式、斜接限制以及线条连接和线条端点的样式。 选择菜单栏中的"窗口"|"描边"命令，即可打开"描边"面板。

【练习 6-14】在 Illustrator 中，使用"描边"面板修改图形对象描边效果。

(1) 在图形文档中，使用工具箱中的"选择"工具选中对象。并选择菜单栏中的"窗口"|"描边"命令，显示"描边"面板，如图 6-78 所示。

(2) 在工具箱中的颜色控制区中双击"描边"按钮，打开"拾色器"对话框，在对话框中选择一种颜色，更改描边颜色，如图 6-79 所示。

图 6-78　打开图形文档并显示"描边"面板

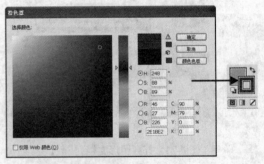
图 6-79　更改描边颜色

(3) 在"描边"面板中设置"粗细"为 10pt，如图 6-80 所示，数值越大，描边越粗。

(4) 在"对齐描边"选项中单击"使描边居中对齐"按钮，将描边沿路径居中对齐，如图 6-81 所示。

图 6-80　设置粗细　　　　　　　　图 6-81　描边沿路径居中对齐

(5) 在"描边"面板中选择"虚线"复选框。通过输入短划的长度和短划间的间隙来指定虚线次序，如图 6-82 所示。 输入的数字会按次序重复，一一填写所有文本框。

(6) 选择端点选项可更改虚线的端点。"平头端点" [图] 选项用于创建具有方形端点的虚线；"圆头端点" [图] 选项用于创建具有圆形端点的虚线；"方头端点" [图] 选项用于扩展虚线端点，如图 6-83 所示。

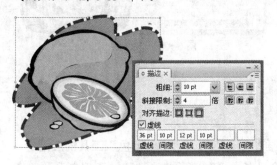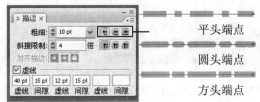

图 6-82　选择虚线　　　　　　　　图 6-83　更改端点

6.7.3 "透明度"面板

在 Illustrator 中，可以使用各种不同的方式为对象的填色或描边、对象编组、或是图层增加透明度。可以设置不透明度从 100% 的不透明变为 0% 的完全透明，当降低对象的不透明度时，其下方的图形会透过该对象可见。

【练习 6-15】在 Illustrator 中，使用"透明度"面板修改图形对象的效果。

(1) 选择菜单栏中的"文件"|"打开"命令，在"打开"对话框中选择"Illustrator 实例"文件夹中的"6-15"图形文档，如图 6-84 所示

(2) 选择工具箱中的"选择"工具，选择文档中的图形。并选择菜单栏中的"窗口"|"透明度"命令，显示"透明度"面板，如图 6-85 所示。

图 6-84　打开图形文档

图 6-85　选中图形并显示"透明度"面板

（3）在"透明度"面板的"不透明度"文本框中输入数值 55，即可降低选中对象的透明度，如图 6-86 所示。

（4）使用工具箱中的"选择"工具选中图形对象，然后在"透明度"面板的混合模式下拉列表中选择"强光"，即可将图形对象进行混合，如图 6-87 所示。

图 6-86　设置"不透明度"

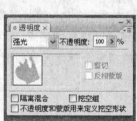

图 6-87　设置混合模式

6.8　上机实验

本章上机实验主要通过绘制"美食拼盘"插图，重点练习"实时上色"工具的应用。

（1）选择菜单栏中的"文件"|"新建"命令，在打开的"新建文档"对话框中设置新建文档名称为"68"，新建文档配置文件为"基本 RGB"，大小为 800×600，如图 6-88 所示，单击"确定"按钮新建文档。

（2）在工具箱的颜色控制区中将"填色"设置为无，并选择工具箱中的"钢笔"工具，在新建文档中分别绘制如图 6-89 所示的图形路径。

图 6-88　新建文档

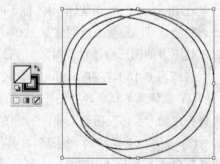

图 6-89　绘制路径图形

(3) 接着继续使用"钢笔"工具绘制美食基本形状，如图 6-90 所示。

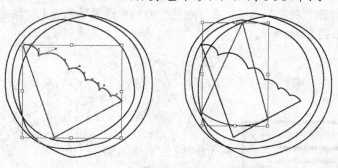

图 6-90 绘制美食基本形状

(4) 使用"钢笔"工具绘制如图 6-91 所示形状，为美食图形添加厚度。

图 6-91 添加图形厚度感

(5) 使用"钢笔"工具绘制彩带，并为食物添加修饰，如图 6-92 所示。

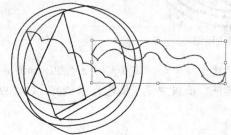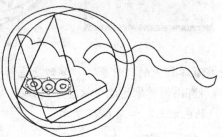

图 6-92 为食物添加修饰

(6) 选择工具箱中的"铅笔"工具，在美食图形上随意增加一些修饰线段，并在圆盘图形外绘制一些小的修饰图形，如图 6-93 所示。

图 6-93 使用"铅笔"工具

(7) 选择工具箱中的"选择"工具，框选全部的图形对象，并选择菜单栏中的"窗口"|"颜色"命令，打开"颜色"面板。在"颜色"面板中设置填色为无，描边颜色为 R=117、G=45、B=124，如图 6-94 所示。

图 6-94　设置描边颜色

(8) 然后选择菜单栏中的"窗口"|"描边"命令，打开"描边"面板。在"描边"面板中设置"粗细"为 3pt，如图 6-95 所示。

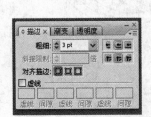

图 6-95　设置描边粗细

(9) 选择菜单栏中的"对象"|"实时上色"|"建立"命令，建立实时上色组，如图 6-96 所示。取消所有图形对象的选中状态，然后在"颜色"面板中设置填色为 R=245、G=209、B=31，描边颜色为无，如图 6-97 所示。

图 6-96　创建实时上色组　　　　　　　　　图 6-97　设置填色

(10) 选择工具箱中的"实时上色"工具，将其移动到需要填充的形状区域内，当形状区域加粗显示后，单击左键即可使用设置的填充色填充所选形状区域，如图 6-98 所示。

图 6-98　填充形状区域

(11) 继续使用"实时上色"工具，单击填充色一致的形状区域进行填充，如图 6-99 所示。

图 6-99　填充形状区域

(12) 在"颜色"面板中重新设置填色为 R=237、G=175、B=23，并使用步骤(10)至步骤(11)的方法填充颜色，如图 6-100 所示。

图 6-100　填充颜色

(13) 在"颜色"面板中重新设置填色为 R=232、G=83、B=125，并使用步骤(10)至步骤(11)的方法填充颜色，如图 6-101 所示。

图 6-101　填充颜色

21 世纪电脑学校

(14) 在"颜色"面板中重新设置填色为 R=184、G=219、B=88，并使用步骤(10)至步骤(11)的方法填充颜色，如图 6-102 所示。

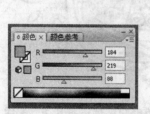

图 6-102　填充颜色

(15) 在"颜色"面板中重新设置填色为 R=239、G=110、B=0，并使用步骤(10)至步骤(11)的方法填充颜色，如图 6-103 所示。

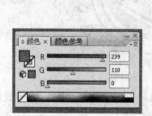

图 6-103　填充颜色

(16) 在"颜色"面板中重新设置填色为 R=186、G=140、B=166，并使用步骤(10)至步骤(11)的方法填充颜色，得到的最终效果如图 6-104 所示。

图 6-104　最终效果

6.9　思考练习

6.9.1　填空题

1. 在 Illustrator CS3 中，用户可以对图形对象进行图案填充，所使用的填充图案可以是_____，也可以是_____。

2. 在 Illustrator CS3 中，根据渐变方式的不同，可以将渐变填充分为_____和_____两种。

3. "网格"工具是一个比较特殊的填充工具，它是将_____、_____和_____等功能综合地结合在一起，使用户可以自由地调整填充渐变的效果。

6.9.2　选择题

1. 使用"实时上色"工具时，当工具指针显示为一种或三种颜色方块，它们表示什么，下列表述不正确的是(　　)。

A. 默认的填充和描边属性

B. 用户选定填充或描边颜色

C. 用户任意选择的三种颜色

D. "色板"库中所选颜色及两种相邻颜色

2. 使用"网格"工具创建渐变网格效果时，如果同时按住(　　)键，那么系统将不会自动应用工具箱中填充色块的颜色，而仅保持单击位置本身的图形颜色。

A. Ctrl　　　　　　　　　　B. Alt

C. Shift　　　　　　　　　　D. Tab

3. 在编辑网格点的过程中，为使操作的网格点沿其所属的网格线进行移动，可以在按住(　　)键的同时拖动网格点即可。

A. Ctrl　　　　　　　　　　B. Alt

C. Shift　　　　　　　　　　D. Tab

4. 以下不包含在"颜色参考"面板的选择变化类型的选项是(　　)。

A. 显示冷色/暖色　　　　　　B. 显示明亮色/暗色

C. 显示鲜艳/柔和　　　　　　D. 显示淡色/暗色

6.9.3　操作题

1. 使用"钢笔"工具绘制如图 6-105 所示图形并创建颜色混合。

2. 使用"钢笔"工具绘制图形，并运用"实时上色"工具填充颜色，如图 6-106 所示。

图 6-105　颜色混合

图 6-106　实时上色

对象的操作

本章导读

Illustrator 中提供了很多方便对象编辑操作的功能和命令。用户可以对对象进行群组、锁定、对齐以及调整顺序等，还可以通过命令对对象进行各种变换操作。

重点和难点

- 对象的对齐与分布
- 对象的变换操作
- 路径对象的操作
- 路径封套扭曲

7.1 对象的显示与隐藏

在处理复杂图形文档时，为了防止误操作，用户可以根据需要对操作对象进行隐藏和显示，以减少干扰因素。

【练习 7-1】在 Illustrator 中隐藏和显示选定的对象。

(1) 选择菜单栏中的"文件"|"打开"命令，在"打开"对话框中选择打开"Illustrator 实例"中的"7-1"图形文档，并选择"窗口"|"图层"命令，显示"图层"面板，如图 7-1 所示。

(2) 在图形文档中，使用"选择"工具选中一个路径图形，然后选择菜单栏中的"对象"|"隐藏"|"所选对象"命令，或在"图层"面板中单击图层中可视按钮，即可隐藏所选对象，如图 7-2 所示。

图 7-1　打开图形文档并显示"图层"面板　　　　　　　图 7-2　隐藏图形对象

(3) 选择菜单栏中的"对象"|"显示全部"命令，即可将所有隐藏的对象显示出来。

7.2　对象的编组与取消编组

在编辑过程中，为了操作方便，可以对一些图形对象进行编组，这样在绘制复杂图形时避免了一些选择操作失误。当需要对编组中的对象进行单独编辑时，还可以对该组对象取消编组。

【练习 7-2】在 Illustrator 中，对选定的多个对象进行编组或取消编组。

(1) 在图形文档中，使用"选择"工具，按 Shift 键单击选中需要群组的对象，然后选择菜单栏中的"对象"|"编组"命令，或按 Ctrl+G 快捷键将选中对象进行编组，如图 7-3 所示。

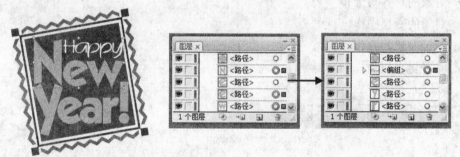

图 7-3　编组选中对象

(2) 使用"选择"工具，选择需要取消编组的对象，然后选择菜单栏中的"对象"|"取消编组"命令，或按 Shift+Ctrl+G 键将选中的编组对象取消编组，如图 7-4 所示。

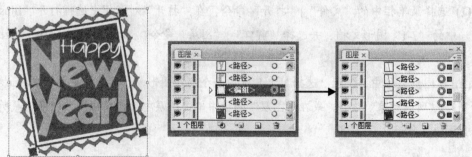

图 7-4　取消编组

提示 ┄┄┄┄┄┄┄┄┄┄┄┄┄┄┄┄┄┄┄┄┄┄┄┄┄┄┄┄┄┄┄┄┄┄

可以从不同图层中选择对象并进行编组；编组后这些对象都处于同一图层中。

7.3 对象的顺序排列

在文档窗口中的绘图对象很多时，便会出现重叠或相交等情况，此时就会涉及到调整对象之间的顺序排列问题。用户可以执行"对象"|"排列"命令下的子菜单来改变对象的前后排列叠放顺序。

【练习 7-3】在 Illustrator 中，排列图形对象的叠放顺序。

(1) 选择工具箱中的"选择"工具，单击选中最上方的图形对象。

(2) 选择菜单栏中的"对象"|"排列"|"后移一层"命令，或在对象上单击右键，在弹出的菜单中选择"排列"|"后移一层"命令，即可更改对象的叠放顺序，如图 7-5 所示。

图 7-5 更改对象的叠放顺序

7.4 对象的对齐与分布

在 Illustrator 中，用户还可以准确地排列、分布对象。在选择需要对齐与分布的对象后，选择"窗口"|"对齐"命令，即可打开如图 7-6 所示的"对齐"面板。选择需要对齐分布的对象，通过单击相应按钮，即可以左、右、顶端或底端边缘为基准对对象进行对齐与分布。

图 7-6 "对齐"面板

 提示 ┄┄┄┄┄┄┄┄┄┄┄┄┄┄┄┄┄┄┄

用来对齐的基准对象由创建的顺序或选择顺序决定。如果框选对象，则使用最后创建的对象为基准。如果通过多次选择单个对象来选择对齐对象组，则最后选定的对象将成为对齐其他对象的基准。

【练习 7-4】在 Illustrator 中，使用"对齐"面板排列分布对象。

(1) 选择菜单栏中的"文件"|"打开"命令，在"打开"对话框中选择打开"Illustrator 实例"文件夹中的"7-3"图形文档，并选择"窗口"|"对齐"命令，显示"对齐"面板，如图 7-7 所示。

图 7-7　打开图形文档并显示"对齐"面板

(2) 选择工具箱中的"选择"工具，框选全部图形，然后在"对齐"面板中单击"垂直居中对齐"按钮 ，即可将选中的图形对象垂直居中对齐，如图 7-8 所示。

图 7-8　垂直居中对齐

(3) 接着在"对齐"面板中单击"水平居中分布"按钮 ，即可将图形对象水平居中分布，如图 7-9 所示。

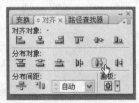

图 7-9　水平居中分布

7.5　对象的变换操作

Illustrator 中的常见变换操作有移动、旋转、缩放、对称、倾斜和变换。用户可以通过变换命令、工具以及相关的面板对选中的对象进行变换操作。

7.5.1　使用"移动"命令

在 Illustrator 中，用户可以使用工具箱中的"选择"工具，直接选中并拖动对象来移动对象。还可以使用"移动"命令，准确设置移动选中对象的位置、距离和角度，并且可以复制选中对象。

【练习 7-5】在 Illustrator 中，准确移动并复制选中的图形对象。

(1) 使用工具箱中的"选择"工具，单击选中图形对象。并在图形对象上单击右键，在弹出的菜单中选择"变换"|"移动"命令，如图 7-10 所示。

 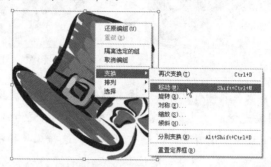

图 7-10　打开图形文档并选择"移动"命令

(2) 在打开的"移动"对话框中，设置"距离"为 60mm，角度为 45°，然后单击"复制"按钮，即可将选中的对象移动并复制，如图 7-11 所示。

图 7-11　移动并复制

7.5.2　旋转对象

在 Illustrator 中，用户可以直接使用工具旋转对象，还可以使用"旋转"命令，准确设置旋转角度，并且可以复制选中对象。

【练习 7-6】在 Illustrator 中，使用工具或命令旋转选中图形对象。

(1) 在工具箱中选择"选择"工具，单击选中需要旋转的对象，然后将光标移动到对象的定界框手柄上，待光标变为弯曲的双向箭头形状时，拖动鼠标即可旋转对象，如图 7-12 所示。

图 7-12　使用"选择"工具旋转对象

(2) 或在选择对象后，选择工具箱中的"自由变换"工具 。将光标定位在定界框的外部，移动光标，使其靠近定界框，待光标形状变为 之后再拖动鼠标旋转对象。

(3) 使用"选择"工具选中对象后，选择工具箱中的"旋转"工具 ，然后单击文档窗口中的任意一点，以重新定位参考点，将光标从参考点移开，并拖动光标作圆周运动，如图7-13 所示。

图 7-13　使用"旋转"工具

(4) 选择对象后，选择菜单栏中的"对象"|"变换"|"旋转"命令，或双击"旋转"工具，打开"旋转"对话框，在"角度"文本框中输入旋转角度60°。输入负角度可顺时针旋转对象，输入正角度可逆时针旋转对象。单击"确定"按钮，或单击"复制"按钮以旋转并复制对象，如图 7-14 所示。

提示

如果对象包含图案填充，则选中"图案"复选框以旋转图案。如果只想旋转图案，而不想旋转对象，取消选择"对象"复选框。

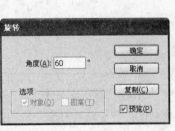

图 7-14　设置"旋转"对话框

(5) 选择对象后，选择菜单栏中的"窗口"|"变换"命令，显示"变换"面板。在"变换"面板中，单击面板中的参考点定位器 ▦ 上的一个白方块，使对象围绕其他参考点旋转，并在"角度"选项中输入旋转角度60°，如图7-15所示。

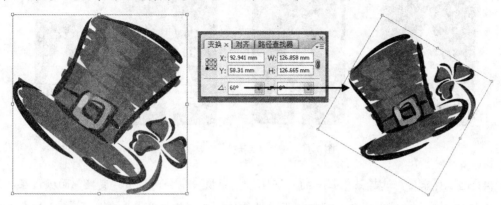

图 7-15　使用"变换"面板

7.5.3　缩放对象

在 Illustrator 中，用户不但可以在水平或垂直方向放大和缩小对象，还可以同时在两个方向上对对象进行整体缩放。

【练习7-7】在 Illustrator 中，使用工具或命令缩放图形对象。

(1) 选择菜单栏中的"文件"|"打开"命令，在"打开"对话框中选择打开"Illustrator 实例"文件夹下的"7-7"图形文档，如图7-16所示。

(2) 默认情况下，描边和效果不能随对象一起缩放。要缩放描边和效果，选择菜单栏中的"编辑"|"首选项"|"常规"命令，在打开的"首选项"对话框中选中"缩放描边和效果"复选框，如图7-17所示，单击"确定"按钮。

图 7-16　打开图形文档

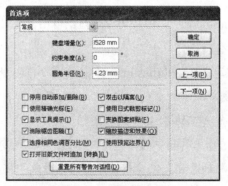

图 7-17　设置首选项

(3) 在工具箱中选择"选择"工具单击选中图形对象，然后选择"缩放"工具 ▦，使用鼠标单击文档窗口中要作为参考点的位置，然后将光标在文档中拖动即可缩放，如图7-18所示。若要在对象进行缩放时保持对象的比例，在对角拖动时按住 Shift 键。若要沿单一轴缩放对象，在垂直或水平拖动时按住 Shift 键。

图 7-18　使用"缩放"工具缩放

(4) 选择对象后，选择菜单栏中的"窗口"|"变换"命令，显示"变换"面板。在"变换"面板中，单击"锁定比例"按钮 保持对象的比例。单击参考点定位器 上的白色方框，更改缩放参考点。然后在"宽度"(W) 和 "高度"(H) 框中输入新值，即可缩放对象，如图 7-19 所示。

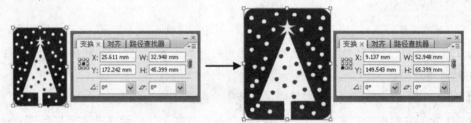

图 7-19　使用"变换"面板缩放对象

7.5.4　翻转对象

在 Illustrator 中，用户可以通过"自由变换"工具或"对称"命令使所选定对象按照指定的轴进行翻转操作。

【练习7-8】在 Illustrator 中，使用"自由变换"工具和"对称"命令翻转对象。

(1) 选择菜单栏中的"文件"|"打开"命令，在"打开"对话框中选择打开"Illustrator 实例"文件夹下的"7-8"图形文档。

(2) 选择工具箱中的"选择"工具，单击选中图形对象，然后选择"自由变换"工具 ，拖动定界框的手柄，使其越过对面的边缘或手柄，直至对象位于所需的镜像位置，如图 7-20 所示。若要维持对象的比例，在拖动角手柄越过对面的手柄时，按住 Shift 键。

图 7-20　使用"自由变换"工具翻转对象

(3) 使用"选择"工具选择对象后，选择工具箱中的"镜像"工具，在文档中任何位置单击，以确定轴上的参考点。当光标变为黑色箭头时，即可拖动对象进行翻转操作，如图 7-21 所示。按住 Shift 键拖动鼠标，可限制角度保持 45°。当镜像轮廓到达所需位置时，释放鼠标左键即可。

图 7-21　使用"镜像"工具

(4) 使用"选择"工具选择对象后，接着选择"镜像"工具，在文档中任何位置单击，以确定轴上的参考点，再次单击以确定不可见轴上的第二个参考点，所选对象会以所定义的轴为轴进行翻转，如图 7-22 所示。

图 7-22　按定义轴翻转

(5) 使用"选择"工具选择对象后，单击右键，在弹出的菜单中选择"变换"|"对称"命令，在打开的"对称"对话框中输入角度 30°，单击"复制"按钮，即可将所选对象进行翻转并复制，如图 7-23 所示。

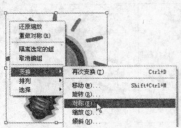  

图 7-23　使用"对称"命令

7.5.5　倾斜对象

在 Illustrator 中，用户使用"倾斜"工具或"倾斜"命令等可沿水平或垂直轴，或相对于特定轴的特定角度来倾斜或偏移对象。

【练习 7-9】在 Illustrator 中，使用工具或命令倾斜对象。

(1) 选择菜单栏中的"文件"|"打开"命令，在"打开"对话框中选择打开"Illustrator 实例"文件夹中的"7-9"图形文档。

(2) 使用"选择"工具选择对象，接着选择工具箱中的"倾斜"工具，在文档窗口中的任意位置向上或向下拖动，即可沿对象的垂直轴倾斜对象，如图 7-24 所示。按住 Shift 键可以限制对象保持其原始宽度。

图 7-24　垂直轴倾斜

(3) 在文档窗口中的任意位置向左或向右拖动，即可沿对象的水平轴倾斜对象，如图 7-25 所示。按住 Shift 键可以限制对象保持其高度。

图 7-25　水平轴倾斜

(4) 使用 "选择" 工具选中对象后，双击工具箱中的 "倾斜" 工具，打开 "倾斜" 对话框。在对话框中设置 "倾斜角度" 为 30°，轴角度为 30°，单击 "复制" 按钮即可倾斜并复制所选对象，如图 7-26 所示。

图 7-26　倾斜并复制对象

(5) 使用 "选择" 工具选中对象后，选择菜单栏中的 "窗口" | "变换" 命令，打开 "变换" 面板。单击参考点定位器▦上的白色方框，在 "变换" 面板的 "倾斜" 文本框中输入一个值，即可倾斜对象，如图 7-27 所示。

图 7-27　使用 "变换" 面板倾斜对象

7.6 剪切、复制、粘贴对象

使用 "剪切"、"复制" 和 "粘贴" 命令可以创建对象副本，也可以在各程序之间进行复制。

【练习 7-10】在 Illustrator 中，使用 "剪切"、"复制" 和 "粘贴" 命令可以创建对象副本。

(1) 在图形文档中，使用工具箱中的 "选择" 工具选中图形对象，如图 7-28 所示。

(2) 在菜单栏中选择 "编辑" | "复制" 命令，或按 Ctrl+C 键，将对象复制到剪贴板中，然后选择 "编辑" | "粘贴" 命令，或按 Ctrl+V 键，将对象副本粘贴到文档中，如图 7-29 所示。

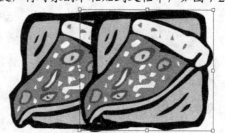

图 7-28　打开图形文档　　　　图 7-29　创建对象副本

(3) 选择菜单栏中的"编辑"|"剪切"命令，然后在菜单中选择"文件"|"新建"命令，打开"新建文件"对话框，新建"7-10"图形文档，单击"确定"按钮创建新文档，如图 7-30 所示。

(4) 选择菜单栏中的"编辑"|"粘贴"命令，即可将刚剪切的对象内容粘贴到新建文档中，如图 7-31 所示。

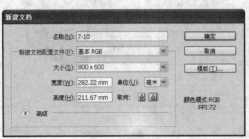

图 7-30　新建文档　　　　　　　图 7-31　在新文档中创建对象副本

 提示 --------------------------------

复制的对象可以进行多次粘贴。不仅在同一文件和不同的文件中，还可以在不同的程序中进行复制与粘贴。

7.7　路径对象的操作

在 Illustrator 中除了前面介绍的基本路径操作外，还提供了很多更加便捷的路径命令。如"连接"、"偏移路径"、"简化"等命令，它们都位于"对象"|"路径"菜单中。

7.7.1　"平均"命令

使用"平均"命令可以将所选择的两个或多个锚点移动到它们当前位置的中部。

【练习 7-11】在 Illustrator 中，使用"平均"命令调整图形对象锚点。

(1) 选择菜单栏中的"文件"|"打开"命令，在"打开"文件夹中选择打开"Illustrator 实例"文件夹下的"7-11"图形文档，如图 7-32 所示。

(2) 选择工具箱中的"直接选择"工具，选中对象路径中右侧的锚点，如图 7-33 所示。

图 7-32　打开图形文档　　　　　　　图 7-33　选中锚点

(3) 选择菜单栏中的"对象"|"路径"|"平均"命令，打开"平均"对话框，在对话框中选择"垂直"单选按钮，然后单击"确定"按钮应用设置，如图 7-34 所示。

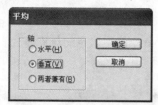

图 7-34　使用"平均"命令

"平均"对话框中各项参数的含义如下：

- 水平　被选择的锚点在 Y 轴方向上作均化，最后锚点将被移至同一条水平线上。
- 垂直　被选择的锚点在 X 轴方向上作均化，最后锚点将被移至同一条垂直线上。
- 两者兼有　被选中的锚点同时在 X 轴和 Y 轴方向上做均化，最后锚点将被移至同一个点上。

7.7.2　"轮廓化描边"命令

使用"轮廓化描边"命令可以将描边转换为复合路径，则可以修改描边的轮廓。

【练习 7-12】在 Illustrator 中，使用"轮廓化描边"命令修饰描边路径。

(1) 打开图形文档，使用"选择"工具选中对象，并选择"窗口"|"描边"命令，显示"描边"面板，在面板中设置描边粗细为 5，如图 7-35 所示。

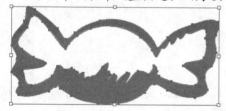
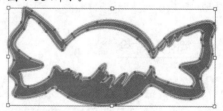

图 7-35　设置描边粗细

(2) 选择菜单栏中的"对象"|"路径"|"轮廓化描边"命令，将路径转化为轮廓，如图 7-36 所示。

(3) 使用工具箱中的"直接选择"工具，单击选中轮廓化后的路径，并在"色板"面板中单击"径向渐变 2"给路径填充渐变，效果如图 7-37 所示。

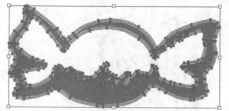

图 7-36　轮廓化路径　　　　　　　　　　图 7-37　应用渐变

7.7.3 "偏移路径"命令

使用"偏移路径"命令可以得到一条基于原有路径向外或向内偏移一定距离的路径。

【练习 7-13】在 Illustrator 中，使用"偏移路径"命令偏移选定的对象路径。

(1) 在打开的图形文档中，使用"选择"工具单击选中对象路径，如图 7-38 所示。

图 7-38 选中对象路径

(2) 选择菜单栏中的"对象"|"路径"|"偏移路径"命令，打开"位移路径"对话框，在对话框中指定"位移"距离为 4mm，"连接"为"圆角"，单击"确定"按钮应用偏移，如图 7-39 所示。

图 7-39 偏移路径

7.7.4 "简化"命令

使用"简化"命令可以删除图形文档中额外锚点而不改变路径形状。删除不需要的锚点可简化图形文档，减小文档大小，提高显示和打印速度。

【练习 7-14】在 Illustrator 中，使用"简化"命令删除图形文档中不必要的锚点。

(1) 选择菜单栏中的"文件"|"打开"命令，在"打开"对话框中选择打开"Illustrator 实例"文件夹中的"7-14"图形文档，如图 7-40 所示。

(2) 使用工具箱中的"选择"工具，单击选择对象，此时图形对象的锚点状况如图 7-41 所示。

图 7-40 打开图形文档　　　图 7-41 选择图形

(3) 选择菜单栏中的"对象"|"路径"|"简化"命令,打开"简化"对话框。在对话框中设置"曲线精度"为 85%,角度阈值为 0°,单击"确定"按钮即可简化路径,如图 7-42 所示。

图 7-42　简化路径

"简化"对话框中各项参数的含义如下:

● 曲线精度　用来确定简化后的图形与原图形的相近程度。该选项的数值越大,则精简后图形包含的锚点就越多,与原图形的相似程度也就越大。
● 角度阈值　用来确定拐角的平滑程度。
● 直线　选中该项可以使生成的图形忽略所有的曲线部位,显示为直线。
● 显示原路径　选中该选项,可以在操作时,以红色来显示图形的锚点用于比较。

7.7.5　"分割下方对象"命令

使用"分割下方对象"命令可以将一个选定的对象作为切割模板对其下方的对象进行分割。分割完成后,选定的对象属性将和被分割对象属性一致。

【练习 7-15】在 Illustrator 中,使用"分割下方对象"命令分割图形文档。

(1) 选择菜单栏中的"文件"|"打开"命令,在"打开"对话框中选择打开"Illustrator 实例"文件夹中的"7-15"图形文档,如图 7-43 所示。

(2) 使用工具箱中的"选择"工具,单击选择作为模板的对象,如图 7-44 所示。

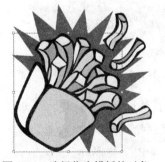

图 7-43　打开图形文档　　　　图 7-44　选择作为模板的对象

(3) 选择菜单栏中的"对象" | "路径" | "分割下方对象"命令分割对象,如图 7-45 左图所示。执行"分割下方对象"命令后,使用"选择"工具可移动被切割对象,移动后效果如图 7-45 右图所示。

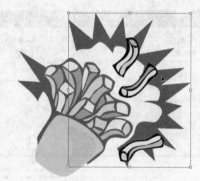

图 7-45 分割下方对象

7.7.6 "分割为网格"命令

使用"分割为网格"命令可以将一个或多个对象分割为多个按行和列排列的矩形对象,还可以精确地更改行和列之间的高度、宽度和间距大小,并快速创建参考线来布置图稿。

【练习 7-16】在 Illustrator 中,使用"分割为网格"命令分割图形文档,并使用不同颜色填充。

(1) 选择菜单栏中的"文件" | "打开"命令,在"打开"对话框中选择打开"Illustrator 实例"文件夹中的"7-165"图形文档,如图 7-46 所示。

(2) 使用工具箱中的"选择"工具,单击选择要分割的对象,如图 7-47 所示。

图 7-46 打开图形文档　　　　　图 7-47 选择分割对象

(3) 选择菜单栏中的"对象" | "路径" | "分割为网格"命令,在打开的"分割为网格"对话框中设置"行"和"列"数量为 3,"栏间距"和"间距"均为 5mm,单击"确定"按钮应用分割,如图 7-48 所示。

图 7-48　分割为网格

(4) 选择工具箱中的"选择"工具，单击不同的网格，可以使用不同颜色或渐变填充分割后的对象，如图 7-49 所示。

图 7-49　填充颜色或渐变

7.7.7　"清理"命令

在文档操作过程中，常常会残留一些游离点、无填充或无描边的对象，或是空白的文本框等。要清除这些不需要的对象，只需执行"清理"命令即可。选择菜单栏中的"对象"|"路径"|"清理"命令，即可打开如图 7-50 所示的"清理"对话框。

图 7-50　"清理"对话框

提示

选中"游离点"，可以删除当前文档中所有的游离点；选中"未上色对象"，可删除当前文档中无填充和无描边色的对象；选中"空文本路径"，可删除当前文档中的空白文本框。

7.8　路径封套扭曲

使用"封套扭曲"可以将选择的对象进行扭曲或重塑，从而得到特殊的视觉效果。"封套扭曲"命令可以作用于路径、复合路径、网格、混合对象以及位图等。

7.8.1 扭曲对象

在 Illustrator 中，可以使用"用变形建立"、"用网格建立"和"用顶层对象建立"命令对对象进行封套扭曲操作。

【练习 7-17】在 Illustrator 中，使用多种扭曲对象命令，对图形对象进行封套扭曲操作。

(1) 在图形文档输入文字，并使用工具箱中的"选择"工具选择文字对象，如图 7-51 所示。

图 7-51　选择对象

(2) 选择菜单栏中的"对象"|"封套扭曲"|"用变形建立"命令，打开"变形选项"对话框。在对话框中的"样式"下拉列表中选择"旗形"，选择"水平"单选按钮，弯曲设为 50%，单击"确定"按钮，即可封套扭曲对象，如图 7-52 所示。

图 7-52　用变形建立扭曲

(3) 使用"选择"工具选择对象后，选择菜单栏中的"对象"|"封套扭曲"|"用网格建立"命令，打开"封套网格"对话框，设置"行数"和"列数"均为 3，如图 7-53 所示。

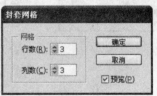

图 7-53　设置封套网格

(4) 设置完成后，单击"确定"按钮，并使用工具箱中的"直接选择"工具调整网格锚点位置，对对象进行封套扭曲，如图 7-54 所示。

图 7-54　用网格建立扭曲

(5) 使用工具箱中的 "星形" 工具在文档中绘制一个星形, 并使用 "选择" 工具选中全部对象, 如图 7-55 所示。

(6) 选择菜单栏中的 "对象" | "封套扭曲" | "用顶层对象建立" 命令, 即可对选中的图形对象进行封套扭曲, 如图 7-56 所示。

图 7-55　选择对象　　　　　图 7-56　用顶层对象建立扭曲

7.8.2　编辑封套对象

对象进行封套扭曲后, 将生成一个复合对象, 该复合对象由封套和封套内容组成, 并且可以通过设置与封套有关的选项编辑、释放和扩展封套对象。

【练习 7-18】在 Illustrator 中, 对封套扭曲后的图形对象进行编辑操作。

(1) 选择一个封套后的复合对象, 选择 "对象" | "封套扭曲" | "封套选项" 命令, 打开 "封套选项" 对话框, 选择 "消除锯齿" 复选框, 选择 "剪切蒙版" 单选按钮, "保真度" 设为 50, 如图 7-57 所示。

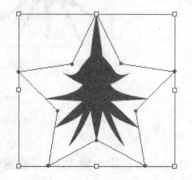

图 7-57　设置 "封套选项"

- "栅格"选项组中的选项用于对光栅图像进行封套扭曲设置。
- "保真度"选项用于设置扭曲后对象与封套形状的逼真程度,其值越大,与封套越相似。
- "扭曲外观"、"扭曲线性渐变"和"扭曲图案填充"复选框,分别用于决定是否扭曲对象的外观、线性渐变和图案填充。

(2) 选择"对象"|"封套扭曲"|"编辑内容"命令,将显示原始对象的边框,通过编辑原始图形可以改变复合对象的外观,如图 7-58 所示。

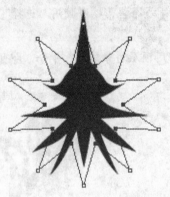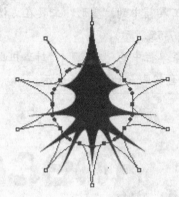

图 7-58　编辑内容

(3) 选择"对象"|"封套扭曲"|"释放"命令,可以释放包含有封套的复合对象,如图 7-59 所示。

(4) 选择"对象"|"封套扭曲"|"扩展"命令,将把作为封套的图形删除,只留下已扭曲变形的对象,且留下的对象不能再进行和封套编辑有关的操作,如图 7-60 所示。

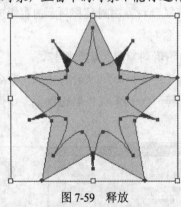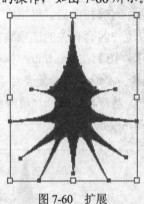

图 7-59　释放　　　　　　　　　　　图 7-60　扩展

7.9　使用图形样式

　　图形样式是一系列外观属性的集合。使用 Illustrator 提供的样式,可以对图形应用预置的外观属性。"图形样式"面板的使用方法与"色板"面板基本相似。选择"窗口"|"图形样式"命令,可以打开如图 7-61 所示的"图形样式"面板。选择"窗口"|"图形样式库"命

令，可以打开一系列图形样式库，如图 7-62 所示。

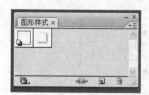

图 7-61 "图形样式"面板

图 7-62 图形样式库

【练习 7-19】在 Illustrator 中，使用"图形样式"面板和图形样式库改变图形对象效果。

(1) 选择菜单栏中的"文件"|"打开"命令，在"打开"对话框中选择打开"Illustrator 实例"文件夹中的"7-19"图形文档，并选择"窗口"|"图形样式"命令，打开"图形样式"面板，如图 7-63 所示。

图 7-63 打开图形文档

(2) 在"图形样式"面板中，单击"图形样式库菜单"按钮 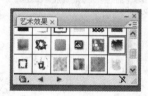，在打开的菜单中选择"艺术效果"图形样式库。并在"艺术效果"面板中单击"RGB 水彩"样式，将其添加到"图形样式"面板中，如图 7-64 所示。

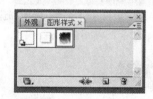

图 7-64 添加图形样式

(3) 使用工具箱中的"选择"工具，框选全部图形，并在"图形样式"面板中单击"RGB 水彩"样式，即可对所选图形对象应用"RGB 水彩"样式，如图 7-65 所示。

图 7-65 应用图形样式

21世纪电脑学校

(4) 在"图形样式"面板中,单击"新建图形样式"按钮 ,复制"RGB 水彩"样式,如图 7-66 所示。

图 7-66　复制图形样式

(5) 在"图形样式"面板中,双击新复制的"RGB 水彩"样式,打开"图形样式选项"对话框,在"样式名称"中输入"可爱水彩样式",单击"确定"按钮应用新样式名称,如图 7-67 所示。

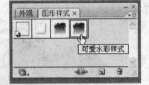

图 7-67　更改样式名称

(6) 在"图形样式"面板中,单击选中"RGB 水彩"样式,然后单击面板底部的"删除图形样式"按钮 ,在弹出的提示对话框中单击"是"按钮删除样式,如图 7-68 所示。

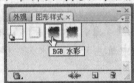

图 7-68　删除图形样式

7.10　上机实验

本章上机实验通过制作节日小卡片,主要练习图层样式的应用,以及封套扭曲的操作方法。

(1) 选择工具箱中的"钢笔"工具,在图形文档中绘制如图 7-69 所示的形状。

(2) 使用工具箱中的"星形"工具,在树冠以及树身处添加星形修饰,如图 7-70 所示。

图 7-69　绘制图形　　　　图 7-70　添加星形

(3) 选择工具箱中的"选择"工具，选中如图 7-71 左图所示图形，然后选择菜单栏中的"窗口"|"路径查找器"命令，在打开的"路径查找器"面板中单击"与形状区域相减"按钮，接着单击"扩展"按钮。然后单击工具箱颜色控制区中的"互换填色和描边"按钮，填充图形，得到的效果如图 7-71 右图所示。

图 7-71　裁剪图形并填充

(4) 选择工具箱中的"选择"工具框选中全部图形对象，然后选择菜单栏中的"窗口"|"图形样式库"|"艺术效果"命令，打开"艺术效果"库面板，并在面板中选择"RGB 水彩"图形样式，得到的效果如图 7-72 所示。

图 7-72　应用图形样式

(5) 选择菜单栏中的"窗口"|"文字"|"字符"命令，在打开的"字符"面板中设置字体为"方正胖头鱼简体"，字体大小为 60pt，垂直缩放为 150%，接着选择工具箱中的"文字"工具在图形文档中输入文字 Merry，如图 7-73 所示。

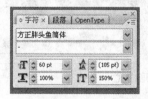

图 7-73　输入文字

(6) 接着在"字符"面板中设置字体为"方正胖头鱼简体"，字体大小为 48pt，垂直缩放为 110%，然后使用"文字"工具在图形文档中输入文字 christmas，如图 7-74 所示。

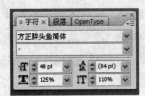

图 7-74 输入文字

（7）选择工具箱中的"选择"工具，选中全部文字。接着在菜单栏中选择"窗口"|"对齐"命令，打开"对齐"面板，并在面板中单击"水平居中对齐"按钮，将文字居中对齐，如图 7-75 所示。

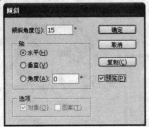

图 7-75 对齐文字

（8）在文字上右击，在打开的菜单中选择"变换"|"倾斜"命令，打开"倾斜"对话框。在对话框中设置倾斜角度为 15°，轴为"水平"，单击"确定"按钮，对文字进行倾斜操作，如图 7-76 所示。

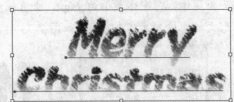

图 7-76 倾斜文字

（9）在"艺术效果"面板中单击"RGB 水彩"图形样式，即可将图像样式应用于文字上，得到的效果如图 7-77 所示。

图 7-77 应用图形样式

（10）选择菜单栏中的"对象"|"封套扭曲"|"用网格建立"命令，打开"封套网格"对话框，设置行数为 4，列数为 10，单击"确定"按钮即可为文字创建封套，如图 7-78 所示。

图 7-78　创建封套

(11) 选择工具箱中的"直接选择"工具，单击封套上的锚点调整封套形状，如图 7-79 所示。

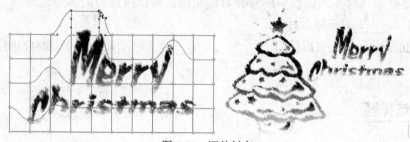

图 7-79　调整封套

(12) 选择工具箱中的"圆角矩形"工具，在文档中拖动绘制一个圆角矩形，如图 7-80 所示。

(13) 选择菜单栏中的"窗口"|"描边"命令，在打开的"描边"面板中设置"粗细"为 4pt。选择菜单栏中的"窗口"|"画笔库"|"艺术效果"|"艺术效果_粉笔炭笔铅笔"命令，打开"艺术效果_粉笔炭笔铅笔"面板，并选择"炭笔-粗"画笔样式，如图 7-81 所示。

图 7-80　绘制圆角矩形

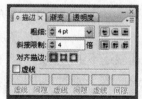
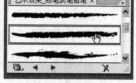

图 7-81　设置描边与样式

(14) 选择菜单栏中的"窗口"|"颜色"命令，在打开的"颜色"面板中，将描边颜色设置为 R=128、G=30、B=107，最终得到的效果如图 7-82 所示。

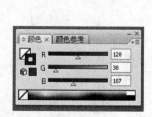

图 7-82　最终效果

7.11 思考练习

7.11.1 填空题

1. 通过使用 Illustrator CS3 中的"编组"命令，用户可以将工作区选中的对象在保持_____、_____、_____等参数属性不变的前提下进行编组。

2. 通过单击"对齐"调板中的分布对象按钮，可以按选择的多个对象的_____或_____以_____间距分布对象。

3. 在 Illustrator 中，可以使用_____、_____和_____命令对对象进行封套扭曲操作。

7.11.2 选择题

1. 对于"对象" | "排列"命令的级联菜单中提供的命令，下列选项中叙述不正确的是（　　）。

　　A. 选择"置于顶层"命令，会将选择的对象放置在同图层的所有对象最前面。

　　B. 选择"前移一层"命令，会将选择的对象向前排列一层。

　　C. 选择"后移一层"命令，会将选择的对象向后排列一层。

　　D. 选择"置于底层"命令，会将选择的对象放置在所有对象最后面。

2. 在 Illustrator CS3 中，通过使用"编组"命令会改变编组对象的（　　）。

　　A. 位置关系　　　　　　　　　B. 填充

　　C. 描边　　　　　　　　　　　D. 图层状态

3. 下列关于"对齐"操作叙述不正确的是（　　）。

　　A. 选择需要对齐分布的对象，通过单击相应按钮，即可以左、右、顶端或底端边缘为基准对对象进行对齐与分布。

　　B. 用来对齐的基准对象是最顶层图形对象。

　　C. 如果框选对象，则会使用最后创建的对象为基准。

　　D. 如果通过多次选择单个对象来选择对齐对象组，则最后选定的对象将成为对齐其他对象的基准。

7.11.3 操作题

1. 绘制一个图形对象，并将其旋转复制得到如图 7-83 所示效果。

2. 应用"图形样式"等操作，制作如图 7-84 所示的节日小卡片效果。

图 7-83　制作图形对象

图 7-84　制作小卡片

使用图层与蒙版

本章导读

通过使用"图层"面板，用户可以很方便地管理图层。当在制作复杂图形时，用户可以分别将不同图形对象放置到多个图层中，以方便对象的单独操作。另外，结合 Illustrator 提供的蒙版功能，用户可以制作出更加艺术的图层效果。

重点和难点

- 图层的应用
- 蒙版的创建与编辑
- 蒙版的应用

8.1 图层的应用

图层就好像一张张透明纸，在每张纸上绘制不同的图形，重叠在一起便得到一幅完整的作品。用户可以根据需要来创建图层。当创建图层后，可以使用"图层"面板在不同图层之间进行切换、复制、合并、排序等操作。

8.1.1 创建、删除、显示与锁定图层

Illustrator 中的新文档只有一个图层，该图层下还有子图层，一个图层可以包含多个子图层。在当前图层中，用户每创建一个对象，Illustrator 就会自动创建一个新的子图层。在 Illustrator 中，图层的操作与管理都是通过"图层"面板来实现的，因此，想要操作和管理图层，首先必须熟悉"图层"面板。选择菜单栏中的"窗口"|"图层"命令，即可打开如图 8-1 所示的"图层"面板。

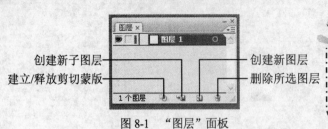

图 8-1 "图层"面板

创建新子图层
建立/释放剪切蒙版
创建新图层
删除所选图层

提示

除了通过"图层"面板的按钮命令创建图层外，还可以通过"图层"面板的控制菜单创建相应的图层。

【练习 8-1】在 Illustrator CS3 中，为图形文档创建图层和子图层。

(1) 选择菜单栏中的"文件"|"打开"命令，打开一个图形文档。选择菜单栏中的"窗口"|"图层"命令，打开"图层"面板。在"图层"面板中单击"创建新图层"按钮 ，即可创建新图层，如图 8-2 所示。按住 Ctrl+Alt 键单击"创建新图层"按钮 ，可将创建的新图层位于选择图层的下方。

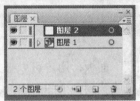

图 8-2 创建新图层

(2) 选中新建的"图层 2"，单击"新建子图层"按钮创建新子图层，如图 8-3 所示。或单击"图层"面板右上角的小三角按钮，在打开的菜单中选择"新建子图层"命令，在打开的"图层选项"对话框中设置图层属性，单击"确定"按钮就可建立新子图层。

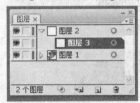

图 8-3 新建子图层

(3) 选中新建的"图层 3"，按住 Alt 键，单击"新建子图层"按钮，打开"图层选项"对话框。在对话框中设置名称为"图层 4"，颜色为蓝色，单击"确定"按钮即可在"图层 3"下方创建"图层 4"，如图 8-4 所示。

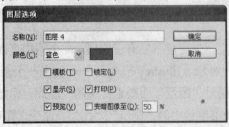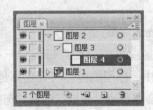

图 8-4 设置图层选项

(4) 在"图层"面板中，选中要删除的"图层 4"，单击"图层"面板下方的"删除所选图层"按钮，即可删除所选图层，如图 8-5 所示。

图 8-5 删除图层

(5) 在"图层"面板中，单击图层名称前的可视图标可隐藏图层，如图 8-6 所示，再次单击将重新出现可视图标，并显示图层。

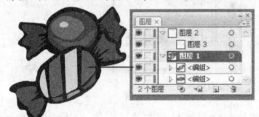

图 8-6 显示、隐藏图层

(6) 在"图层"面板中，选中需要移动的图层，将其移动至所需位置出现双线显示时释放，即可将图层移动至所需位置，如图 8-7 所示。

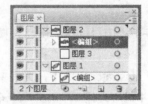

图 8-7 移动图层

(7) 在"图层"面板中，单击右上角小三角按钮可打开控制菜单，选择"轮廓化其他图层"命令，则除选定图层外的其他所有图层对象只显示轮廓线，如图 8-8 所示。

图 8-8 轮廓化其他图层

(8) 在"图层"面板中，单击右上角小三角按钮可打开控制菜单，选择"隐藏其他图层"命令，可以隐藏除选定图层外的其他所有图层，如图 8-9 所示。

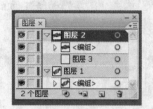

图 8-9　隐藏其他图层

(9) 单击图层可视图标后的　按钮，出现锁定图标，可以将图层锁定，此时不能对锁定图层进行任何操作。再次单击，将隐藏锁定图标，解除图层的锁定，如图 8-10 所示。

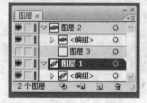

图 8-10　锁定、解锁图层

(10) 在"图层"面板中，单击右上角小三角按钮可打开控制菜单，选择"锁定其他图层"命令，可以锁定除选定图层外的其他所有图层。

8.1.2　复制、合并图层

在文档编辑过程中，用户可以根据需要复制图层，也可以将指定的图层进行合并，或者合并所有图层。

【练习 8-2】在 Illustrator CS3 中，为新文档创建图层和子图层。

(1) 选择菜单栏中的"文件"|"打开"命令，打开一幅图形文档。并选择菜单栏中的"窗口"|"图层"命令，打开"图层"面板，如图 8-11 所示。

图 8-11　打开图形文档与"图层"面板

(2) 在"图层"面板中选择需要复制的图层，将其直接拖动至"创建新图层"按钮上释放即可复制图层，如图 8-12 所示。

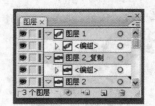

图 8-12　复制图层

(3) 按住 Shift 键同时选中多个图层，单击"图层"面板右上角的小三角按钮，在打开的控制菜单中选择"复制所选图层"命令，即可复制多个图层，如图 8-13 所示。

图 8-13　复制多个图层

(4) 选中"图层 1_复制"、"图层 2_复制"图层，单击"图层"面板右上角的小三角按钮，在打开的控制菜单中选择"合并所选图层"命令，即可将选中的图层合并为一层，如图 8-14 所示。

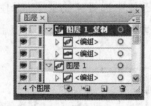

图 8-14　合并图层

(5) 单击"图层"面板右上角的小三角按钮，在打开的控制菜单中选择"拼合图稿"命令，即可将所有图层合并，如图 8-15 所示。

图 8-15　拼合图稿

8.1.3　改变图层顺序

使用"对象"|"排列"菜单命令，可以调整对象的前后顺序，但只限于在同一图层中的对象。要调整不同图层中对象的前后顺序，可以通过"图层"面板完成。

【练习 8-3】在 Illustrator CS3 中，改变打开图形文档的图层顺序。

(1) 选择菜单栏中的"文件"｜"打开"命令，选择打开如图 8-16 所示的图形文档。

图 8-16　打开图形文档

(2) 在"图层"面板中选择需要调整的图层，将其直接拖放到合适的位置释放，即可调整图层顺序，同时文档中的对象也随之变化，如图 8-17 所示。

图 8-17　调整图层顺序

(3) 在"图层"面板中选择"编组 1"子图层，将其拖动到"编组 2"子图层上，当"编组 2"图层两端出现黑色三角箭头时，释放鼠标，即可将"编组 1"放置到"编组 2"图层中，如图 8-18 所示。

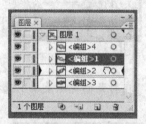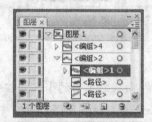

图 8-18　移动图层

(4) 在"图层"面板中，按住 Shift 键选中多个图层，单击"图层"面板右上角的小三角按钮，在打开的控制菜单中选择"反向顺序"命令，即可将选中的图层按照反向的顺序排列，同时也改变文档中对象的排列顺序，如图 8-19 所示。

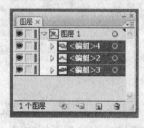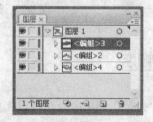

图 8-19　反向顺序

(5) 在"图层"面板中，单击"创建新图层"按钮，新建"图层 2"，如图 8-20 所示。

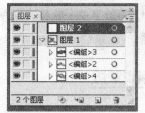

图 8-20　新建图层

(6) 在工具箱的颜色控制区中设置填色为灰色，描边为白色，然后双击"矩形网格"工具，打开"矩形网格工具选项"对话框。在对话框中设置宽度为 245mm，高度为 183mm，水平分隔线数量为 5，垂直分隔线数量为 5，选择"使用外部矩形作为框架"和"填色网格"选项，如图 8-21 左图所示，单击"确定"按钮创建网格，并在网格上单击右键，在弹出的菜单中选择"排列"|"置于底层"命令调整图层顺序，得到的效果如图 8-21 右图所示。

图 8-21　设置矩形网格选项并填色

(7) 使用"选择"工具，在文档中选择矩形网格，再在"图层"面板中选择"图层 1"，然后选择"对象"|"排列"|"发送至当前图层"命令，即可将选中的图形对象移至当前选定的图层中，如图 8-22 所示。

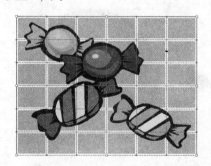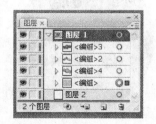

图 8-22　发送对象至当前图层

8.2　蒙版的编辑与应用

剪切蒙版可以用其形状遮盖其下层图稿中的对象。因此使用剪切蒙版，在预览模式下，蒙版以外的对象被遮盖，并且打印输出时，蒙版以外的内容不会被打印出来。

在 Illustrator 中，无论是单一路径、复合路径、群组对象或是文本对象都可以用来创建剪切蒙版，创建为蒙版的对象会自动群组在一起。

8.2.1 创建、编辑蒙版

在 Illustrator 中，可以通过"对象"|"剪切蒙版"下的命令对选中的图形图像创建剪切蒙版，并可以进行编辑修改。

【练习 8-4】在 Illustrator CS3 中，创建并编辑剪切蒙版。

(1) 选择菜单栏中的"文件"|"新建"命令，打开"新建文档"对话框。在对话框中设置"名称"为"8-4"，大小为 800×600，如图 8-23 所示，单击"确定"按钮创建新文档。

(2) 选择工具箱中的"椭圆"工具 ◎，按 Shift+Alt 键，在新建文档中单击拖动绘制如图 8-24 所示的图形。

| 图 8-23 新建文档 | 图 8-24 绘制图形 |

(3) 选择工具箱中的"选择"工具，框选全部图形对象，选择菜单栏中的"窗口"|"路径查找器"命令，打开"路径查找器"面板，并在面板中单击"与形状区域相加"按钮 ◙，接着单击"扩展"按钮，将图形进行相加运算，如图 8-25 所示。

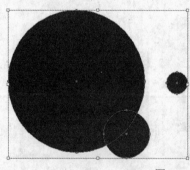
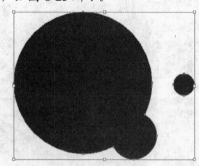

图 8-25　结合图形

(4) 选择菜单栏中的"文件"|"置入"命令，在打开的"置入"对话框中选择"Illustrator 实例"文件夹下的"8-4JPEG"图像文档，如图 8-26 所示，单击"置入"按钮，置入到正在编辑文档中作为被蒙版对象。

图 8-26 置入文档

（5）在置入的图像上单击右键，在弹出的菜单中选择"排列"｜"置于底层"命令，将图像放置在剪切蒙版图形下方。接着使用"选择"工具，选中作为剪切蒙版的对象和被蒙版对象，如图 8-27 所示。

（6）选择菜单栏中的"对象"｜"剪切蒙版"｜"建立"命令，或单击"建立/释放剪切蒙版"按钮，创建剪切蒙版，蒙版以外的图形都被隐藏，只剩下蒙版区域内的图形，如图 8-28 所示。

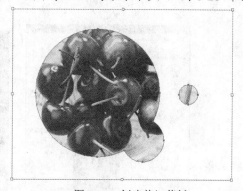

图 8-27 选中蒙版对象和被蒙版对象　　　　　图 8-28 创建剪切蒙版

（7）使用工具箱中的"直接选择"工具，单击选中被蒙版对象，然后选择"选择"工具，移动其位置，可调整蒙版与被蒙版对象之间的位置关系，如图 8-29 所示。

图 8-29 调整被蒙版对象

（8）使用工具箱中的"直接选择"工具，单击选中蒙版对象，并调节其控制杆，可改变蒙版对象的形状，如图 8-30 所示。

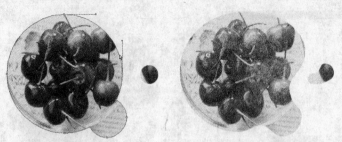

图 8-30　调整蒙版对象

8.2.2　将文本创建为蒙版

除了使用图形作为剪切蒙版对象外，还可以使用文本作为剪切蒙版。使用丰富的图形或图像为文本对象创建剪切蒙版，可以使文字效果更加生动。

【练习 8-5】在 Illustrator CS3 中，使用文字创建剪切蒙版。

(1) 选择菜单栏中的"文件"|"置入"命令，在打开的"置入"对话框中选择"Illustrator 实例"文件夹下的"8-5JPEG"图像文档，如图 8-31 所示，单击"置入"按钮将选中的文档置入。

图 8-31　置入图像文档

(2) 选择菜单栏中的"窗口"|"文字"|"字符"命令，打开"字符"面板。在面板中设置字体为"方正粗倩简体"，字体大小为 72pt，行距为 72pt，接着使用工具箱中的"文字"工具，在文档中输入文字"旗帜 FLAG"，如图 8-32 所示。

图 8-32　输入文字

(3) 使用工具箱中的 "选择" 工具, 选中图像与文字。接着选择菜单栏中的 "对象" | "剪切蒙版" | "建立" 命令, 或单击 "图层" 面板中的 "建立/释放剪切蒙版" 按钮, 即可为文字创建蒙版, 如图 8-33 所示。

图 8-33　创建剪切蒙版

8.2.3　释放蒙版

建立蒙版后, 用户还可以随时将蒙版释放。只需选定蒙版对象后, 选择菜单栏中的 "对象" | "剪切蒙版" | "释放" 命令, 或在 "图层" 面板中单击 "建立/释放剪切蒙版" 按钮, 即可释放蒙版。此外, 也可以在选中蒙版对象后, 单击右键, 在弹出菜单中选择 "释放剪切蒙版" 命令, 或选择 "图层" 面板控制菜单中的 "释放剪切蒙版" 命令, 同样可以释放蒙版。释放蒙版后, 将得到原始的被蒙版对象和一个无外观属性的蒙版对象。

8.3　上机实验

本章上机实验通过制作生日纪念照片的花式小相框, 重点练习图层的排列, 以及剪切蒙版的创建与编辑的操作方法。

(1) 选择菜单栏中的 "文件" | "新建" 命令, 在打开的 "新建文档" 对话框中设置 "名称" 为 "83", 大小为 800 × 600, 如图 8-34 所示, 单击 "确定" 按钮创建新文档。

(2) 在 "颜色" 面板中, 将描边颜色设置为无, 填色设置为 R=255、G=51、B=153, 然后使用工具箱中的 "矩形" 工具在新建文档中拖动绘制, 如图 8-35 所示。

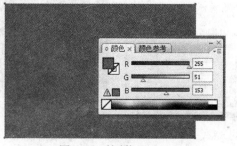

图 8-34　新建文档　　　　　　　图 8-35　绘制矩形

(3) 选择菜单栏中的"文件"|"置入"命令，在打开的"置入"对话框中选择"Illustrator 实例"文件夹下的"83-1"图像文档，单击"置入"按钮将其置入，如图 8-36 所示。

图 8-36　置入图像

(4) 选择工具箱中的"矩形"工具，在置入的图像上拖动绘制一个矩形。选中图像和其上方的矩形，选择菜单栏中的"对象"|"剪切蒙版"|"建立"命令建立剪切蒙版，如图 8-37 所示。

图 8-37　创建剪切蒙版

(5) 在"颜色"面板中，将描边颜色设置为无，填色设置为 R=129、G=0、B=159，然后使用工具箱中的"钢笔"工具在文档中绘制一个心形，如图 8-38 所示。并按 Ctrl+C 键复制绘制的心形，按 Ctrl+V 键粘贴，将其颜色更改为白色，并使用"选择"工具调整其大小，如图 8-39 所示。

图 8-38　绘制心形　　　　　　　　　　图 8-39　复制心形

(6) 选择菜单栏中的"文件"|"置入"命令,在打开的"置入"对话框中选择"Illustrtor 实例"文件夹下的"83-2"图像文档,单击"置入"按钮将其置入,如图 8-40 所示。

图 8-40　置入图像

(7) 在置入的图像上单击右键,在弹出的菜单中选择"排列"|"后移一层"命令,将图像放置在白色心形图层下方,如图 8-41 所示。

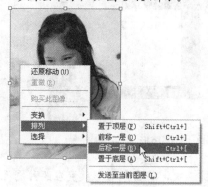

图 8-41　排列图层

(8) 单击控制面板上的"编辑内容"按钮 ◎,使用"选择"工具调整图像的大小以及位置,调整结束后单击"编辑剪切路径"按钮 ◎ 即可,如图 8-42 所示。

图 8-42　编辑内容

(9) 使用"选择"工具按 Shift 键单击选中最先绘制的心形以及剪切蒙版，选择菜单栏中的"对象" | "编组"命令，将其编组，并使用"选择"工具将编组后的对象进行旋转，如图8-43 所示。

图 8-43　编组并旋转对象

(10) 在"颜色"面板中将填色设置为 R=255、G=255、B=255，接着在工具箱中选择"矩形"工具在文档中拖动绘制一个矩形，如图 8-44 所示。

图 8-44　绘制矩形

(11) 选中绘制的白色矩形，按 Ctrl+ [键 2 次，将白色矩形放置在照片图像下方，选择工具箱中的"选择"工具选中白色矩形及照片图像，按 Ctrl+G 键将其编组，如图 8-45 所示。

图 8-45　排列对象并进行编组

(12) 使用"选择"工具，单击选中最先绘制的矩形并旋转调整，接着选择照片图像编组并旋转，如图 8-46 所示。

图 8-46 旋转图形

(13) 使用工具箱中的"钢笔"工具,在图形文档中绘制如图 8-47 所示的白色箭头。

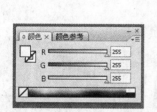

图 8-47 绘制箭头

(14) 在工具箱的颜色控制区中单击"默认填色和描边"按钮,将颜色恢复系统默认设置,接着使用"钢笔"工具在文档中绘制如图 8-48 所示的气球图形。

图 8-48 绘制气球图形

(15) 使用"选择"工具,单击选中左上角气球外形,接着在"颜色"面板中将其填色设置为 R=252、G=238、B=33;接着单击选中中间气球的外形,在"颜色"面板中将其填色设置为 R=232、G=54、B=36;最后单击选中最右边气球的外形,在"颜色"面板中将其填色设置为 R=176、G=222、B=63,如图 8-49 所示。

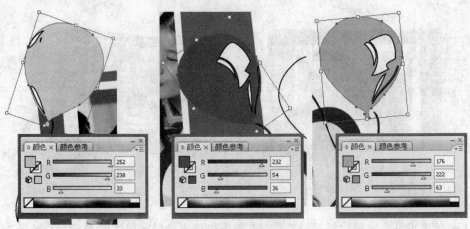

图 8-49 改变填色

(16) 使用"选择"工具单击选中气球的反光，并在工具箱的颜色控制区中将描边颜色设置为无，如图 8-50 所示。

图 8-50 取消描边

(17) 使用"选择"工具，按 Shift 键选中气球的绳子，接着在"颜色"面板中将填色设置为 R=247、G=147、B=30， 描边设置为无，得到的效果如图 8-51 所示。

图 8-51 更改填充颜色

(18) 在工具箱的颜色控制区中，将填色设置为白色，描边设置为无，然后选择工具箱中的"圆角矩形"工具，在图形文档中单击打开"圆角矩形"对话框，在对话框中设置宽度为

50mm，高度为 13mm，圆角半径为 3mm，单击"确定"按钮创建圆角矩形，如图 8-52 所示。

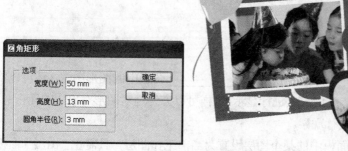

图 8-52 绘制圆角矩形

　　(19) 在"色板"面板中，单击选择"RGB 蓝色"色板，在"字符"面板中设置字体为"汉仪丫丫体简"，字符大小为 14pt，字符间距为 -50，然后选择工具箱中的"文字"工具在圆角矩形上输入文字，如图 8-53 所示。

图 8-53 输入文字

　　(20) 使用"选择"工具，按 Shift 键在文档中选中圆角矩形和文字，并旋转选中对象，得到的最终效果如图 8-54 所示。

图 8-54 最终效果

8.4 思考练习

8.4.1 填空题

1. 在"图层"面板中，用户不仅可以_____图层中的图形图像，还可以将图层中的图形图像以_____的方式进行显示，这样可以方便地对图形对象中的元素进行选择，也方便对图形对象结构进行观察。

2. 想要将"图层"面板中的某个图层设置为当前工作图层，只需在"图层"面板中直接单击选择_____，被选择的图层将以_____显示。

3. 在 Illustrator CS3 中，图层的操作与管理是通过_____来实现的，因此，想要操作和管理图层，必须熟悉_____。

4. 在 Illustrator 中，无论是_____、_____、_____和_____都可以用来创建剪切蒙版。

8.4.2 选择题

1. 如果创建新图层时用户没有对其输入名称或重新命名，那么 Illustrator CS3 将会自动按照顺序将图层命名为(   )。
   A. "背景层"、"新建图层 1"
   B. "图层 1"、"图层 2"
   C. "新建图层 1"、"新建图层 2"
   D. "背景层"、"图层 1"

2. 下列关于"图层"面板中主要组件和图标按钮的作用，表述不正确的是(   )。
   A. "图层名称"：每个图层在"图层"面板中都有不同的名称，以方便用户进行区分。
   B. "显示"图标：用于图层的显示和隐藏。
   C. "锁定"图标：当某图层前图标列标有该图标时，表示该图层中的图形、图像为不可编辑状态。
   D. "创建新子图层"按钮：单击该按钮，可以在"图层"面板中创建一个新图层。

3. 下列关于剪切蒙版叙述不正确的是(   )。
   A. 剪切蒙版在预览模式下，蒙版以外的对象被遮盖，并且打印输出时，蒙版以外的内容不会被打印出来。
   B. 在 Illustrator 中，无论是单一路径、复合路径、群组对象或是文本对象都可以用来创建剪切蒙版，创建为蒙版的对象会自动群组在一起。
   C. 建立蒙版后，用户还可以随时将蒙版释放。
   D. 释放蒙版后，将得到原始的被蒙版对象和蒙版对象。

8.4.3　操作题

1. 利用图层面板调整如图 8-55 所示绘制的图形及文字。
2. 使用剪切蒙版创建如图 8-56 所示照片效果。

图 8-55　绘制图形及文字　　　　　　　图 8-56　制作照片效果

第9章

创建和编辑文本

本章导读

Illustrator 除了在图形绘制方面具有强大的功能外，还具有强大的文字排版功能。使用这些功能可以快速更改文字的字体、字号、水平或垂直比例、行距、缩进、对齐方式等各种属性，还可以制作特殊的文字效果，从而制作出丰富多样的文本效果。

重点和难点

- 创建段落文本
- 创建路径文字
- 使用"字符"面板
- 使用"段落"面板
- 图文混排

9.1 文字工具的使用

使用 Illustrator 提供的文字编辑工具可以创建多种文字效果，并且可以根据需要对文本对象进行调整或编辑。

9.1.1 创建点文字

在 Illustrator 的工具箱中提供了 6 种文字工具，如图 9-1 所示。使用它们可以输入各种类型的文字，以满足不同的文字处理需求。一般情况下，在 Illustrator 中输入文字多为使用"文字"工具和"直排文字"工具创建沿水平和垂直方向的文字。

```
▪ T  文字工具        (T)
  T  区域文字工具
  ⟋̇  路径文字工具
  IT  直排文字工具
  ⬚T  直排区域文字工具
  ⟍̇  直排路径文字工具
```
图 9-1　文字工具

提示

"文字"工具和"垂直文字"工具创建的文字均为点文本，不能自动换行，必须按下 Enter 键才能执行换行操作。

【练习 9-1】在 Illustrator CS3 中，使用文字工具创建点文字。

(1) 选择工具箱中的"文字"工具后，将光标移至页面适当位置单击，以确定插入点的位置，然后用键盘输入文字，如图 9-2 所示。

(2) 输入完成后，按 Esc 键或选择工具箱中的任何一种其他工具，即可结束文本的输入，如图 9-3 所示。

图 9-2　输入文字　　　　　　　　　　　　　　　图 9-3　结束输入

(3) 选择工具箱中的"直排文字"工具，将光标移至页面适当位置中单击，以确定插入点位置，然后用键盘输入文字，如图 9-4 所示。

(4) 输入完成后，按 Esc 键结束文本输入，如图 9-5 所示。

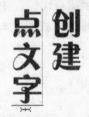 

图 9-4　输入文字　　　　　　　　　图 9-5　结束输入

9.1.2　创建段落文本

在 Illustrator 中除了直接输入文本外，还可以通过文本框创建文本输入的区域。输入的文本会根据文本框的范围自动进行换行。

【练习 9-2】在 Illustrator CS3 中，使用文字工具创建段落文本。

(1) 在"字符"面板中设置字体为"方正粗活意简体"，字体大小为 36pt，行距为 60pt，字符间距为 0，如图 9-6 所示。

(2) 选择工具箱中的"文字"工具，在文档中拖动出一个文本框区域，并在其中输入文字，如图 9-7 所示。

Illustrator具有强大的文字排版功能，并且可以制作多种文本效果.

图 9-6　设置"字符"面板　　　　　图 9-7　输入文本

(3) 输入完所需文本后，文本框右下方出现田图标时，表示有文字未完全显示。

(4) 选择工具箱中的"选择"工具，将光标移动到右下角控制点上，当光标变为双向箭头时按住左键向右下角拖动，将文本框扩大，即可将文字内容全部显现，如图 9-8 所示。

图 9-8　显示全部文本

(5) 按住 Ctrl 键在空白处单击以确认文字输入结束，并取消文字的选择状态。

9.1.3　创建区域文字

使用"区域文字"工具或"垂直区域文字"工具可以在形状区域内输入所需的横排或竖排文本。

【练习 9-3】在 Illustrator CS3 中，使用文字工具创建段落文本。

(1) 选择工具箱中的"星形"工具，在文档中拖动绘制一个星形，如图 9-9 所示。

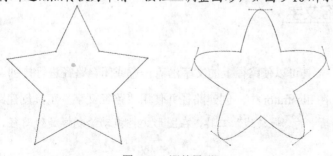

图 9-9　绘制星形

(2) 选择工具箱中的"直接选择"工具，按 Shift 键单击选择星形的 5 个顶点，然后单击控制面板中的"将所选锚点转换为平滑"按钮█调整图形，如图 9-10 所示。

图 9-10　调整星形

(3) 选择工具箱中的"区域文字"工具，然后将光标移动到绘制图形的路径上，当光标显示为 ⓘ 状时单击，即可在形状内输入所需文字，如图 9-11 所示。

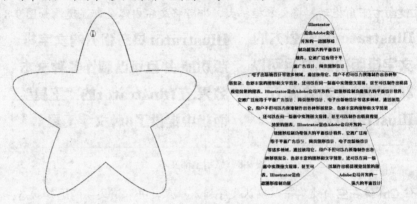

图 9-11　创建横排区域文字

(4) 选择工具箱中的"直排区域文字"工具，然后将光标移动到绘制图形的路径上，当光标显示为 ⓗ 状时单击，即可在形状内输入所需文字，如图 9-12 所示。

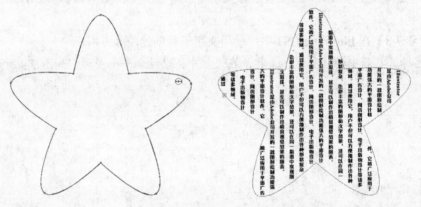

图 9-12　创建直排区域文字

(5) 按住 Ctrl 键在文档空白处单击，即可得到所绘形状的文字块。

9.1.4　创建路径文字

使用路径文字工具可以使路径上的文字沿着任意或闭合路径进行排列。

【练习 9-4】在 Illustrator 中，创建路径并使用"路径文字"工具创建路径文字。

(1) 选择工具箱中的"螺旋线"工具，在图形文档拖动绘制螺旋线路径，如图 9-13 所示。

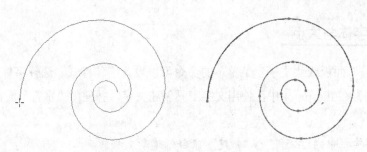

图 9-13　创建路径

(2) 选择工具箱中的"路径文字"工具，在路径上单击出现光标，然后输入所需的文字，如图 9-14 所示。

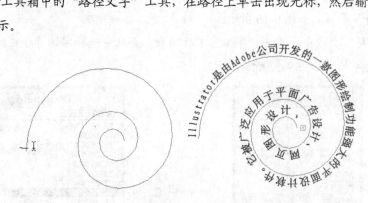

图 9-14　输入路径文字

(3) 选择菜单栏中的"文字"|"路径文字"|"路径文字选项"命令，打开"路径文字选项"对话框。在对话框中设置"效果"为"倾斜效果"，"对齐路径"为"中央"，间距为 3pt，单击"确定"按钮应用效果，如图 9-15 所示。

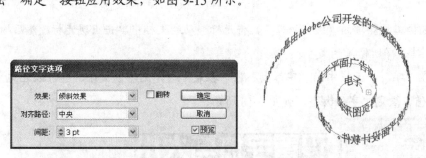

图 9-15　设置路径文字选项

9.2　"字符"面板的设置

在 Illustrator 中，可以通过"字符"面板来准确控制文字的字体、字体大小、行距、字符间距、水平与垂直缩放等各种属性。

9.2.1 设置字体与大小

使用"字符"面板或"文字"菜单下的命令可以设置字体样式，选择字体大小。

【练习 9-5】在 Illustrator 中，使用文字工具创建文字，并使用"字符"面板设置字体与大小。

(1) 选择菜单栏中的"文件"|"新建"命令创建新文档。

(2) 选择工具箱中的"直排文字"工具，将光标移动到文档中单击出现光标，然后输入文字。按 Ctrl+A 键选择所输入的文字，接着选择菜单栏中的"窗口"|"文字"|"字符"命令，显示"字符"面板，如图 9-16 所示。

(3) 在"字符"面板中，单击"字体"下拉列表，并从中选择字体"方正综艺简体"，即可更改文字的字体，如图 9-17 所示。

图 9-16 显示"字符"面板

图 9-17 设置字体

(4) 选择工具箱中的"文字"工具，将光标移动到文档中单击出现光标，然后输入文字。按 Ctrl+A 键选择所输入的文字。

(5) 在"字符"面板中的"字体大小"下拉表中设定文字的大小，也可以在文本框中直接输入数值，设定文字的大小，如图 9-18 所示。

图 9-18 设置字体大小

9.2.2　设置字符间距

在"字符"面板中可以设定文字与文字之间的间距。

【练习9-6】在 Illustrator 中，使用"字符"面板调整输入文本的字符间距。

(1) 选择"文件"|"新建"命令，在打开的"新建文档"对话框中创建新文档。

(2) 选择工具箱中的"文字"工具，将光标移动到文档中单击出现光标，然后输入文字。

(3) 按 Ctrl+A 键选择所输入的文字，接着选择菜单栏中的"窗口"|"文字"|"字符"命令，显示"字符"面板，在面板中设置字体为"方正综艺简体"，字符大小为24pt，如图9-19所示。

(4) 在"字符"面板中，单击"设置所选字符的字符间距调整"下拉列表，在列表中选择数值或直接输入数值，即可调整字与字之间间距，如图9-20所示。

图 9-19　设置字体和大小

图 9-20　设置字符间距

9.2.3　设置文字颜色

在 Illustrator 中，用户可以根据需要在工具箱、"颜色"面板或"色板"面板中设定所需的填充或笔触颜色。

【练习9-6】在 Illustrator 中，对输入的文本颜色进行修改。

(1) 选择菜单栏中的"文件"|"新建"命令，在打开的"新建文档"对话框中创建新文档。

(2) 选择工具箱中的"文字"工具，在文档中输入文字，按 Ctrl+A 键将文字全部选中。

(3) 在工具箱中双击"填色"按钮，在弹出的"拾取器"对话框中设置颜色为 R=215、G=200、B=25，单击"确定"按钮关闭对话框，设置的字体颜色如图9-21所示。

图 9-21 使用"拾取器"改变字体颜色

(4) 按 Ctrl+A 键将文字全部选中，在工具箱中选中"填色"按钮，单击"色板"面板中的色板，即可改变字体颜色，如图 9-22 所示。

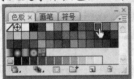

图 9-22 使用色板改变字体颜色

(5) 在工具箱中双击"描边"按钮，在弹出的"拾取器"对话框中设置颜色为 R=15、G=35、B=230，单击"确定"按钮关闭对话框，应用描边颜色，如图 9-23 所示。

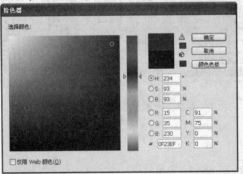

图 9-23 应用描边颜色

(6) 在工具箱中选中"描边"按钮，单击"色板"面板中的色板也可以改变描边颜色。

(7) 按 Ctrl+A 键将文字全部选中，选择菜单栏中的"窗口"|"颜色"命令，显示"颜色"面板，在面板中选中描边，设置描边颜色为 R=15、G=35、B=230，即可改描边颜色，如图 9-24 所示。

图 9-24 使用"颜色"面板改变描边

(8) 在"颜色"面板中选中填色，使用"吸管"工具，在色谱条上吸取颜色，并在颜色成分文本框中调整具体数值为 R=255、G=238、B=0，即可调整字体填充颜色，如图 9-25 所示。

图 9-25　使用"颜色"面板改变填色

(9) 在"颜色"面板中，选中描边，使用"吸管"工具，在色谱条上吸取颜色，并在颜色成分文本框中调整具体数值为 R=125、G=190、B=39，即可调整字体描边颜色，如图 9-26 所示。

图 9-26　使用"颜色"面板改变描边

9.2.4　添加文字效果

在 Illustrator 中可为文字添加多种效果，如水平、垂直缩放、偏移基线、旋转等。

【练习 9-7】在 Illustrator 中，为输入的文字添加效果。

(1) 选择菜单栏中的"文件"|"新建"命令，在打开的"新建文件"对话框中创建新文档。

(2) 选择工具箱中的"文字"工具，在文档中输入文字，并选择菜单栏中的"窗口"|"颜色"命令，打开"颜色"面板，如图 9-27 所示。

图 9-27　输入文字并打开"颜色"面板

(3) 按 Ctrl+A 键选中文字，在"颜色"面板中选中填色，并使用"吸管"工具在色谱条上吸取颜色，即可改变文字填充颜色，如图 9-28 所示。

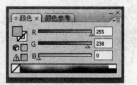

图 9-28　更改文字填色

(4) 在"颜色"面板中选中描边，并使用"吸管"工具在色谱条上吸取颜色，即可改变文字描边颜色，如图 9-29 所示。

图 9-29　更改文字描边

(5) 选择菜单栏中的"窗口"|"文字"|"字符"命令，在打开的"字符"面板中，设置"水平缩放"为 175%、"垂直缩放"为 75%，得到的效果如图 9-30 所示。

图 9-30　设置水平和垂直缩放

(6) 使用鼠标选中部分字符，在"字符"面板中单击"下划线"按钮，即可为选中的文字添加下划线效果，如图 9-31 所示。

图 9-31　添加下划线

(7) 使用鼠标选中部分字符，在"字符"面板中设置"偏移基线"为 12pt，即可将选中的文字根据输入的数值进行偏移，如图 9-32 所示。

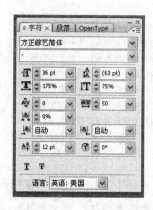
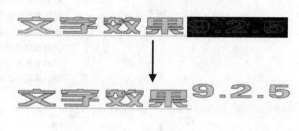

图 9-32　偏移基线

(8) 使用鼠标选中部分字符，选择"窗口"|"透明度"命令，显示"透明度"面板，在面板"不透明度"对话框中设置数值为 45%，即可改变选中文字的透明度，如图 9-33 所示。

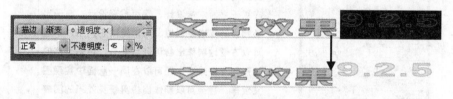

图 9-33　设置透明度

9.3　"段落"面板的设置

在 Illustrator 中处理段落文本时，可以使用"段落"面板设置文本对齐方式、首行缩进、段落间距等。选择菜单栏中的"窗口"|"文字"|"段落"命令，即可打开"段落"面板。

9.3.1　设置首行缩进与文本缩进

首行缩进可以控制每段文本首行按照指定的数值进行缩进。使用左缩进和右缩进可以调节整段文字边界到文本框的距离。

【练习 9-8】在 Illustrator 中，对输入的段落文本的首行以及左、右边界进行调节。

(1) 选择菜单栏中的"文件"|"新建"命令，在打开的"新建文档"对话框中创建一个新文档。

(2) 选择工具箱中的"文字"工具，在文档中单击一点，并按住左键拖动一个文本框，并在文本框中输入一段文本，如图 9-34 所示。

图 9-34　输入文本

(3) 将光标移动到段落文字的起始点单击，接着选择菜单栏中的"窗口"|"文字"|"段落"命令，打开"段落"面板。然后在"段落"面板中的"首行左缩进"文本框中输入数值40pt 后，按下 Enter 键应用设置，如图 9-35 所示。

图 9-35　设置首行缩进

(4) 将光标移至段落文字末尾，并单击 Enter 键另起一行再输入一段文字，此时这段文字首行会按照预设数值向左缩进。

(5) 接着在"段落"面板中，设置"左缩进"和"右缩进"文本框中数值为 20pt，按下Enter 键应用设置，即可调整文本到边框的距离，如图 9-36 所示。

图 9-36　设置左、右缩进

9.3.2　设置段前、段后间距

使用"段前间距"和"段后间距"可以设置段落文本之间的距离。

【练习9-9】在 Illustrator 中，对输入的段落文本的距离进行调整。

(1) 选择菜单栏中的"文件"｜"新建"命令，在打开的"新建文档"对话框中创建一个新文档。

(2) 选择工具箱中的"直排文字"工具，在文档中单击一点，并按住左键拖动一个文本框，并在文本框中输入一段文本，如图 9-37 所示。

图 9-37 输入文本

(3) 按 Ctrl+A 键，将段落文字全部选中。选择菜单栏中的"窗口"｜"文字"｜"段落"命令，打开"段落"面板，并在面板中设置"段前间距"和"段后间距"文本框数值为 20pt，按下 Enter 键应用设置，即可调整段落文本之间的距离，如图 9-38 所示。

图 9-38 设置段前段后间距

9.3.3 设置文本对齐方式

在 Illustrator 中提供了"左对齐"、"居中对齐"、"右对齐"、"两端对齐，末行左对齐"、"两端对齐，末行居中对齐"、"两端对齐，末行右对齐"、"全部两端对齐"7 种文本对齐方式。

【练习9-10】在 Illustrator 中，调整段落文本的对齐方式。

(1) 选择菜单栏中的"文件"｜"新建"命令，在打开的"新建文档"对话框中创建一个新文档。

(2) 选择工具箱中的"文字"工具，在文档中单击一点，并按住左键拖动一个文本框，并在文本框中输入一段文本，如图 9-39 所示。

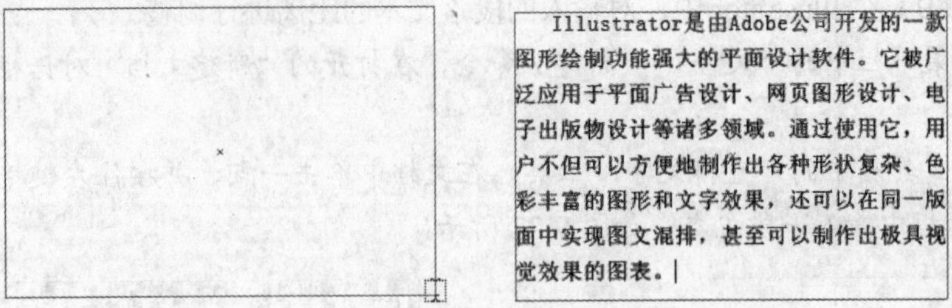

图 9-39　输入文本

(3) 选择菜单栏中的"窗口"|"文字"|"段落"命令，打开"段落"面板。在"段落"面板中，默认的对齐方式是"左对齐" ▣。单击"居中对齐"按钮 ▣，即可将段落文本居中对齐，如图 9-40 所示。

图 9-40　居中对齐

(4) 单击"右对齐"按钮 ▣，即可将段落文本全部靠右对齐，如图 9-41 所示。单击"全部两端对齐"按钮 ▣，即可将文本强制两端对齐，如图 9-42 所示。

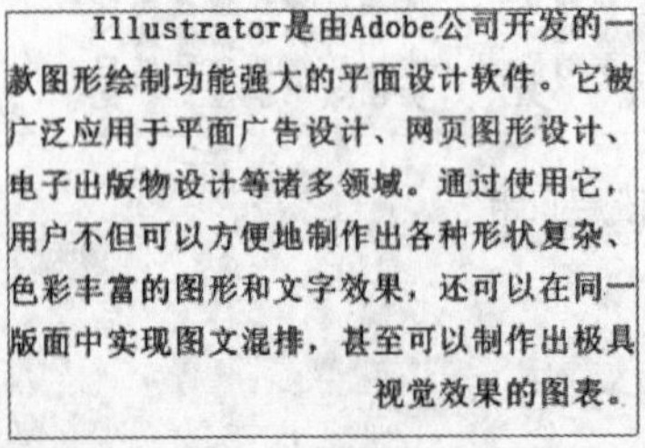

图 9-41　右对齐 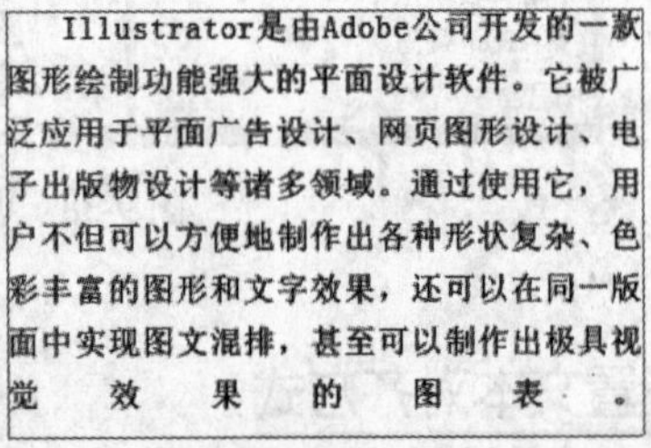　　　　　　　　　　　图 9-42　两端对齐

9.4　图文混排

在 Illustrator 中，使用文本绕排命令，能够让文字按照要求围绕图形进行排列。此命令对于制作设计排版非常实用。

【练习 9-11】在 Illustrator 中，对输入的段落文本和图形图像进行图文混排。

(1) 选择菜单栏中的"文件"|"新建"命令，在打开的"新建文档"对话框中设置"名称"为"9-11"，大小为 800×600，如图 9-43 所示，单击"确定"按钮创建一个新文档。

(2) 选择工具箱中的"文字"工具，在文档中单击一点，并按住左键拖动一个文本框，并在文本框中输入一段文本，如图 9-44 所示。

图 9-43　创建新文档　　　　　　　　　图 9-44　输入段落文本

(3) 选择菜单栏中的"文件"|"置入"命令，在打开的"置入"对话框中选择"Illustrator 实例"文件夹下的"9-11JPEG"图像文档，单击"置入"按钮将其置入，如图 9-45 所示。

图 9-45　置入图像

(4) 使用"选择"工具选中置入的图像，接着选择菜单栏中的"对象"|"文本绕排"|"建立"命令，即可建立文本绕排，如图 9-46 左图所示，使用"选择"工具移动图像位置，文本绕排方式也随之改变，如图 9-46 右图所示。

图 9-46　建立文本绕排

(5) 选择菜单栏中的"对象"|"文本绕排"|"文本绕排选项"命令，打开"文本绕排选项"对话框，在对话框中设置"位移"为 20pt，单击"确定"按钮即可修改文本围绕的距离，如图 9-47 所示。

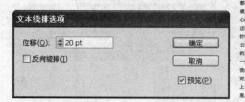

图 9-47　设置文本绕排

(6) 使用工具箱中的"星形"工具绘制一个五角星。接着使用"选择"工具选中图像和星形，单击右键，在弹出的菜单中选择"建立剪切蒙版"命令，创建剪切蒙版，如图 9-48 所示。

图 9-48　创建剪切蒙版

(7) 使用"选择"工具选中剪切蒙版对象，接着选择菜单栏中的"对象"|"文本绕排"|"建立"命令，即可使文稿围绕不规则图像进行排列，如图 9-49 所示。

图 9-49　创建文本绕排

9.5　其他操作

除了前面所介绍的文本编辑处理方法外，还可以根据需要更改文本大小写、设置分栏、创建轮廓等处理。

9.5.1 更改大小写

"更改大小写"命令可以改变选取字符的大小写设定。

【练习 9-12】在 Illustrator 中更改输入英文的大小写设定。

(1) 选择工具箱中的"文字"工具，在文档中输入一段英文，如图 9-50 所示。

Thank you for everything this holiday season！

图 9-50 输入英文

(2) 按 Ctrl+A 键选中文字，选择菜单栏中的"文字"|"更改大小写"|"大写"命令，即可将选中文字全部更改为大写，如图 9-51 所示。

THANK YOU FOR EVERYTHING THIS HOLIDAY SEASON！

图 9-51 更改为大写

(3) 选择"文字"|"更改大小写"|"小写"命令，即可将选中的文字全部更改为小写，如图 9-52 所示。

thank you for everything this holiday season！

图 9-52 更改为小写

(4) 选择"文字"|"更改大小写"|"词首大写"命令，即可将每个单词首字母更改为大写，如图 9-53 所示。

Thank You For Everything This Holiday Season！

图 9-53 更改为词首大写

(5) 选择"文字"|"更改大小写"|"句首大写"命令，即可将每个句子的首字母更改为大写，如图 9-54 所示。

Thank you for everything this holiday season！

图 9-54 更改为句首大写

9.5.2 文本分栏

在 Illustrator 中可以对文本段落进行分栏，并可以根据需要选择文本的流向。分栏操作只适用于整个文本块对象，不能对某一文本块中的几行或几段进行分栏操作。另外，点文本和开放路径上的文本是不能进行分栏处理的。

【练习 9-13】在 Illustrator 中，对段落文本进行分栏操作。

(1) 在打开的图文混排的文档中，使用工具箱中的"选择"工具选中要进行分栏操作的文本块，如图 9-55 所示。

(2) 选择菜单栏中的"文字"|"区域文字选项"命令，打开"区域文字选项"对话框，如图 9-56 所示。

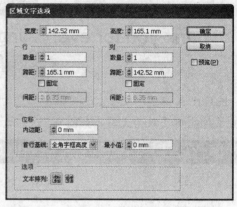

图 9-55　选中文本块　　　　　　　　图 9-56　打开"区域文字选项"对话框

(3) 在对话框中设置列数量为 2、间距为 6mm、内边距为 3.5mm，单击"确定"按钮关闭对话框，对选中的文本框应用分栏设置，如图 9-57 所示。

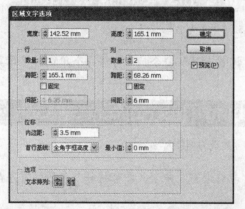

图 9-57　设置分栏

9.5.3　创建轮廓

利用"创建轮廓"命令可以将文字转换成复合路径，转换成复合路径后，文字不再具有文字属性，并且可以像编辑图形对象一样对其进行编辑处理。

【练习 9-14】在 Illustrator 中，利用"创建轮廓"命令改变文字效果。

(1) 选择菜单栏中的"文件"|"新建"命令，在打开的"新建文档"对话框中创建一个新文档。

(2) 选择工具箱中的"文字"工具，在文档中单击一点，并按住左键拖动一个文本框，并在文本框中输入一段文本，按住 Ctrl 键在文字上单击确认文字输入完成，如图 9-58 所示。

(3) 使用"选择"工具选中文字，接着选择菜单栏中的"文字" | "创建轮廓"命令，将文字转换为轮廓，如图 9-59 所示。

图 9-58　输入文字　　　　　　　　　　图 9-59　创建轮廓

(4) 选择工具箱中的"直接选择"工具，按 Shift 键选中字形上下两边的锚点，然后单击控制面板中的"将所选锚点转换为平滑"按钮，调整字体形状，如图 9-60 所示。

图 9-60　调整字形

(5) 选择菜单栏中的"窗口" | "色板"命令，打开"色板"面板，并在面板中单击"线性渐变 2"色板，即可为字体图形填充渐变效果，如图 9-61 所示。

图 9-61　填充渐变

9.6　上机实验

本章上机实验通过制作健康知识宣传单，重点练习区域文字、路径文字的输入方法，以及文本绕排的操作方法。

(1) 选择菜单栏中的"文件" | "新建"命令，在打开的"新建文档"对话框中，设置文件名称为"96"，大小为 A4，取向为横向，如图 9-62 所示，单击"确定"按钮创建新文档。

(2) 选择菜单栏中的"窗口" | "颜色"命令，打开"颜色"面板。在"颜色"面板中设置填色 C=13%、M=51%、Y=67%、K=0%，描边设置为无，如图 9-63 所示。

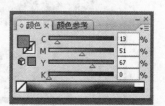

图 9-62　新建文档　　　　　　　　　　图 9-63　设置填色

(3) 选择工具箱中的"钢笔"工具，在文档中绘制如图 9-64 所示的图形。

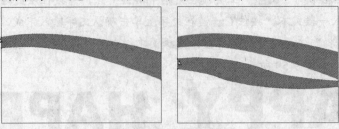

图 9-64　绘制图形

(4) 在"颜色"面板中设置填色 C=4%、M=12%、Y=30%、K=0%，描边设置为无，然后选择工具箱中的"钢笔"工具，在文档中绘制如图 9-65 所示的图形。

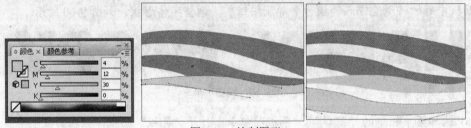

图 9-65　绘制图形

(5) 使用工具箱中的"选择"工具，按 Shift 键单击步骤(3)中所绘制的图形，选择菜单栏中的"窗口"|"透明度"命令，打开"透明度"面板，设置不透明度为 57%，如图 9-66 所示。

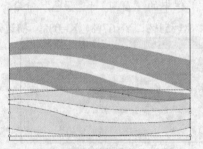

图 9-66　设置不透明度

(6) 使用"选择"工具选中步骤(4)中所绘制的图形，并在"透明度"面板中将不透明度设置为 45%，如图 9-67 所示。

图 9-67　设置不透明度

(7) 在"颜色"面板中设置填色 C=4%、M=12%、Y=30%、K=0%，描边设置为无，然后选择工具箱中的"钢笔"工具，在文档中绘制如图 9-68 所示的图形。

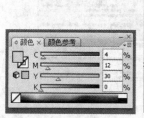
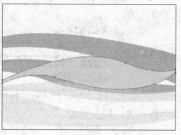
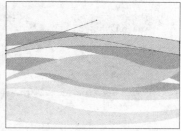

图 9-68　绘制图形

(8) 使用"选择"工具选中步骤(7)中所绘制的图形，在"透明度"面板中将不透明度设置为 20%，如图 9-69 所示。

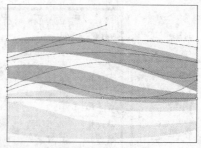

图 9-69　设置不透明度

(9) 在"图层"面板中单击"创建新图层"按钮，新建"图层 2"图层，如图 9-70 所示。

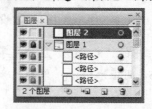

图 9-70　创建新图层

(10) 在工具箱的颜色控制区中单击"默认填色和描边"按钮，将颜色恢复默认设置，接着将填色设置为无。然后使用工具箱中的"钢笔"工具绘制如图 9-71 所示的图形。

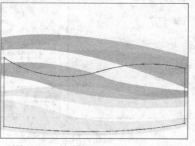

图 9-71　绘制图形

(11) 选择工具箱中的"区域文字"工具，在刚绘制的图形中单击，并输入所需的文字内容，如图 9-72 所示。

图 9-72　输入文本

(12) 选中输入的文本，在"段落"面板中单击"两端对齐，末行左对齐"按钮，"避头尾集"下拉列表中选择"严格"；在"字符"面板中设置字体大小为 12pt，字符间距为-50，如图 9-73 所示。

图 9-73　设置段落文本

(13) 选择菜单栏中的"文字"|"区域文字选项"命令，在打开的"区域文字选项"对话框中设置列数量为 5，间距为 5mm，单击"确定"按钮关闭对话框，对文本进行分栏，如图 9-74 所示。

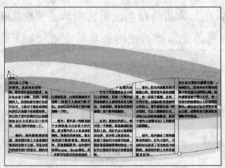

图 9-74　文本分栏

(14) 选择工具箱中的"钢笔"工具，在文档中绘制如图 9-75 左图所示的路径。然后在"字符"面板中设置字体为"汉仪水滴体简"，字体大小为 12pt，字符间距为 50，接着使用"路径文字"工具在绘制的路径上输入文字，如图 9-75 所示。

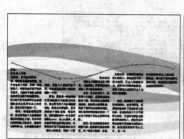

图 9-75 输入路径文字

(15) 在"字符"面板中设置字体为"汉仪水滴体简"，字体大小为 60pt，字符间距为 -50，在"颜色"面板中设置填色为 C=9%、M=89%、Y=84%、K=0%，接着使用工具箱中的"文字"工具，在文档中输入文字，如图 9-76 所示。

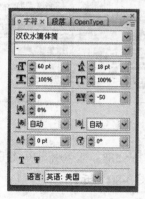

图 9-76 输入文字

(16) 将输入的文字按 Ctrl+C 复制，接着按 Ctrl+V 粘贴。使用"选择"工具选中复制的文字，在"颜色"面板中设置填色为 C=13%、M=51%、Y=67%、K=0%，在"透明度"面板中设置不透明度为 57%，并单击右键，在弹出的菜单中选择"排列" | "置于底层"命令，得到的效果如图 9-77 所示。

图 9-77 复制并设置文字效果

(17) 在"颜色"面板中设置填色为 C=10%、M=54%、Y=80%、K=0%，并使用工具箱中的"椭圆"工具，按 Shift+Alt 键在文档中绘制圆形，如图 9-78 所示。

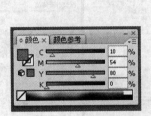

图 9-78　绘制圆形

(18) 使用"选择"工具在文档中选择左下方的圆形，然后选择菜单栏中的"对象"|"文本绕排"|"建立"命令，创建文本绕排，如图 9-79 所示。

图 9-79　创建文本绕排

(19) 在"颜色"面板中设置填色为 C=9%、M=24%、Y=58%、K=0%，并使用工具箱中的"椭圆"工具，按 Shift+Alt 键在文档中绘制圆形，如图 9-80 所示。

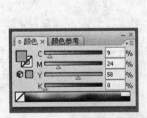

图 9-80　绘制圆形

(20) 使用"选择"工具在文档中选择左下方的圆形，然后选择菜单栏中的"对象"|"文本绕排"|"建立"命令，创建文本绕排，如图 9-81 所示。

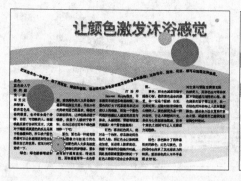 

图 9-81 创建文本绕排

(21) 在"颜色"面板中设置填色为 C=54%、M=24%、Y=19%、K=0%，并使用工具箱中的"椭圆"工具，按 Shift+Alt 键在文档中绘制圆形，如图 9-82 所示。

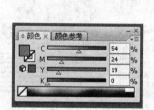 

图 9-82 绘制圆形

(22) 使用"选择"工具在文档中选左下方的圆形，然后选择菜单栏中的"对象"｜"文本绕排"｜"建立"命令，创建文本绕排，如图 9-83 所示。

 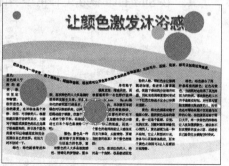

图 9-83 创建文本绕排

(23) 在"颜色"面板中设置填色为 C=49%、M=4%、Y=77%、K=0%，并使用工具箱中的"椭圆"工具，按 Shift+Alt 键在文档中绘制圆形，如图 9-84 所示。

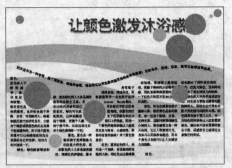

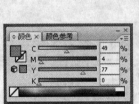

图 9-84　绘制圆形

(24) 使用"选择"工具在文档中选择右下方的圆形，然后选择菜单栏中的"对象"|"文本绕排"|"建立"命令，创建文本绕排，如图 9-85 所示。

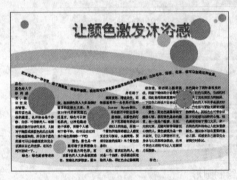
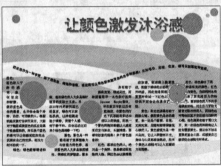

图 9-85　创建文本绕排

(25) 在"颜色"面板中设置填色为 C=9%、M=89%、Y=84%、K=0%，并使用工具箱中的"椭圆"工具，按 Shift+Alt 键在文档中绘制圆形，如图 9-86 所示。

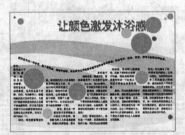

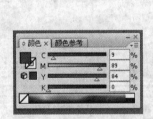

图 9-86　绘制圆形

(26) 使用"选择"工具，按 Shift 键单击选中标题文字，然后单击右键，在弹出的菜单中选择"排列"|"置于顶层"命令，将标题文字放置在最上层，如图 9-87 所示。

图 9-87　排列图层

(27) 使用"选择"工具，在文档中选中所有圆形，在"透明度"面板中设置不透明度为 50%，得到的效果如图 9-88 所示。

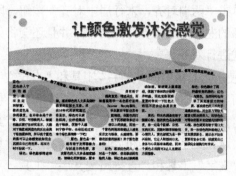

图 9-88 完成效果

9.7 思考练习

9.7.1 填空题

1. 在工具箱的"文本"工具组中，系统为用户提供了_____、_____、_____、_____、_____和_____6 种文本工具。

2. "区域文字"工具和"直排区域文字"工具只能用于在_____中输入文本。

3. Illustrator CS3 中的图文混排方式可以分为_____和_____两种。

4. 用户通过使用_____和_____，不仅可以将文本对象沿工作区中的任意路径进行排列，而且还可以使其根据需要在合适的方向、位置上进行排列。

9.7.2 选择题

1. 使用"文本"工具创建(　　)文本对象时，该文本对象不能自动进行换行，当用户需要换行时，可以通过按 Enter 键对其进行换行操作。

    A. 点状　　　B. 区域

    C. 位图　　　D. 矢量

2. "段落"调板的"对齐"按钮主要用于设置段落文本的对齐方式，总共有 7 种对齐方式可供用户选择。下列选项中表述不正确的是(　　)。

    A. 单击"左对齐"按钮，段落文本中的文本对象将以整个文本对象的左边为界使文本左对齐。

    B. 单击"右对齐"按钮，段落文本中的文本对象将以整个文本对象的右边为界使文本右对齐。

C. 单击"居中对齐"按钮，段落文本中的文本对象将以整个文本对象的中心线为界使文本居中对齐。

D. 单击"两端对齐，末行居中对齐"按钮，段落文本中的文本对象将以整个文本对象的左右两边为界对齐文本，并且还会将处于段落最后一行的文本也按这样的方式进行对齐。

3. 如果使用工具箱中的"文字"工具和"直排文字"工具在未闭合路径的图形对象上单击鼠标，将可实现通过使用(　　)创建文本对象的效果。

A. "直排文字"工具和"直排路径文字"工具

B. "路径文字"工具和"直排路径文字"工具

C. "文字"工具和"直排路径文字"工具

D. "直排文字"工具和"直排区域文字"工具

9.7.3 操作题

1. 使用区域文字和路径文字制作如图 9-89 所示的版式。

2. 使用文本工具创建并编辑文本，制作如图 9-90 所示的版式。

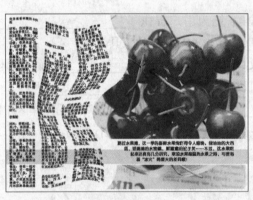

图 9-89　版式

图 9-90　版式

创建与编辑图表

本章导读

在 Illustrator 中可以根据需要由各种数据生成种类丰富的数据图表，如柱形图、条形图、折线图、面积图、饼图等，这些图形图表在各种说明类的设计中具有非常重要的作用。除此之外，Illustrator 还允许用户改变图表的外观效果，从而使图表具有更丰富的视觉效果，并且更易懂。

重点和难点

- 创建图表
- 编辑图表
- 设置"图表类型"对话框

10.1 图表类型

在 Illustrator CS3 的工具箱中包括"柱形图"工具、"堆积柱形图"工具、"条形图"工具、"堆积条形图"工具、"折线图"工具、"面积图"工具、"散点图"工具、"饼图"工具和"雷达图"工具共 9 种图表工具，如图 10-1 所示。下面依次简要地介绍如何使用这些工具创建图表。

柱形图是"图表类型"对话框中的默认图表类型。这种类型的图表是通过柱形长度与数据数值成比例的垂直矩形，表示一组或多组数据之间的相互关系。柱形图可以将数据表中的每一行数据放在一起，供用户进行比较。该类型的图表将事物随时间的变化趋势很直观地表现出来，如图 10-2 所示。

图 10-1　图表工具

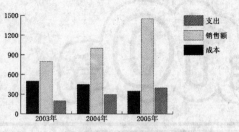

图 10-2　柱形图

堆积柱形图与柱形图相似，只是在表达数据信息的形式上有所不同。柱形图用于每一类项目中单个分项目数据的数值比较，而堆积柱形图则用于比较每一类项目中的所有分项目数据，如图 10-3 所示。从图形的表现形式上看，堆积柱形图是将同类中的多组数据，以堆积的方式形成垂直矩形进行类别之间的比较。

条形图与柱形图类似，都是通过柱形长度与数据值成比例的矩形，表示一组或多组数据之间的相互关系。它们的不同之处在于：柱形图中的数据值形成的矩形是垂直方向的，而条形图中的数据值形成的矩形是水平方向的，如图 10-4 所示。

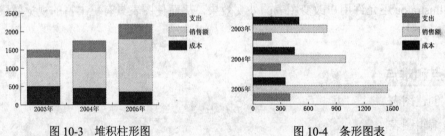

图 10-3　堆积柱形图　　　　　　　　　图 10-4　条形图表

堆积条形图与堆积柱形图类似，都是将同类中的多组数据，以堆积的方式形成矩形进行类别之间的比较。它们的不同之处在于：堆积柱形图中的矩形是垂直方向的，而堆积条形图表中的矩形是水平方向的，如图 10-5 所示。

通过折线图，能够表现数据随时间变化的趋势，以帮助用户更好地把握事物发展的进程、分析变化趋势和辨别数据变化的特性和规律。这种类型的图表将同项目中的数据以点的方式在图表中表示，再通过线段将其连接，如图 10-6 所示。通过折线图，不仅能够纵向比较图表中各个横向的数据，而且可以横向比较图表中的纵向数据。

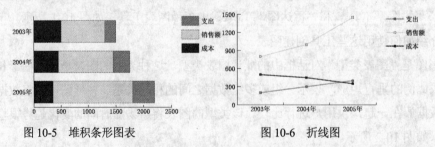

图 10-5　堆积条形图表　　　　　　　　图 10-6　折线图

面积图表示的数据关系与折线图相似，但相比之下后者比前者更强调整体在数值上的变化。面积图是通过用点表示一组或多组数据，并以线段连接不同组的数值点形成面积区域，如图 10-7 所示。

21 世纪电脑学校

散点图是比较特殊的数据图表，它主要用于数学上的数理统计、科技数据的数值比较等方面。该类型图表的 X 轴和 Y 轴都是数值坐标轴，在两组数据的交汇处形成坐标点。每一个数据的坐标点都是通过 X 坐标和 Y 坐标进行定位的，各个坐标点之间用线段相互连接。用户通过散点图能够分析出数据的变化趋势，而且可以直接查看 X 和 Y 坐标轴之间的相对性，如图 10-8 所示。

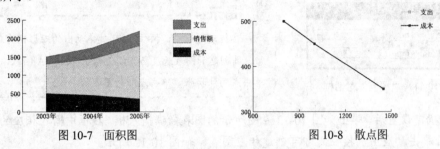

图 10-7　面积图　　　　　　　　　图 10-8　散点图

饼图是将数据的数值总和作为一个圆饼，其中各组数据所占的比例通过不同的颜色表示。该类型的图表非常适合于显示同类项目中不同分项目的数据所占的比例。它能够很直观地显示一个整体中各个分项目所占的数值比例，如图 10-9 所示。

雷达图是一种以环形方式进行各组数据比较的图表。这种比较特殊的图表，能够将一组数据以其数值多少在刻度尺上标注成数值点，然后通过线段将各个数值点连接，这样用户可以通过所形成的各组不同的线段图形，判断数据的变化，如图 10-10 所示。

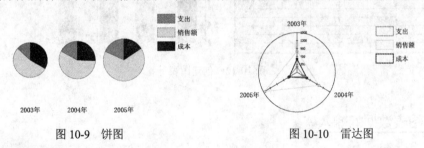

图 10-9　饼图　　　　　　　　　　图 10-10　雷达图

10.2　创建图表

创建图表包括设定图表的长度和宽度以及创建图表的数据。图表的长度与宽度用来确定图表的范围，控制图表的大小。数据是图表重要的组成部分，是图表的核心内容。

10.2.1　设定图表的长度与宽度

在创建图表之前，首先确定要创建图表的类型，并在工具箱中选择相应的图表按钮。便可以通过拖动和设置对话框的方式设定图表的长度与宽度。

【练习 10-1】在 Illustrator 中根据设定创建图表。

(1) 选择菜单栏中的"文件"|"新建"命令，在打开的"新建文档"对话框中设置创建新文档。

(2) 选择工具箱中的"柱状图形"工具 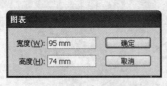，然后在文档中按住左键拖动出一个矩形框，该矩形框的宽度和高度即为图表的长度和宽度。或在工具箱中选择"柱状图形"工具后，将鼠标放置到文档中单击左键，弹出如图 10-11 所示的"图表"对话框，在该对话框中设置图表的宽度和高度值后单击"确定"按钮。

图表	
宽度(W): 95 mm	确定
高度(H): 74 mm	取消

图 10-11 "图表"对话框

提示

在拖动过程中，按住 Shift 键拖动出的矩形框为正方形，即创建的图表长度与宽度值相等。按住 Alt 键，将从单击点向外扩张，单击点即为图表的中心。

(3) 确定设置后，弹出如图 10-12 左图所示的图表数据输入框，在框中输入相应的图表数据，然后单击"应用"按钮 即可创建相应图表，如图 10-12 所示。

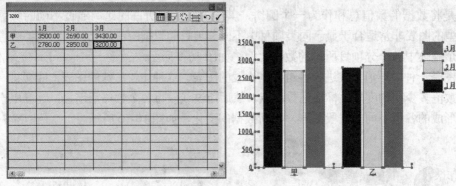

图 10-12 创建图表

10.2.2 图表数据的输入

图表的数据输入是创建图表过程中重要的环节。在 Illustrator 可以通过直接输入的方法创建图表数据，还可以用导入的方法从别的文件中导入图表数据。

【练习 10-2】在 Illustrator 中，使用在图表数据输入框中输入数据的方法创建图表。

(1) 选择工具箱中的"条形图"工具 ，然后将鼠标移动到文档中单击。在弹出的"图表"对话框中设置宽度为 100mm，高度为 75mm，如图 10-13 所示。

图表	
宽度(W): 100 mm	确定
高度(H): 75 mm	取消

图 10-13 设置"图表"对话框

（2）设置完成后，单击"确定"按钮，弹出图表数据输入框，在图表数据输入框左上角的文本框中，将数字"1"删除，然后按 Enter 键，将同一列的下一个单元格选中，如图 10-14 所示。

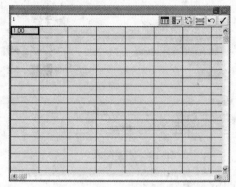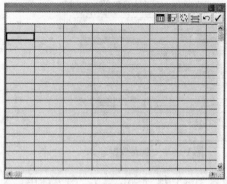

图 10-14　选中单元格

（3）在左上角的文本框中输入"百合花"，按 Enter 键确认数据的输入，并选择同列的下一个单元格，如图 10-15 所示。

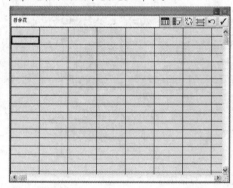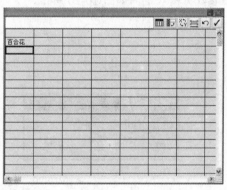

图 10-15　输入数据

（4）使用步骤(2)至步骤(3)的方法在图表数据输入框中依次输入数据，如图 10-16 所示。

（5）使用鼠标单击第二列第一个单元格，将其选中，并在其中输入数据，如图 10-17 所示。

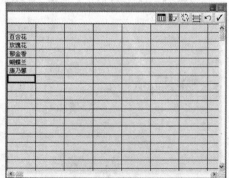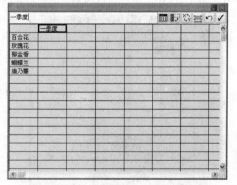

图 10-16　输入数据　　　　　　　图 10-17　选中单元格并输入数据

(6) 使用步骤(2)至步骤(5)的方法完成全部数据的输入，如图 10-18 所示。

(7) 单击右上角的"应用"按钮，然后将图表输入框关闭，在文档中生成如图 10-19 所示的图表。

图 10-18　完成数据输入

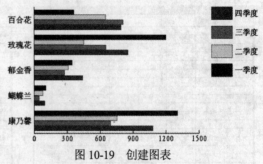

图 10-19　创建图表

【练习 10-3】在 Illustrator 中，使用导入数据的方法创建图表。

(1) 选择工具箱中的"堆积条形图"工具，然后将鼠标移动到文档中单击。

(2) 在弹出的"图表"对话框中设置宽度为 100mm，高度为 75mm，单击"确定"按钮，弹出图表数据输入框，如图 10-20 所示。

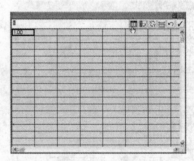

图 10-20　设置"图表"对话框

(3) 单击右上角"导入数据"按钮，弹出"导入图表数据"对话框，在对话框中选择"Illustrator 实例"文件夹下的"工作量统计"文档，如图 10-21 所示。

(4) 单击"打开"按钮，将选择的文件导入到当前的图表数据输入框中，如图 10-22 所示。

图 10-21　选择文档

图 10-22　导入数据

(5) 单击右上角的"应用"按钮，然后关闭图表数据输入框，在文档中生成如图 10-23 所示的图表。

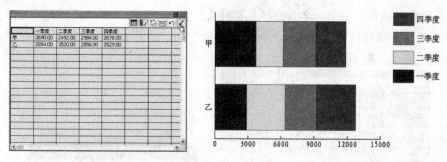

图 10-23　创建图表

10.3　编辑图表

图表制作完成后，还可以利用图表数据输入框对其中的数据进行修改，行、列进行互换，改变小数点后的位数以及列宽等参数。

【练习 10-4】在 Illustrator 中，对创建好的图表进行编辑修改。

(1) 使用工具箱中的"选择"工具，将需要编辑的图表进行选择，如图 10-24 所示。

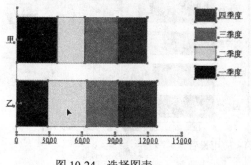

图 10-24　选择图表

图 10-25　打开图表数据输入框

(2) 选择菜单栏中的"对象"|"图表"|"数据"命令，打开图表数据输入框，如图 10-25 所示。在此输入框中重新设定图表数据即可对选择的图表进行修改，如图 10-26 所示。

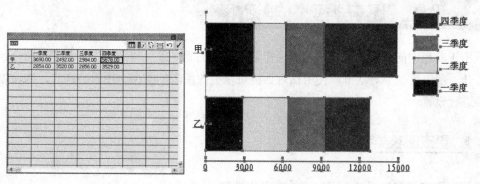

图 10-26　修改图表数据

(3) 在数据输入框中，单击"换位行/列"按钮，可以将行与列中的数据进行调换，如图 10-27 所示。

(4) 在图表数据输入框中，单击"单元格样式"按钮，弹出"单元格样式"对话框。在对话框中设置"小数位数"为 0 位，"列宽度"为 7 位，如图 10-28 所示，单击"确定"按钮即可应用设置，如图 10-29 所示。

图 10-27　换位行/列

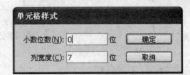

图 10-28　设置"单元格样式"

- "小数位数"选项：右侧的数值用来控制输入数据的小数点位数。
- "列宽度"选项：右侧的数值用来设置单元格的宽度。

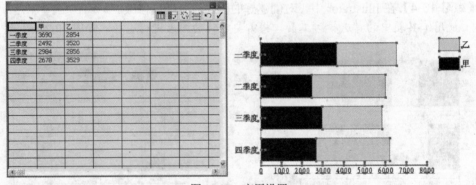

图 10-29　应用设置

(5) 在图表数据输入框中，单击"恢复"按钮，可以使数据输入框中的数据恢复到初始状态。

10.4　设置"图表类型"对话框

双击工具箱中的图表工具按钮，或选择菜单栏中的"对象"|"图表"|"类型"命令，都可以打开"图表类型"对话框。使用该对话框可以更改图表的类型、图表的样式、选项以及坐标轴进行设置。

10.4.1　更改图表类型

使用"图表类型"对话框可以更改图表的类型。

【练习 10-5】在 Illustrator 中，使用"图表类型"对话框更改图表类型。

(1) 在文档中选择需要更改类型的图表，这里使用"选择"工具选中【练习 10-4】中的图表。

(2) 选择菜单栏中的"对象"|"图表"|"类型"命令，打开"图表类型"对话框。

(3) 在打开的"图表类型"对话框中选择需要的图表类型，然后单击"确定"按钮应用，即可将文档中所选择的图表更改为指定的图表类型，如图 10-30 所示。

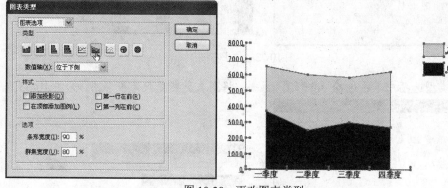

图 10-30　更改图表类型

10.4.2　指定坐标轴

除了饼图图表以外，其他类型图表都有一条数值坐标轴。在"图表类型"对话框中，设置"数值坐标轴"中的选项可以指定数值坐标轴的位置。

【练习 10-6】在 Illustrator 中，指定图表数值坐标轴位置。

(1) 选择【练习 10-5】中的图表，在工具箱中双击图表工具，打开"图表类型"对话框。单击"柱形图"工具按钮，将图表类型更改为柱形图，如图 10-31 所示。

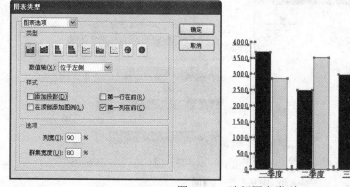

图 10-31　选择图表类型

(2) 在"图表类型"的"数值轴"下拉列表中可以选择"位于左侧"、"位于右侧"和"位于两侧"选项，依次选择这 3 个选项可以将数值坐标轴分别放置到图表的左侧、右侧和两侧。这里选择"位于右侧"选项，得到的效果如图 10-32 所示。

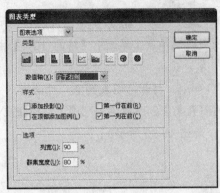

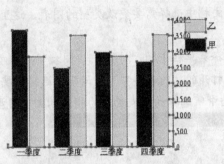

图 10-32　位于右侧

(3) 在类型选项中单击选择"条形图"按钮，将图表类型更改为条形图，如图 10-33 所示。

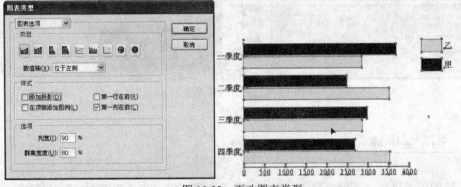

图 10-33　更改图表类型

(4) 在"数值轴"的下拉列表中可以选择"位于上侧"、"位于下侧"和"位于两侧"选项，依次选择这 3 个选项可以将数值坐标轴分别放置在图表的上侧、下侧和上下两侧。这里选择"位于两侧"选项，得到的效果如图 10-34 所示。

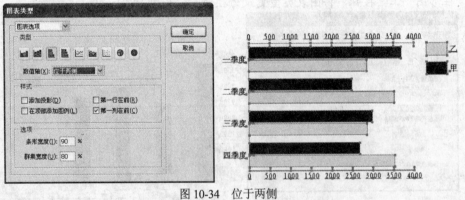

图 10-34　位于两侧

(5) 在类型选项中单击选择"雷达图"按钮，将图表类型更改为雷达图。在"数值轴"的下拉列表中只有"位于每侧"选项，如图 10-35 所示。

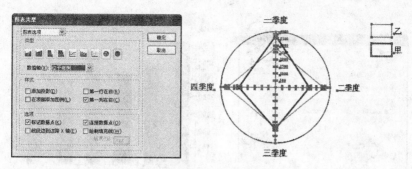

图 10-35 位于每侧

10.4.3 设置图表样式

在"图表类型"对话框中，"样式"选项组下的各项可以为图表添加一些特殊的外观效果。

【练习 10-7】在 Illustrator 中，为创建的图表添加外观效果。

(1) 在工具箱中选择"柱形图"工具，在文档中创建如图 10-36 所示的图表。

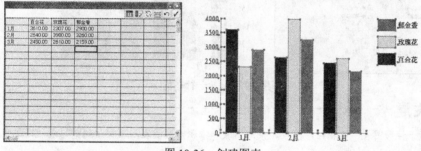

图 10-36 创建图表

(2) 在工具箱中双击图表工具，打开"图表类型"对话框。在"样式"选项组中选择"添加投影"复选框，为图表添加投影，如图 10-37 所示。

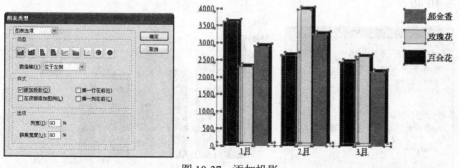

图 10-37 添加投影

(3) 选择"在顶部添加图例"复选框，在图表的上方显示图例，如图 10-38 所示。

21 世纪电脑学校

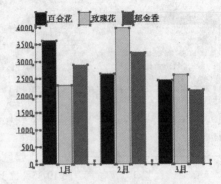

图 10-38　上方显示图例

(4) 选择"第一行在前"复选框，图表数据输入框中第一行的数据代表的图表元素在前，如图 10-39 所示。

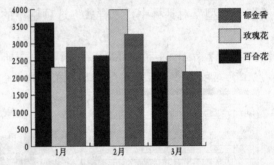

图 10-39　第一行在前

 注意

对于柱形图表、堆积柱形图表、条形图表和堆积条形图表，只有"列宽"或"群集宽度"大于 100%时才会得到明显效果。

(5) 选择"第一列在前"复选框，图表数据输入框中第一列的数据所代表的图表元素在前，如图 10-40 所示。

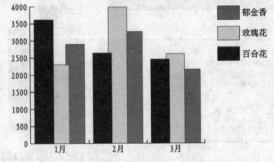

图 10-40　第一列在前

对于柱形图表、堆积柱形图表、条形图表和堆积条形图表，只有"列宽"或"群集宽度"大于100%时才会得到明显效果。

10.4.4　设置图表选项

在"图表类型"对话框中选择不同的图表类型，其选项组中包含的选项各不相同。只有面积图图表没有附加选项可供选择。

【练习 10-8】在 Illustrator 中，对选中的图表设置图表选项。

(1) 选择【练习 10-7】中的图表，在工具箱中双击图表工具，打开"图表类型"对话框。单击"堆积柱形图"工具按钮，将图表类型更改为堆积柱形图，如图 10-41 所示。

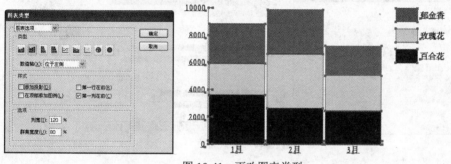

图 10-41　更改图表类型

(2) 在"图表类型"对话框中设置"列宽"为100%，"群集宽度"为80%，即可改变图表效果，如图 10-42 所示。

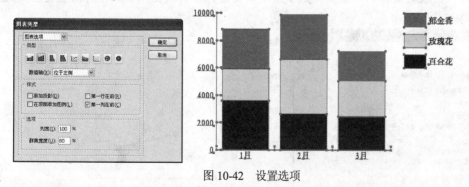

图 10-42　设置选项

- "列宽"选项：该选项用于定义图表中矩形条的宽度。
- "群集宽度"选项：该选项用于定义一组中所有矩形条的总宽度。所谓"群集"就是指与图表数据输入框中一行数据向对应的一组矩形条。

(3) 在"图表类型"的"类型"选项组中单击选择"条形图"按钮，将图表类型更改为"条形图"，如图 10-43 所示。

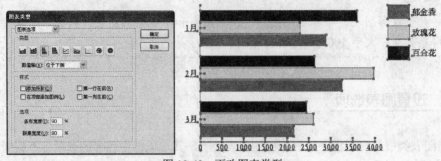

图 10-43　更改图表类型

(4) 在"选项"选项组中设置"条形列宽"为 90%，"群集宽度"为 40%，即可改变图表效果，如图 10-44 所示。

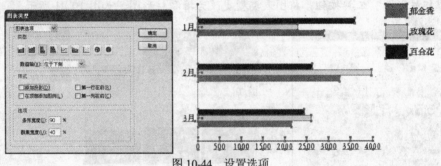

图 10-44　设置选项

- "条形宽度"选项：该选项用于定义图表中矩形横条的宽度。
- "群集宽度"选项：该选项用于定义一组中所有矩形横条的总宽度。

(5) 在"图表类型"的"类型"选项组中单击选择"折线图"按钮，将图表类型更改为折线图，如图 10-45 所示。

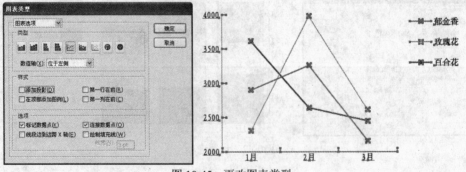

图 10-45　更改图表类型

(6) 在"选项"选项组中，选择"标记数据点"选项、"连接数据点"选项、"线段边到边跨 X 轴"选项和"绘制填充线"选项，并设置"线宽"为 5pt，即可改变图表效果，如图 10-46 所示。

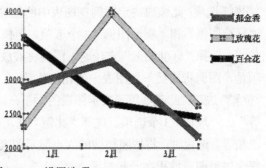

图 10-46 设置选项

- "标记数据点"选项：选择此选项，将在每个数据点处绘制一个标记点。
- "连接数据点"选项：选择此选项，将在数据点之间绘制一条折线，以更直观地显示数据。
- "线段边到边跨 X 轴"选项：选择此选项，连接数据点的折线将贯穿水平坐标轴。
- "绘制填充线"选项：选择此选项，将会用不同颜色的闭合路径代替图表中的折线。

(7) 在"图表类型"的"类型"选项区中，单击选择"饼图"按钮，将图表类型更改为饼图，如图 10-47 所示。

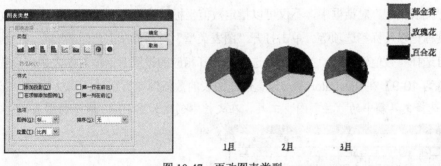

图 10-47 更改图表类型

(8) 在"图例"下拉列表中选择"楔形图例"选项，在"位置"下拉列表中选择"相等"选项，在"排序"下拉列表中选择"第一个"选项，得到的效果如图 10-48 所示。

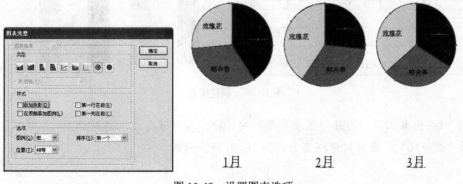

图 10-48 设置图表选项

- "图例"选项：此选项决定图例在图表中的位置，其右侧的下拉列表中包含"无图例"、"标准图例"和"楔形图例"3 个选项。选择"无图例"选项时，图例在图表中将被省略，选择"标准图例"选项时，图例将被放置在图表的外围；选择"楔形图例"选项是，图例将被插入到图表中的相应位置。

- "位置"选项：此选项用于决定图表的大小，其右侧的下拉列表中包括"比例"、"相等"、"堆积"3 个选项。选择"比例"选项时，将按照比例显示图表的大小；选择"相等"选项时，将按照相同的大小显示图表；选择"堆积"选项时，将按照比例把每个饼形图表堆积在一起显示。

- "排序"选项：此选项决定了图表元素的排列顺序，其右侧的下拉列表中包括"全部"、"第一个"和"无"3 个选项。选择"全部"选项时，图表元素将被按照从大到小的顺序顺时针排列；选择"第一个"选项时，会将最大的图表元素放置在顺时针方向的第一位，其他的按输入的顺序顺时针排列；选择"无"选项时，所有的图表元素按照输入顺序顺时针排列。

10.4.5 数值轴和类别轴

在"图表类型"对话框中，不仅可以指定数值坐标轴的位置，还可以重新设置数值坐标轴的刻度标记以及标签选项等。单击打开"图表类型"对话框左上角的 图表选项 下拉列表，即可选择"数值轴"和"类别轴"选项，打开相应的设置对话框对图表进行设置。

【练习 10-9】在 Illustrator 中，设置创建图表的数值轴和类别轴。

(1) 选择工具箱中的"柱形图"工具，在文档中创建如图 10-49 所示的图表。

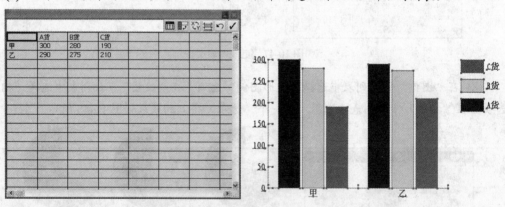

图 10-49　创建图表

(2) 双击图表工具，打开"图表类型"对话框。在对话框左上角 图表选项 下拉列表中选择"数值轴"，此时对话框变为如图 10-50 所示形态。

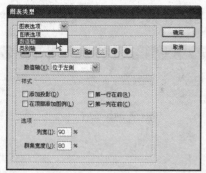

图 10-50 选择"数值轴"

(3) 在"刻度值"选项组中可以对数值坐标轴的刻度进行重新设置。选择"忽略计算出的值"选项后，便可以对其下的选项进行设置。"最小值"选项表示原点数值，"最大值"选项表示坐标轴最大的刻度值，"刻度"选项表示最大值与最小值之间分成几部分。

(4) "刻度线"选项组中的参数用来控制刻度标记的长度。在"长度"下拉列表中有"无"、"短"和"全宽"3 个选项。"无"选项表示不使用刻度标记，"短"选项表示使用短刻度标记，"全宽"选项表示刻度线贯穿图表。"绘制"文本框用来设置在相邻两个刻度之间刻度标记的条数。在"刻度线"选项组中设置"长度"为"全宽"，"绘制"为 0，如图 10-51 所示。

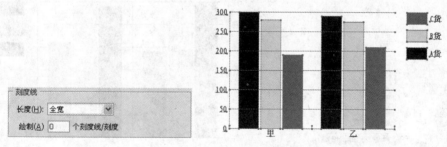

图 10-51 设置"刻度线"

(5) 在"添加标签"选项组中可以为数值坐标轴上的数值添加前缀和后缀。在"前缀"文本框中可以输入添加的前缀内容，在"后缀"文本框中可以输入添加的后缀内容。在"后缀"文本框中输入"件"，得到的效果如图 10-52 所示。

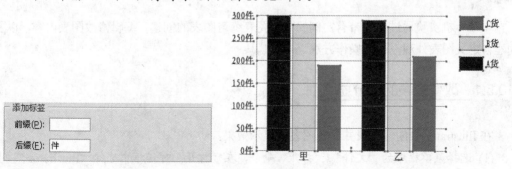

图 10-52 添加后缀

(6) 在对话框左上角 图表选项 ▼ 下拉列表中选择"类别轴",此时对话框变为如图 10-53 所示。

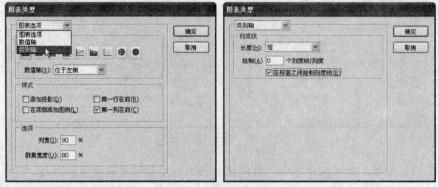

图 10-53　选择"类别轴"

(7) 在"刻度线"选项组中可以控制类别刻度标记的长度。在"长度"下拉列表中有"无"、"短"、"全宽" 3 个选项。"无"选项表示不使用刻度标记,"短"选项表示使用短刻度标记,"全宽"选项表示刻度线贯穿整个图表。"绘制"选项右侧文本框中的数值决定在两个相邻类别刻度之间刻度标记的条数。在"刻度线"选项组中,设置"长度"为"全宽","绘制"为 0,选择"在标签之间绘制刻度线"复选框,得到的效果如图 10-54 所示。

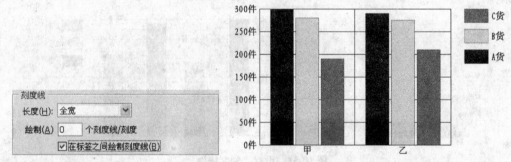

图 10-54　设置"刻度线"

10.5　上机实验

本章上机实验通过创建带有实例的花样图表练习图表的创建、编辑修改图表内容,以及创建自定义图表外观设计等操作方法。

10.5.1　改变图表的部分显示

在 Illustrator 中创建图表并改变图表的显示效果。

(1) 选择菜单栏中的"文件"|"打开"命令,在"打开"对话框中选择"Illustrator 实例"文件夹下的"105-1"图形文档,单击"打开"按钮打开文档,如图 10-55 所示。

图 10-55 打开图形文档

(2) 使用工具箱中的"选择"工具选中铅笔图形，并将将其拖动到"色板"面板中创建图案色板，如图 10-56 所示。

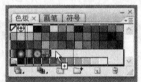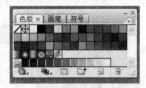

图 10-56 创建图案色板

(3) 使用步骤(2)的方法，分别选中文件夹图形和铁夹图形，并创建图案色板，如图 10-57 所示。

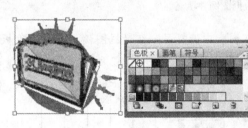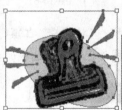

图 10-57 创建图案色板

(4) 选择工具箱中的"条形图"工具，在数据输入框中输入数值，创建图表，如图 10-58 所示。

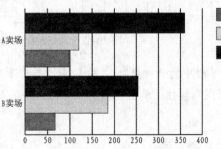

图 10-58 创建图表

(5) 选择工具箱中的"直接选择"工具，选择图表中的一组数据图例，如图 10-59 所示。

(6) 在"色板"面板中单击选择铁夹图案色板，为选中的数据图例填充图案，如图 10-60 所示。

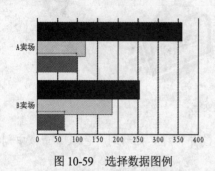

图 10-59　选择数据图例　　　　　　　　图 10-60　填充图案

(7) 选择工具箱中的"直接选择"工具，在图表中选择另一组数据图例。并在"色板"面板中单击选择文件夹图案色板，为选中的数据图例填充，如图 10-61 所示。

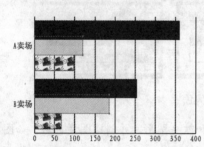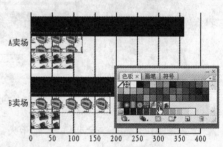

图 10-61　选择数据图例并填充

(8) 选择工具箱中的"直接选择"工具，在图表中选择另一组数据图例。并在"色板"面板中单击选择文件夹图案色板，为选中的数据图例填充，如图 10-62 所示。

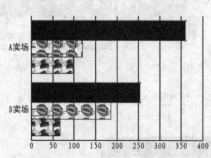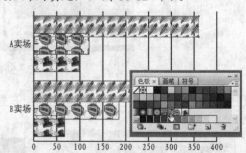

图 10-62　选择数据图例并填充

(9) 选择菜单栏中的"对象"|"图表"|"类型"命令，在打开的"图表类型"对话框中选择单击"柱形图"按钮，单击"确定"按钮，将图表类型更改为柱形图，如图 10-63 所示。

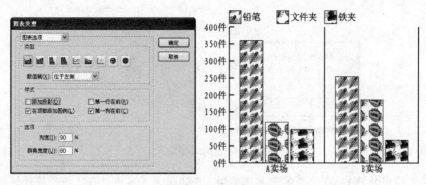

图 10-63　更改图表类型

(10) 使用"直接选择"工具选择图表中需要修改的文本，选择"窗口"|"文字"|"字符"命令，打开"字符"面板，设置字体为"隶书"，得到的效果如图 10-64 所示。

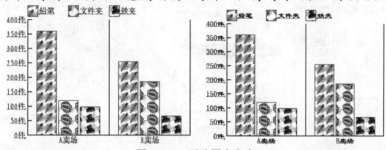

图 10-64　更改图表文字

(11) 使用"直接选择"工具选中图表中的刻度线，然后在"描边"面板中设置粗细为 1pt，选中"虚线"复选框，设置虚线为 6pt，间隙也为 6pt，得到的效果如图 10-65 所示。

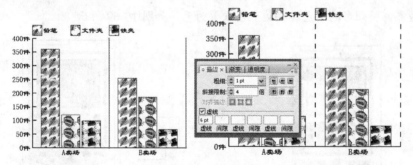

图 10-65　设置刻度线

10.5.2　定义图表设计

在 Illustrator 中自定义图表设计，并使用自定义图表设计创建数据图表。

(1) 选择菜单栏中的"窗口"|"符号库"|"通讯"命令，打开"通讯"符号库面板。在"通讯"面板中将 PDA 图案拖动到文档中，如图 10-66 所示。

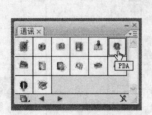

图 10-66　创建符号

(2) 在文档中的 PDA 符号图案上单击右键，在弹出的菜单中选择"断开符号链接"命令，将符号变为独立图形，如图 10-67 所示。

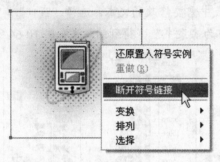
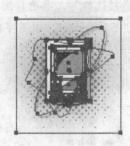

图 10-67　断开符号链接

(3) 使用"直接选择"工具选中图案中的背景图案，并按 Delete 键删除，如图 10-68 所示。

(4) 在工具箱中选择"矩形"工具，在页面中绘制一个比图案稍大一些的矩形，作为图表设计的边界，将矩形的填色和描边颜色设置为无，如图 10-69 所示。

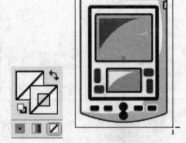

图 10-68　删除背景　　　　　　　　　　图 10-69　绘制矩形

(5) 使用"选择"工具选中全部图形，然后选择菜单栏中的"对象"|"图表"|"设计"命令，在弹出的"图表设计"对话框中单击"新建设计"按钮，此时的"图表设计"对话框如图 10-70 所示。

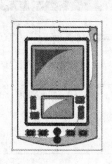

图 10-70 "图表设计"对话框

(6) 单击"图表设计"对话框中的"重命名"按钮，弹出"重命名"对话框，在"名称"文本框中输入当前选择设计的名称 PDA，单击"确定"按钮即可更改设计名称，如图 10-71 所示。在"图表设计"对话框中单击"确定"按钮即可将创建的设计保存。

图 10-71 重命名图表设计

(7) 选择工具箱中的"柱形图"工具，在输入数据图表框中输入数据，创建图表，如图 10-72 所示。

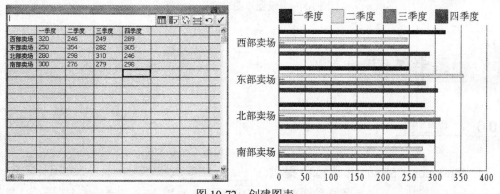

图 10-72 创建图表

(8) 使用"选择"工具选择需要设计的图表，选择菜单栏中的"对象"|"图表"|"柱形图"命令，打开"图表列"对话框，如图 10-73 所示。

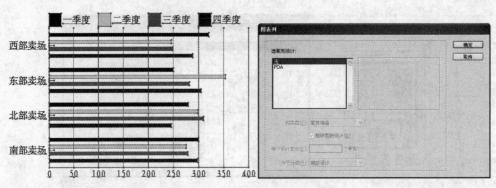

图 10-73　打开"图表列"对话框

(9) 在对话框的"选取列设计"选项列表框中选择新建的设计类型 PDA，在"列类型"选项中设置设计图标中的显示形态，包括"垂直缩放"、"一致缩放"、"重复堆叠"和"局部缩放" 4 个选项，这里选择"重复堆叠"。在"每个设计表示"文本框中输入数值 20，表示每个设计所代表的图表数据的单位。"对于分数"选项中包括"截断设计"和"缩放设计"两个选项。"截断设计"选项表示不足一个设计时由设计的一部分来表示。"缩放设计"选项表示不足一个设计时由设计垂直缩小表示，选择"截断设计"。单击"确定"按钮即可使用自定义图表设计变更图表。如图 10-74 所示。

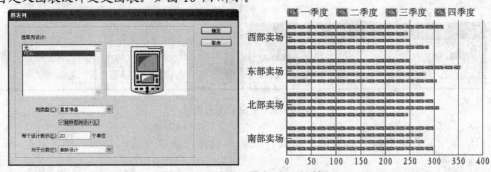

图 10-74　设置"图表列"对话框

10.6　思考练习

10.6.1　填空题

1. Illustrator CS3 的工具箱中提供了 _____ 、 _____ 、 _____ 、 _____ 、 _____ 等 9 种图表工具。(请写出 5 种以上)。

2. 柱形图用于 _____ 的数值比较，而堆积柱形图用于 _____ 的数值比较。

3. 柱形图是通过 _____ 与 _____ 成比例的垂直矩形，表示一组或多组数据之间的相互关系。

4. 折线图是将＿＿＿＿＿＿的数据以＿＿＿＿＿＿在图表中表示，再通过线段将其连接在一起。

10.6.2　选择题

1. 打开"图表数据"对话框后，在显示的初始状态中会有一个(　　)数值显示在第 1 行和第 1 列的单元格中。

  A. 1.00   B. 2.00

  C. 0.00   D. 3.00

2. 在"图表数据"对话框中，"转换 X/Y"按钮只能在制作(　　)时使用。

  A. 雷达图   B. 折线图

  C. 面积图   D. 散点图

3. 要制作出重叠效果的柱形，可以通过在"图表类型"对话框中将"列宽"文本框或"群集宽度"文本框的百分比设置为大于(　　)的参数，再选中"第一列在前"复选框即可。

  A. 45%   B. 100%

  C. 50%   D. 150%

4. 在 Illustrator CS3 中，用户只需在"图表类型"对话框的(　　)选项组中，选中"在顶部添加图例"复选框，再单击"确定"按钮，即可在图表上方显示图例。

  A. "类型"   B. "选项"

  C. "样式"   D. "数值"

10.6.3　操作题

1. 创建一个柱形图图表并改变数据图例颜色，如图 10-75 所示。

2. 创建柱形图图表并自定义图表设计，如图 10-76 所示。

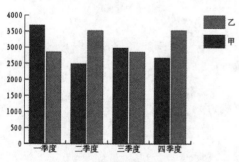

图 10-75　创建柱形图表

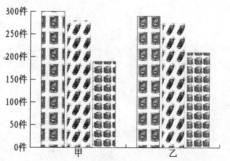

图 10-76　定义图表设计

滤镜与效果

本章导读

Illustrator CS3 中的"滤镜"和"效果"菜单栏提供了多种矢量类滤镜和位图类滤镜。其中位图类滤镜包含了 Photoshop 中的大部分滤镜。Illustrator CS3 中的这些滤镜和效果，不但使用方便，而且其使用范围广泛，几乎可以模拟和制作摄影、印刷与数字图像中的多种特殊效果。合理使用 Illustrator CS3 中的滤镜和效果，可以制作出绚丽多彩的画面效果。

重点和难点

- 滤镜与效果的区别
- "滤镜"菜单的使用
- "效果"菜单的使用

11.1 滤镜与效果的区别

在 Illustrator 中有两类可以对矢量图形与位图图像进行特殊处理的命令，即"滤镜"和"效果"菜单下的级联命令。虽然从菜单上看，两个菜单下的命令非常相似，尤其是在位图处理部分，两类菜单下的命令完全一样，但两者之间区有本质的区别。

"滤镜"菜单下的命令是直接对操作对象的本身进行操作的。如果使用"滤镜"菜单下的命令对选择的图像进行操作，则该图像直接发生变化。当对此操作进行保存并关闭文件，再次打开后无法还原原来的对象。如果使用"效果"菜单下的命令对图像进行操作，则该对象本身并不发生变化，只是该对象的外观发生了变化。当对此操作进行保存并关闭文件，再次打开后，原对象还可以恢复，即在"外观"控制面板中将相应的操作删除即可。

当同一图形文档分别执行"滤镜"和"效果"菜单下的同一命令后，其"外观"控制面板的形态如图 11-1 所示。

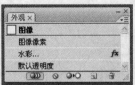

图 11-1 使用"滤镜"和"效果"时的"外观面板"

　　从图中可以看出，图像分别执行了"滤镜"和"效果"菜单下的命令后，执行"效果"命令的"外观"面板中多了一步操作，如果将此步骤删除，图像即还原为原来的形态。

11.2　滤镜菜单

　　选择菜单栏中的"滤镜"命令，打开"滤镜"菜单。菜单下的前两个默认命令分别为"应用上一个滤镜"和"上次所用滤镜"命令。当执行任意滤镜命令后，这两个命令将显示该滤镜名称。此时如选择"应用上一个滤镜"命令，系统将对选择的图像直接进行应用上一次滤镜设置。选择"上次所用滤镜"命令，系统将弹出上次所用滤镜对话框，此时可以根据当前的需要对其参数进行重新设置。这两个命令可以连续执行多个相同的滤镜命令，大大提高了工作效率。

　　"滤镜"菜单下还有两类菜单组，一类是 Photoshop 滤镜，另一类是 Illustrator 滤镜。Photoshop 滤镜为位图滤镜，可以应用到位图对象上，但无法应用到矢量对象或黑白位图对象。Illustrator 滤镜为矢量滤镜，主要应用于矢量图形，只有部分命令可以应用到位图对象。

11.2.1　使用"创建"滤镜组

　　在"滤镜"菜单的"创建"滤镜组中包括"对象马赛克"和"裁剪标记"两个命令。使用"创建"滤镜组命令可以为对象创建马赛克效果、增加裁减标记。

　　【练习 11-1】在 Illustrator 中置入图像文档，并对置入的文档应用"创建"滤镜组中的滤镜。

　　(1) 选择菜单栏中的"文件" | "置入"命令，在打开的"置入"对话框中选择"Illustrator 实例"文件夹下的"11-1JPEG"图像文档，并单击"置入"按钮将其置入到文档中，如图 11-2 所示。

图 11-2　置入图像

（2）使用"选择"工具选中置入的图像，然后选择"滤镜"|"创建"|"对象马赛克"命令，打开"对象马赛克"对话框。在对话框中设置"拼贴间距"的宽度、高度均为 1mm，"拼贴数量"宽度为 20 、高度为 14，选中"删除栅格"复选框，如图 11-3 所示，单击"确定"按钮应用设置，得到的效果如图 11-4 所示。

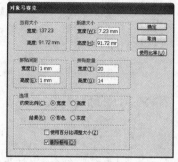

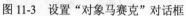

图 11-3　设置"对象马赛克"对话框

提示

"约束比例"选项用于锁定原始位图图像的宽度和高度尺寸。"结果"选项用于指定马赛克拼贴是彩色的还是黑白的。选择"使用百分比调整大小"复选框，可以通过调整宽度和高度的百分比来更改图像大小。选择"删除栅格"复选框，可以删除原始位图图像。"使用比率"按钮可以利用"拼贴数量"中指定的拼贴数，使拼贴呈方形。

（3）选择菜单栏中的"滤镜"|"创建"|"裁剪标记"命令，为马赛克图像添加裁减标记，如图 11-5 所示。

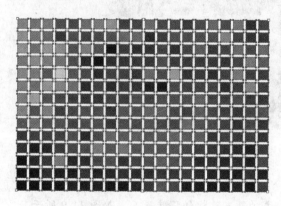

图 11-4　马赛克效果

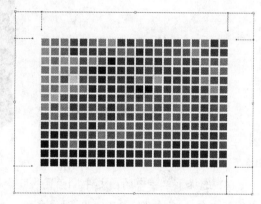

图 11-5　添加裁减标记

11.2.2　使用"扭曲"滤镜组

在"滤镜"菜单的"扭曲"滤镜组中包括"扭拧"、"扭转"、"收缩和膨胀"、"波纹效果"、"粗糙化"和"自由扭曲"命令。通过"扭曲"滤镜组中的命令，可以为对象制作各种扭曲效果。

【练习 11-2】在 Illustrator 中，对绘制的图形、文字进行扭曲操作。

（1）在"颜色"面板中，设置填色为无，描边为黑色，然后使用工具箱中的"矩形"工具，拖动绘制一个矩形。

(2) 选择菜单栏中的"滤镜"|"扭曲"|"粗糙化"命令，打开"粗糙化"对话框。在对话框中设置大小为 5%，细节为 10/英寸，pt 选项为"平滑"，单击"确定"按钮关闭对话框，得到的效果如图 11-6 所示。

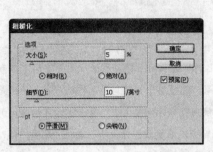
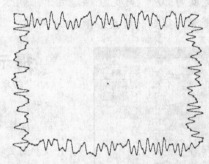

图 11-6　设置粗糙化

(3) 选择菜单栏中的"窗口"|"画笔库"|"艺术效果"|"艺术效果_画笔"命令，打开"艺术效果_画笔"面板。在面板中单击"画笔-宽"画笔样式更改图形描边样式，如图 11-7 所示。

图 11-7　应用画笔样式

(4) 选择菜单栏中的"文件"|"置入"命令，在打开的"置入"对话框中选择"Illustrator 实例"文件夹下的"11-2JPEG"图像文档，单击"置入"按钮将其置入，如图 11-8 所示。

图 11-8　置入图像文档

(5) 在置入的图像文档上单击右键，在弹出的菜单中选择"排列"|"置于底层"命令，将图像文档放置在最底层，如图 11-9 所示。

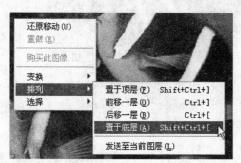

图 11-9　排列图层

(6) 使用工具箱中的"选择"工具，在文档中选中步骤(3)中制作的外框，在"颜色"面板中设置描边颜色为 R=236、G=199、B=28，如图 11-10 所示。

图 11-10　设置描边颜色

(7) 在"颜色"面板中设置填色为黑色，描边为无，然后选择工具箱中的"矩形"工具在文档中拖动绘制矩形，如图 11-11 左图所示。选择菜单栏中的"窗口"|"变换"命令，在打开的"变换"面板中设置旋转角度为 15°，旋转绘制的矩形，如图 11-11 所示。

图 11-11　绘制矩形并旋转

(8) 选择菜单栏中的"滤镜"|"扭曲"|"扭转"命令，在打开的"扭转"对话框中设置角度为 10°，单击"确定"按钮，即可扭转对象，如图 11-12 所示。

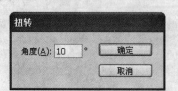

图 11-12 扭转对象

(9) 选择工具箱中的"文字"工具，在文档中输入如图 11-13 左图所示文字，并选择菜单栏中的"文字" | "创建轮廓"命令，将文字转换为图形，如图 11-13 所示。

图 11-13 输入文字并创建轮廓

(10) 选择菜单栏中的"滤镜" | "扭曲" | "自由扭曲"命令，打开"自由扭曲"对话框，在中间的预览区域中通过调节控制点位置，改变图形扭曲效果，如图 11-14 所示。

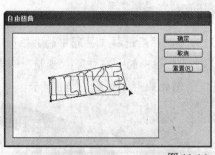 

图 11-14 使用自由扭曲

11.2.3 使用"风格化"滤镜组

在"滤镜"菜单的"风格化"滤镜组中包括"圆角"、"投影"和"添加箭头"命令。使用这些命令，可为选定的对象制作圆角、添加投影和箭头等效果。

【练习 11-3】在 Illustrator 中，使用"风格化"滤镜组滤镜为置入的图像添加效果。

(1) 在"颜色"面板中设置填色为 R=240、G=90、B=40，描边为无，然后选择工具箱中的"矩形"工具在文档中拖动绘制一个矩形，如图 11-15 所示。

(2) 选择菜单栏中的"文件"|"置入"命令，在打开的"置入"对话框中选择"Illustrator 实例"文件夹下的"11-3JPEG"图像文档，单击"置入"按钮将其置入，如图 11-16 所示。

图 11-15 绘制矩形

图 11-16 置入图像

(3) 使用工具箱中的"选择"工具选择绘制的矩形，接着选择菜单栏中的"滤镜"|"风格化"|"圆角"命令，在打开的"圆角"对话框中设置半径为 5mm，单击"确定"按钮对矩形应用圆角滤镜，如图 11-17 所示。

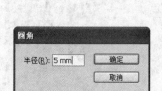

图 11-17 应用圆角

(4) 接着选择菜单栏中的"滤镜"|"风格化"|"投影"命令，在打开的"投影"对话框中设置"模式"为正常，不透明度为 50%，X、Y 位移为 2.47mm，"模糊"为 1.76mm，选择"颜色"单选按钮，选择"创建单独阴影"复选框，单击"确定"按钮即可为圆角矩形添加阴影效果，如图 11-18 所示。

图 11-18 添加阴影

(5) 选择工具箱中的"铅笔"工具，在文档中绘制如图 11-19 所示的路径。

(6) 接着选择菜单栏中的"滤镜"|"风格化"|"添加箭头"命令，打开"添加箭头"对话框，在对话框中按如图 11-20 所示进行设置。

图 11-19　绘制路径

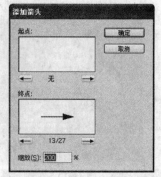
图 11-20　设置"添加箭头"对话框

(7) 设置完成后，单击"确定"按钮即可为绘制的路径添加箭头，如图 11-21 左图所示。选择工具箱中的"文字"工具，在文档中输入文字，得到的效果如图 11-21 所示。

图 11-21　完成效果

11.2.4　使用位图滤镜

"滤镜"菜单下的位图滤镜包括了滤镜库以及"像素化"、"扭曲"、"模糊"、"画笔描边"、"素描"、"纹理"、"艺术效果"、"视频"、"锐化"和"风格化"10 个滤镜组。在滤镜库命令中包含了常用的 6 个滤镜组，其用法与 Photoshop 中的滤镜使用方法一致。

【练习 11-4】在 Illustrator 中，使用"滤镜"菜单下的位图滤镜为图像添加趣味效果。

(1) 选择菜单栏中的"文件"|"置入"命令，在打开的"置入"对话框中选择"Illustrator 实例"文件夹下的"11-4JPEG"图像文档，单击"置入"按钮将其置入，如图 11-22 所示。

图 11-22　置入图像

(2) 选择菜单栏中的"滤镜" | "纹理" | "壁画"命令，在打开的"壁画"滤镜对话框中设置"画笔大小"为 1，"画笔细节"为 10，"纹理"为 3，单击"确定"按钮应用效果，如图 11-23 所示。

图 11-23　应用"壁画"滤镜

(3) 选择工具箱中的"钢笔"工具，在文档中沿猫咪的外形绘制如图 11-24 左图所示的路径。然后使用"选择"工具，按 Shift 键单击图像和绘制的路径，并单击右键，在弹出的菜单中选择"建立剪切蒙版"命令，创建剪切蒙版，如图 11-24 所示。

图 11-24　建立剪切蒙版

(4) 选择菜单栏中的"文件"|"置入"命令，在打开的"置入"对话框中选择"Illustrator 实例"文件夹下的"11-4(1)JPEG"图像文档，单击"确定"按钮将其置入，如图 11-25 所示。

图 11-25　置入图像文档

(5) 选择菜单栏中的"滤镜"|"艺术效果"|"绘画涂抹"命令，在打开的"绘画涂抹"对话框中设置"画笔大小"为 10，"锐化程度"为 9，"画笔类型"为"简单"，单击"确定"按钮应用绘画涂抹效果，如图 11-26 所示。

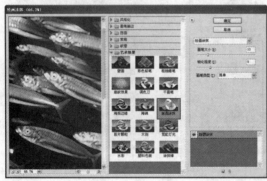

图 11-26　应用"绘画涂抹"滤镜

(6) 选择工具箱中的"选择"工具，选中鱼群图像，并单击右键，在弹出的菜单中选择"排列"|"置于底层"命令，将鱼群图像放置底层，如图 11-27 所示。

(7) 接着选择工具箱中的"钢笔"工具在文档中绘制如图 11-28 所示的图形对象。

图 11-27　排列图层　　　　　　　　　　　图 11-28　绘制图形对象

(8) 使用"选择"工具选中步骤(7)中绘制的图形对象，在"路径查找器"面板中单击"与形状区域相加"按钮，然后单击"扩展"按钮，将图形对象结合成复合路径，如图 11-29 所示。

图 11-29　与形状区域相加

(9) 使用"选择"工具在文档中按 Shift 键选中步骤(8)中的复合路径以及鱼群图像，单击右键，在弹出的菜单中选择"建立剪切蒙版"命令，创建剪切蒙版，如图 11-30 所示。

图 11-30　创建剪切蒙版

(10) 使用"直接选择"工具直接单击鱼群图像将其选中。然后使用"选择"工具调整图像的大小以及位置，如图 11-31 所示。

图 11-31　编辑内容

(11) 使用"选择"工具选中剪切蒙版对象，在"颜色"面板中设置描边颜色为 R=243、G=236、B=60，在"描边"面板中设置"粗细"为 8pt。然后单击右键，在弹出的菜单中选择"排列"|"置于底层"命令，将蒙版对象放置在最底层，得到的效果如图 11-32 所示。

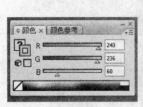

图 11-32　设置描边

(12)　在"颜色"面板中设置填色和描边均为 R=23、G=28、B=97，在"字符"面板中设置字体为"方正黄草简体"，大小为 60pt，字符间距为-25，然后选择工具箱中的"文字"工具输入文字，如图 11-33 所示。

图 11-33　输入文字

11.3　效果菜单

使用"效果"菜单下的命令后，用户可以继续使用"外观"面板随时修改效果选项或删除该效果。选择一种效果应用于对象后，在"外观"面板中便会列出该效果，通过"外观"面板，用户可以对该效果进行编辑、移动、复制、删除等操作，或将其存储为图形样式的一部分。

11.3.1　使用变形效果

使用"效果"菜单下的"变形"效果组中的命令可以对选择的对象进行各种弯曲效果设置。选择"变形"菜单下的任一命令，都会打开"变形选项"对话框，其中的选项除了"样式”不同外，其余的命令完全相同。

【练习 11-5】在 Illustrator 中，对置入的图像应用变形效果。

(1) 选择菜单栏中的“文件”|“置入”命令，在打开的“置入”对话框中选择“Illustrator 实例”文件夹下的“11-5JPEG”图像文档，单击“确定”按钮将其置入，如图 11-34 所示。

图 11-34　置入文档

(2) 选择菜单栏中的“效果”|“变形”|“弧形”命令，在打开的“变形选项”对话框中选择“水平”单选按钮，弯曲为 27%，单击“确定”按钮对图像应用弧形变形，如图 11-35 所示。

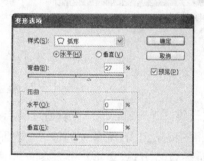 

图 11-35　应用“弧形”效果

11.3.2　使用 SVG 滤镜

SVG 是将图像描述为形状、路径、文本和滤镜效果的矢量格式。选择“效果”|“SVG 滤镜”命令可以打开一组效果，选择“应用 SVG 滤镜”效果，即可打开“应用 SVG 滤镜”对话框，在对话框的列表框中可以选择所需要的滤镜效果。

【练习 11-6】在 Illustrator 中，对置入的图像文档应用 SVG 滤镜效果。

(1) 选择菜单栏中的“文件”|“置入”命令，在打开的“置入”对话框中选择“Illustrator 实例”文件夹下的“11-6JPEG”图像文档，单击“确定”按钮将其置入，如图 11-36 所示。

图 11-36　置入图像

(2) 选择菜单栏中的"效果" | "SVG 滤镜" | "应用 SVG 滤镜"命令,在打开的"应用 SVG 滤镜"对话框的效果列表中选择"AI_膨胀_6"效果,单击"确定"按钮即可对图像应用 SVG 滤镜,如图 11-37 所示。

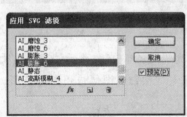

图 11-37　应用 SVG 滤镜效果

11.3.3　使用 3D 滤镜

Illustrator 中的 3D 效果可以从二维(2D)图稿创建三维(3D)对象。用户可以通过高光、阴影、旋转及其他属性来控制 3D 对象的外观,还可以将图稿贴到 3D 对象中的每一个表面上。

【练习 11-7】在 Illustrator 中,创建 3D 对象并对创建的 3D 对象进行编辑修改。

(1) 在"字符"面板中,设置字体为"汉仪综艺体简",字体大小为 600pt,字符间距为 0,然后选择工具箱中的"文字"工具在文档中输入文字,如图 11-38 所示。

图 11-38　输入文字

(2) 选择菜单栏中的"效果"|"3D"|"凸出和斜角"命令，打开"3D 凸出和斜角选项"对话框。在对话框中设置"凸出厚度"为 100pt，斜角为"经典"，高度为 4pt，表面为"线框"，单击"确定"按钮应用设置，如图 11-39 所示。

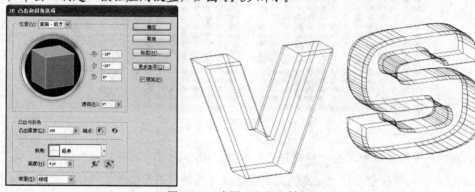

图 11-39　应用"凸出和斜角"

(3) 单击"色板"面板中的"RGB 黄色"色样，然后选择工具箱中的"矩形"工具创建一个正方形。接着单击"色样"面板中的"R=41 G=171 B=226"的蓝色色样，选择工具箱中的"椭圆"工具，按 Shift+Alt 键在矩形左上角单击拖动绘制圆形。如图 11-40 所示。

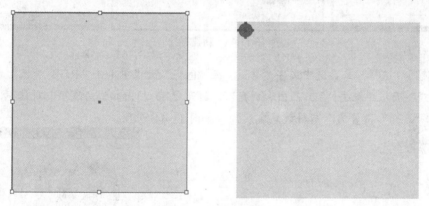

图 11-40　绘制圆形

(4) 使用"选择"工具单击选中绘制的圆形，按 Ctrl+Shift+Alt 键拖动并复制圆形。然后按 Ctrl+D 键重复拖动复制圆形的操作，得到的效果如图 11-41 所示。

图 11-41　复制图形

(5) 使用步骤(4)的方法将圆形按如图 11-42 所示排列在矩形中，并使用"选择"工具选中全部图形。

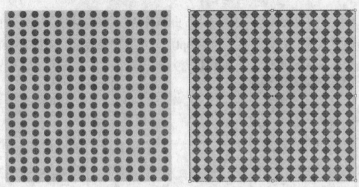

图 11-42　排列图形并选中

(6) 在"符号"面板中单击"新建符号"按钮 ，打开"符号选项"对话框，在"名称"文本框中输入新符号名称"圆点"，类型选项中选择"图形"单选按钮，单击"确定"按钮关闭对话框，添加"圆点"符号，如图 11-43 所示。

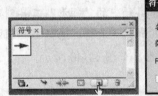  

图 11-43　新建符号

(7) 使用"选择"工具选中文字"V"，在"色板"面板中单击"RGB 黄色"色样。然后在"外观"面板中双击"3D 凸出和斜角"，打开"3D 凸出和斜角选项"对话框，并在对话框中将"表面"设置为"塑料效果底纹"，如图 11-44 所示。

图 11-44　打开"3D 凸出和斜角选项"对话框

(8) 在对话框中单击"贴图"按钮，打开"贴图"对话框。在"贴图"对话框中，通过"表面"选项框旁的三角箭头选择需要贴图的表面，选中的表面以红色线框显示，如图 11-45 所示。

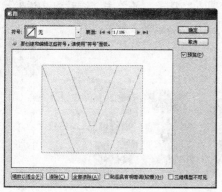

图 11-45　选中表面

(9) 在 "符号" 下拉列表中选择先前制作的 "圆点" 符号，并单击 "缩放以合适" 按钮，选择 "贴图具有明暗调(较慢)" 复选框，单击 "确定" 按钮即可得到如图 11-46 所示效果。

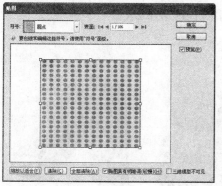
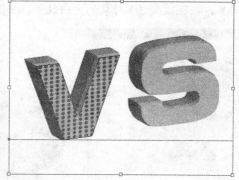

图 11-46　贴图

(10) 使用 "选择" 工具选中文字 "S"，使用前面的方法在 "贴图" 对话框中，通过 "表面" 选项框旁的三角箭头选择需要贴图的表面，选中的表面以红色线框显示，如图 11-47 所示。

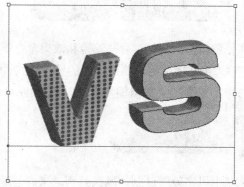

图 11-47　选择表面

(11) 在"符号"下拉列表中选择先前制作的"圆点"符号，并单击"缩放以合适"按钮，选择"贴图具有明暗调(较慢)"复选框，即可得到如图 11-48 所示效果。

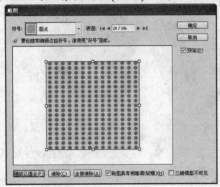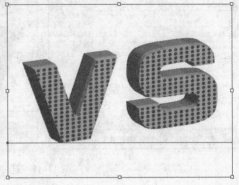

图 11-48　贴图

(12) 贴图完成后，单击"确定"按钮返回"3D 凸出和斜角选项"对话框。在预览区中旋转 3D 对象，即可改变 3D 对象的方向效果，如图 11-49 所示。

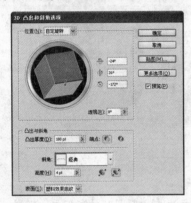

图 11-49　旋转 3D 对象

11.4　改变颜色模式

在处理位图图像时，有些滤镜和效果命令不能够支持 CMYK 颜色模式的文档，所以在使用这些滤镜和效果前，要对文档的颜色模式进行转换。如果要转换文档颜色模式，在菜单栏中选择"文件"|"文档颜色模式"|RGB 或 CMYK 命令即可转换。

11.5　上机实验

本章上机实验通过制作风景月历，来练习滤镜和效果命令的操作与应用方法。

(1) 选择菜单栏中的"文件"|"新建"命令，在打开的"新建文档"对话框中设置文件名称为 115，大小为 A4，取向为横向，如图 11-50 所示，单击"确定"按钮创建新文档。

(2) 选择菜单栏中的"文件"|"置入"命令，在打开的"置入"对话框中选择"Illustrator 实例"文件夹下的"115JPEG"图像文档，单击"确定"按钮将其置入，如图 11-51 所示。

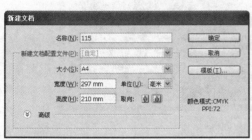

图 11-50 新建文档　　　　　　　　　　图 11-51 置入图像

(3) 选择菜单栏中的"滤镜"|"艺术效果"|"干画笔"命令，打开"干笔画"对话框，在对话框中设置"画笔大小"为 1，"画笔细节"为 8，"纹理"为 3，单击"确定"按钮应用设置，如图 11-52 所示。

图 11-52 应用"干画笔"滤镜

(4) 在"颜色"面板中，设置填色为白色，描边为无，然后选择工具箱中的"矩形"工具，在图像文档上绘制如图 11-53 所示的两个矩形。

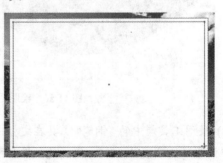

图 11-53 绘制矩形

(5) 使用"选择"工具选中绘制的两个矩形,在"路径查找器"面板中单击"形状区域相减"按钮,然后单击"扩展"按钮,得到的效果如图 11-54 所示。

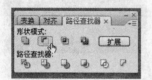

图 11-54　与形状区域相减

(6) 使用工具箱中的"钢笔"工具在文档中绘制如图 11-55 左图所示图形,并在"透明度"面板中设置不透明度为 30%,得到的效果如图 11-55 右图所示。

图 11-55　绘制图形并设置不透明度

(7) 使用工具箱中的"钢笔"工具在文档中绘制如图 11-56 左图所示图形,并在"透明度"面板中设置不透明度为 55%,得到的效果如图 11-56 右图所示。

图 11-56　绘制图形并设置不透明度

(8) 使用工具箱中的"钢笔"工具在文档中绘制如图 11-57 左图所示图形,并在"透明度"面板中设置不透明度为 25%,得到的效果如图 11-57 右图所示。

图 11-57　绘制图形并设置不透明度

(9) 使用"选择"工具选中文档中所有的图像图形，然后选择菜单栏中的"对象"|"编组"命令进行编组。然后选择菜单栏中的"效果"|"变形"|"旗形"命令，打开"变形选项"对话框。在对话框中设置弯曲为-4%，单击"确定"按钮应用设置，如图 11-58 所示。

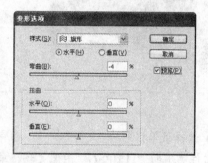

图 11-58　编组并应用变形

(10) 选择工具箱中的"变形"工具 ，在文档中对图像进行如图 11-59 所示的处理。

图 11-59　使用"变形"工具

(11) 选择菜单栏中的"滤镜"|"风格化"|"投影"命令，在打开的"投影"对话框中设置模式为"正常"，不透明度为 50%，X 位移为 7mm，Y 位移为 2.47mm，模糊为 1.76mm，选择"颜色"单选按钮，选择"创建单独阴影"复选框，单击"确定"按钮应用设置，如图 11-60 所示。

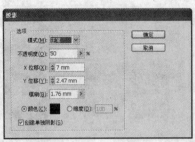

图 11-60　添加投影

(12) 使用"选择"工具框选全部图形对象并旋转对象，得到的效果如图 11-61 所示。

图 11-61　旋转对象

(13) 选择菜单栏中的"文件"|"置入"命令，在打开的"置入"对话框中选择"Illustrator 实例"文件夹下的"115JPEG"图像文档，单击"确定"按钮将其再次置入。然后单击右键，在弹出的菜单中选择"排列"|"置于底层"命令，并将其放大至撑满页面，如图 11-62 左图所示。选择菜单栏中的"滤镜"|"创建"|"对象马赛克"命令，打开"对象马赛克"对话框。在对话框中设置"拼贴间距"宽度、高度为 1mm，拼贴数量宽度为 70，高度为 45，选择"删除网格"复选框，如图 11-62 右图所示。

图 11-62　置入图像并设置"对象马赛克"对话框

(14) 设置完成后，单击"确定"按钮应用设置，并在"透明度"面板中设置不透明度为 15%，然后使用"选择"工具调整图像大小，得到的效果如图 11-63 所示。

图 11-63　应用设置并调整图像

(15) 在"颜色"面板中设置填色为 C=85%、M=50%、Y=0%、K=0%，描边为无。在"字符"面板中设置字体为"方正粗活意简体"，字体大小为 100pt，字符间距为 0，旋转-10°，然后选择"文字"工具在文档中输入"秋天"，如图 11-64 所示。

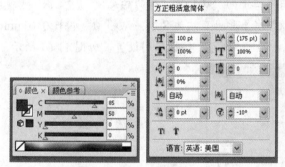

图 11-64　输入文字

(16) 在"字符"面板中设置字体为"方正粗活意简体"，字体大小为 90pt，字符间距为-100，旋转-10°，然后选择"文字"工具在文档中输入"10 月"，如图 11-65 所示。

图 11-65　输入文字

(17) 在"字符"面板中设置字体为"方正粗活意简体",字体大小为 24pt,字符间距为 -200,旋转-10°,然后选择"文字"工具在文档中输入日期,如图 11-66 所示。

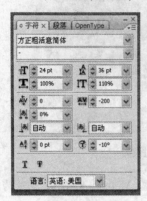

图 11-66　输入文字

(18) 选择"色板"中"C=85、M=50、Y=0、K=0"的蓝色色板,然后使用工具箱中的"椭圆"工具在文档中绘制一个圆形,并选择菜单栏中的"效果"|"扭曲和变换"|"变换"命令,在打开的"变换效果"对话框中设置"缩放"水平和垂直均为80%,"移动"水平为10mm,垂直为0,旋转角度为45°,份数为8份,单击"确定"按钮应用设置,如图 11-67 所示。

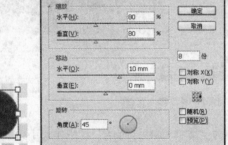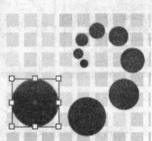

图 11-67　应用"变换"

(19) 接着在"透明度"面板中设置不透明度为60%,得到的效果如图 11-68 所示。

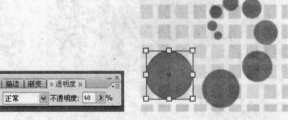

图 11-68　设置不透明度

(20) 选择"色板"中"C=85、M=50、Y=0、K=0"的蓝色色板，然后使用工具箱中的"椭圆"工具在文档中绘制一个圆形，并选择菜单栏中的"效果"|"扭曲和变换"|"变换"命令，在打开的"变换效果"对话框中设置"缩放"水平和垂直均为80%，"移动"水平为16mm，垂直为12mm，旋转角度为45°，份数为8份，选择"对称X"和"对称Y"复选框，单击"确定"按钮应用设置，如图11-69所示。

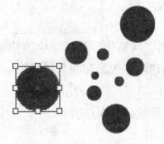

图 11-69 应用"变形"

(21) 再使用工具箱中的"椭圆"工具在文档中绘制一个圆形，并选择菜单栏中的"效果"|"扭曲和变换"|"变换"命令，在打开的"变换效果"对话框中设置"缩放"水平和垂直均为80%，"移动"水平为10mm，垂直为0，旋转角度为45°，份数为8份，选择"对称Y"复选框，单击"确定"按钮应用设置，如图11-70所示。

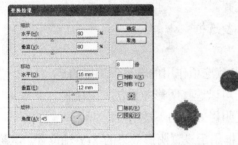

图 11-70 应用"变形"

(22) 使用"选择"工具移动调整步骤(20)和步骤(21)所创建的图形，得到的效果如图11-71所示。

图 11-71 完成效果

11.6 思考练习

11.6.1 填空题

1. "创建" 滤镜组中有_____和_____两个滤镜命令。

2. 通过使用 "风格化" 滤镜组中的滤镜命令, 可以为_____创建箭头效果、为_____创建阴影效果和圆角效果。

3. 通过使用_____滤镜组中的滤镜命令, 能够使图形对象的形状产生各种特效变形效果, 如锯齿形状、漩涡形状等。

11.6.2 选择题

1. 在 "对象马赛克" 对话框中, 要设置水平和垂直方向的拼贴块与原图的长和宽成比例, 应进行以下的( )操作。

    A. 在 "新大小" 选项区域中设置宽度和长度。

    B. 在 "约束比例" 选项区域中选择。

    C. 选中 "使用百分比调整大小" 复选框。

    D. 单击 "使用比率" 按钮。

2. 下列关于 "投影" 对话框中主要参数选项作用的表述不正确的是( )。

    A. 在 "模式" 下拉列表中, 用户可以选择阴影效果的表现模式。

    B. "不透明度" 文本框用于设置阴影效果的不透明度。

    C. "X 偏移" 和 "Y 偏移" 数值框用于设置阴影效果的 X/Y 轴位置, 其数值越大, 阴影效果偏移选择的图形对象越远。

    D. 选中 "颜色" 单选按钮, 将可以设置选择对象的颜色。

3. 下列关于 "扭拧" 对话框中主要参数选项的表述正确的是( )。

    A. "水平" 文本框用于设置 "扭拧" 效果在垂直方向的变化程度, 其参数取值范围为 0~100%。

    B. 如果选中 "锚点" 复选框, 那么将会只对用户所选择的路径节点应用滤镜效果。

    C. 如果选中 " '导入' 控制点" 复选框, 那么将会是向路径外部移动节点。

    D. 如果选中 " '导出' 控制点" 复选框, 那么将会是向路径内部移动节点。

11.6.3 操作题

1. 选择打开的图形对象, 使用 "扭转" 和 "投影" 滤镜效果, 制作如图 11-72 所示的效果。

图 11-72   滤镜效果

2. 对输入的文字使用 3D 滤镜，制作如图 11-73 所示效果。

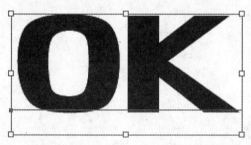
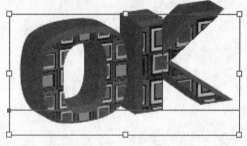

图 11-73   3D 效果

文档的打印与输出

本章导读

在 Illustrator CS3 中，对于创建的文本对象、图形对象和图像对象，用户可以根据不同的需求，设置 Illustrator 中的打印参数选项，以其更加适合的打印方式输出文字、图形或图像。

重点和难点

- 打印基本知识
- 打印参数选项的设置
- 输出

12.1 打印

设置打印输出是图像文件在输出前的一个重要步骤。图像文件能否以最准确的色彩、最清晰的画面以及最佳的打印方式输出，打印输出的参数选项设置起着至关重要的作用。

因此在打印之前，我们应该了解一些相关知识。

1. ICC 配置文件概述

ICC 配置文件是由国际色彩组织(International Color Consortium，简称 ICC)定义的跨程序、跨设备的色彩空间描述标准。不同的硬件设备、操作系统、应用程序都有与之相对应的色彩空间，使用 ICC 配置文件可以在不同的平台、设备之间准确地重现所设置的颜色效果。

Illustrator CS3 通过 Color Management Module (色彩管理模块，简称 CMM)管理所使用的各种 RGB、CMYK 颜色模式的 ICC 配置文件。用户可以选择预设的 ICC 配置文件，也可以自己选择 ICC 配置文件，所有使用的配置文件都是图形文件的一部分。CMM 通过解析 ICC 配置文件，使用户可以自动管理不同颜色模式之间的色彩问题。由此可见，使用 ICC 配置文件可以很方便地管理图形文件的颜色。

要想在 Illustrator CS3 中使用 ICC 配置文件，首先需要设定图形文件的 CMM，常见的 CMM 有以下几种。

- Illustrator CS3 预设的 CMM：在多数情况下这种 CMM 会得到最佳效果。如果不同应用程序之间匹配色彩出现问题，用户可以尝试设置 Illustrator CS3 的 CMM 与该应用程序相同的 CMM。
- Kodak Digital Science Color Management System(柯达数码科技色彩管理系统)：当用户安装了随 Illustrator CS3 提供的 Kodak Photo CD Acquire(从柯达照片光盘中获得)增效工具时，该色彩管理系统将显示在 Illustrator CS3 中供用户选择使用。
- 由操作系统所指定的 CMM：如 Microsoft ICM 2.0 等。
- 操作系统中其他应用程序的 CMM。

2. 使用 ICC 配置文件

每个图形文件都有一个描述其色彩空间的 ICC 配置文件，它们可以是由用户设定的，或是由系统或设备默认设定的。在打印图形之前，用户需要确切地了解该图形文件的 ICC 配置文件的类型和定义方式。在 Illustrator CS3 中，用户可以根据打印时软硬件环境的不同，设定和转换所打印输出的图形文件的 ICC 配置文件。

要想设定图形文件的颜色管理配置文件，可以选择"编辑"|"颜色设置"命令，打开"颜色设置"对话框。在该对话框的"设置"下拉列表框中选择"自定"选项，即可进行自定义设置，如图 12-1 所示。接着在"颜色管理方案"中选择所需的 RGB 或 CMYK 颜色模式的 ICC 配置文件，然后单击"确定"按钮，即可设定图形文件的颜色管理配置文件。

如果要设置图形文件的转换颜色配置文件，也可以选择"编辑"|"颜色设置"命令，打开"颜色设置"对话框。然后在该对话框中的"设置"下拉列表框中选择"自定"选项，选中"高级模式"复选框，即可显示"转换选项"选项组，如图 12-2 所示。这样，就可以在"引擎"和"方法"下拉列表中选择所需的转换颜色配置文件了。设置完成后，单击"确定"按钮，即可转换设定图形文件的颜色配置文件。

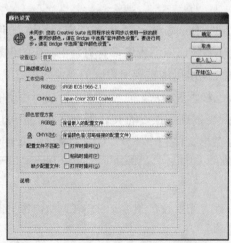

图 12-1　设置图形文件的颜色管理配置文件

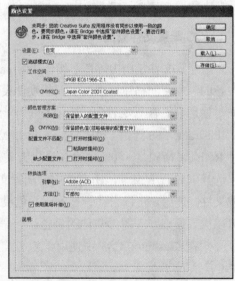

图 12-2　设置图形文件的转换颜色配置文件

3. 校准显示器

如果没有校准显示器的颜色，打印输出的颜色可能会与用户在显示器上见到的颜色有所差别。能否准确地重现程序中的颜色，取决于如何调和显示器颜色集与打印机油墨色域之间的差异。显示器颜色集(或称色域)是由红、绿、蓝荧光粉产生的，而打印机油墨色域是由青、洋红、黄和黑色相互组合产生的。在 Illustrator 中，用户可以使用 Adobe Gamma 程序解决该类问题。

显示器的校准不仅可以消除显示器显示的色偏现象，使显示器的灰色尽可能成为中性色，而且还可以将不同显示器的颜色显示标准化。校准显示器以后，Illustrator 会自动补偿打开的图形文件与显示器显示色彩空间之间的色彩差异。

4. 硬校样

一般在大批量打印输出之前，用户会通过打印校样稿核对图形或图像的颜色是否准确，该操作是批量打印输出中一道必备的操作工序。传统的校样是硬校样，就是通过模拟实际的印刷环境打印纸张校样稿，供用户校对与备份。

硬校样是指通过校准显示器和设置 CMYK 颜色参数后，在打印机上打印 CMYK 颜色模式图形或图像文件的过程。用于校样的文件应该包含用户所使用的 CMYK 颜色组合的色样，并且是直接在 CMYK 颜色模式中创建的。

用户可以通过打印 Illustrator CS3 自带的 CMYK 模式图形文件进行校样，也可以打印自己在其他软件中创建的 CMYK 图形文件。需要注意的是：不要打印通过色彩转换的 CMYK 模式图形文件，最好是打印已存储为 CMYK 颜色模式并且没有嵌入 ICC 配置文件的图形文件。CMYK 颜色模式是 Illustrator CS3 默认的标准打印模式。如果使用 RGB 进行打印校样，将会影响校样的准确性，因为 RGB 颜色模式只是图形图像在 Illustrator CS3 中进行编辑处理的一种标准模式，使用它将无法实现模拟真实打印输出的效果。

如果用户要创建自己的 CMYK 颜色模式校样文件，可以在 Illustrator CS3 中创建一个 CMYK 颜色模式的图形文件，并且在所创建的 CMYK 颜色模式的图形文件中，绘制一组包括以下内容的色块。创建完这些色块后，再在用于校准的彩色打印机上打印该文件，这样就可以实现校样了。

- 4 个色块：分别是 100%的青色块、100%的洋红色块、100%的黄色块和 100%的黑色块。
- 4 个组合色块：分别是洋红和黄各 100%的色块、青和黄各 100%的色块、青和洋红各 100%的色块以及青、洋红和黄各 100%的色块。
- 一组构成 4 色黑色的色块：如含有 60%青、50%洋红、50%黄和 100%黑的色块。

12.1.1　设置打印机属性

一般在打印文件之前，需要对打印机的属性进行设置。只有设置了合适的打印机属性之

后才能获得理想的打印输出效果。选择菜单栏中的"文件"|"打印"命令，打开"打印"对话框，单击该对话框中的"设置"按钮，打开如图 12-3 所示的"打印"对话框设置打印机属性。在"打印"对话框中可以选择打印机、页面范围和打印份数等，还可以通过单击"首选项"按钮打开更加详细的打印机设置选项卡。设置完成后单击"打印"按钮关闭对话框。

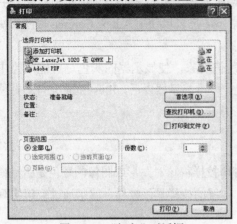

图 12-3　"打印"对话框

提示

　　设置应用程序中的打印机属性，只对当前所要打印的文件有效，而不会对所有文件的打印产生影响。要想使设置的打印机属性对所有文件都有效，可以双击操作系统的"打印机和传真"窗口中的打印机，再选择其窗口左侧"打印机任务"选项组中的"打印机的属性"选项，打开"打印机属性"对话框，进行相关的参数设置。

12.1.2　设置选项参数区域

1."常规"选项设置区域

在"打印"对话框的"设置选项类型"列表框中，用户可以选择不同的选项，设置与之相关的参数选项。

在该对话框的"设置选项类型"列表框中选择"常规"选项，即可在对话框中显示"常规"选项设置区域，如图 12-4 所示。默认情况下，选择"文件"|"打印"命令后，打开的"打印"对话框就显示为"常规"选项设置区域。

"常规"选项设置区域的主要参数选项作用如下。

- "份数"文本框：该文本框用于设置要打印输出的文件份数。
- "拼版"复选框：选中该复选框，可以在打印多页文件时，在一个页面中打印多个页面内容。
- "逆页序打印"复选框：选中该复选框，可以在打印多页文件时，按所设置的打印输出文件页序的逆向顺序打印。
- "大小"下拉列表框：该下拉列表框用于设置要打印输出的页面尺寸。
- "宽度"和"高度"文本框：当用户在"大小"下拉列表框中选择"自定义"选项时，该文本框为可编辑状态。用户可以在这两个文本框中自由设置所需打印输出的页面尺寸大小。

- "取向"选项：该选项用于设置打印输出的页面方向。用户只需单击相应的方向按钮即可。

- "打印图层"下拉列表框：在该下拉列表框中，用户可以选择打印图层的类型，有"可见图层和可打印图层"、"可见图层"和"所有图层"3 个选项。

- "不要缩放"单选按钮：选择该单选按钮，可以按打印对象在页面中的原有比例进行打印。

- "调整到页面大小"单选按钮：选择该单选按钮，会将打印对象缩放至适合页面的最大比例进行打印。

- "自定缩放"单选按钮：选择该单选按钮，可以自定义打印对象在页面中的比例大小。

2. "设置"选项设置区

在"打印"对话框的"设置选项类型"列表框中选择"设置"选项，即可在对话框中显示"设置"选项设置区域，如图 12-5 所示。该选项设置区域用于设置打印对象在页面中的打印位置和状态。

"设置"选项设置区域的主要参数选项作用如下。

- "将图稿裁剪到"下拉列表框：在该下拉列表框中，用户可以选择"画板"、"图稿定界框"或"裁剪区域"选项。

- "位置"选项：用户可以通过在"原点 X"文本框和"原点 Y"文本框中输入数值，确定打印对象在页面中的打印位置。

- "拼贴"下拉列表框：在该下拉列表框中可以选择"单全页"、"拼贴全页"或"拼贴可成像区域"选项。

图 12-4　"常规"选项设置区

图 12-5　"设置"选项设置区

3. "标记和出血"选项设置区

在"打印"对话框的"设置选项类型"列表框中选择"标记和出血"选项，即可在对话框中显示"标记和出血"选项设置区域，如图 12-6 所示。该选项设置区域用于设置打印标记和出血等参数选项。

"标记和出血"选项设置区域的主要参数选项作用如下。

- "所有印刷标记"复选框：选中该复选框，可以在打印的页面中打印所有打印标记。
- "裁切标记"复选框：选中该复选框，可以在打印页面中打印垂直和水平裁切标记。
- "套准标记"复选框：选中该复选框，可以在打印页面中打印用于对准各个分色页面的套准标记。
- "颜色条"复选框：选中该复选框，可以在打印页面中打印用于校正颜色的色彩色样。
- "页面信息"复选框：选中该复选框，可以在打印页面中打印用于描述打印对象页面的信息，如打印的时间、日期、网线等信息。
- "印刷标记类型"下拉列表框：该下拉列表框用于设置打印标记的字体样式，有"西式"和"日文"两种样式。
- "裁切标记粗细"文本框：该文本框用于设置裁切标记线的宽度大小。
- "位移"文本框：该文本框用于设置裁切标记与打印页面之间的距离大小。
- "出血"选项组：该选项组用于设置打印对象所允许裁切时容差范围的大小。其中"顶"、"底"、"左"和"右"文本框中可输入的数值范围为 0～25.4mm。

4."输出"选项区

在"打印"对话框的"设置选项类型"列表框中选择"输出"选项，即可在对话框中显示"输出"选项设置区域，如图 12-7 所示。该选项设置用于设置打印对象在打印时输出的模式、分辨率等参数选项。

"输出"选项设置区域的主要参数选项作用如下。

- "模式"下拉列表框：在该下拉列表框中，用户可以选择打印模式为"复合"、"分色"或"在 RIP 分色"。
- "药膜"下拉列表框：药膜是指胶片或纸张的感光层所在的面。药膜一般分为"向上"和"向下"两种。"向上"是指放置胶片或纸张时其感光层朝上放置，打印出的图形图像和文字可以直接阅读，也就是正读；"向下"是指放置胶片或纸张时其感光层朝下放置，打印出的图形图像和文字不可以直接读阅，而显示为反向，也就是反读。
- "图像"下拉列表框：在该下拉列表框中，用户可以选择"正片"或"负片"两个选项。"正片"的概念如同我们日常生活中所使用的相片的概念，"负片"的概念如同印制相片的底片的概念。
- "打印机分辨率"下拉列表框：在该下拉列表框中，用户可以设置打印输出的网线线数和分辨率。网线线数和分辨率越大，打印出的画面效果就越清晰，但是打印的速度也就越慢。如果用户打印的是位图图像，那么设置时应参考图像本身的分辨率大小进行设置，否则打印输出后会导致图像打印不清楚。

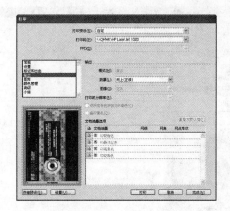

图 12-6　"标记和出血"　　　　　　　图 12-7　"输出"

5."图形"选项设置区

在"打印"对话框的"设置选项类型"列表框中选择"图形"选项，即可在对话框中显示"图形"选项设置区域，如图 12-8 所示。该选项设置区域用于设置打印对象的路径形态、字体等元素，在打印输出效果时的参数选项。

"图形"选项设置区域的主要参数选项作用如下。

- "路径"选项组：该选项组用于设置打印对象中路径形态的打印输出质量。当打印对象中的路径为曲线时，如果用户设置偏向"品质"，会使路径线条具有平滑的过渡；如果用户设置偏向"速度"，则会使路径线条变得粗糙。

- "下载"下拉列表框：在该下拉列表框中，用户可以选择"无"、"子集"或"全部"选项。

- PostScript 下拉列表框：该下拉列表框用于设置 PostScript 格式的图形、字体的输出兼容性水平，有 Language Level 2 和 Language Level 3 等选项供用户选择。

- "数据格式"下拉列表框：该下拉列表框用于设置数据的输出格式。

6."颜色管理"选项设置区

在"打印"对话框的"设置选项类型"列表框中选择"颜色管理"选项，即可在对话框中显示"颜色管理"选项设置区域，如图 12-9 所示。该选项设置区域用于设置打印对象在打印输出时的颜色配置文件等参数选项。

"颜色管理"选项设置区域的主要参数选项作用如下。

- "颜色处理"下拉列表框：该下拉列表框用于设置使用颜色处理的对象。

- "打印机配置文件"下拉列表框：该下拉列表框用于设置打印机和将使用的纸张类型的配置文件。

- "渲染方法"下拉列表框：该下拉列表框用于设置颜色管理系统中，处理色彩空间之间的颜色转换的类型。用户选择的渲染方法取决于颜色在图像中的重要性，以及用户对图像总体色彩外观的喜好。

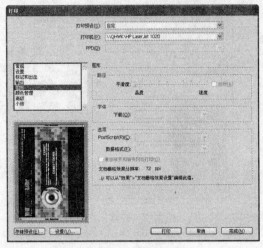

图 12-8 "图形"

图 12-9 "颜色管理"

7. "高级"选项设置区

在"打印"对话框的"设置选项类型"列表框中选择"高级"选项，即可在对话框中显示"高级"选项设置区域，如图 12-10 所示。该选项设置区域用于设置打印对象在打印输出时叠印方面的参数选项。

"高级"选项设置区域的主要参数选项作用如下。

- "打印成位图"复选框：选中该复选框，可以将当前的打印对象作为位图图像进行打印输出。

- "叠印"下拉列表框：在该下拉列表框中，用户可以选择所使用的叠印方式，有"放弃"、"保持"和"模拟"3 种方式供用户选择。

- "预设"下拉列表框：在该下拉列表框中，用户可以选择"高分辨率"、"中分辨率"或"低分辨率"方式进行打印输出。

8. "小结"选项设置区

在"打印"对话框的"设置选项类型"列表框中选择"小结"选项，即可在对话框中显示"小结"选项设置区域，如图 12-11 所示。该选项设置区域用于显示打印对象所设置的打印参数选项的信息。

"小结"选项设置区域的主要参数选项作用如下。

- "选项"选项组：该选项组内显示的是"打印"对话框中用户设置的参数选项信息。用户可以通过查看此选项了解设置的参数选项。

- "警告"选项组：该选项组，用于显示用户在"打印"对话框中所设置的参数选项会导致问题和冲突出现的设置信息的提示。

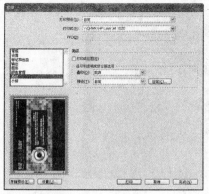
图 12-10　"高级"

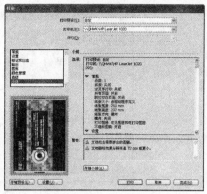
图 12-11　"小结"

提示

在打印之前，使用"打印"对话框的"小结"面板查看输出设置，然后根据需要调整，可以更好地完善打印设置。

12.2　陷印

在从分色版印刷的颜色互相重叠或相连处，印刷套准出现问题就会导致最终输出上各颜色之间存在间隙。要补偿图稿中各颜色之间的潜在间隙，印刷时在两相邻颜色之间创建一个小重叠区域，称之为陷印。可用独立的专用陷印程序自动创建陷印，也可以用 Illustrator 手动创建陷印。

陷印有两种：一种是外扩陷印，其中较浅色的对象重叠较深色的背景，看起来像是扩展到背景中；另一种是内缩陷印，其中较浅色的背景重叠陷入背景中的较深色的对象，看起来像是挤压或缩小该对象，如图 12-12 所示。

图 12-12　陷印

【练习 12-1】在 Illustrator 中对选定的对象进行陷印设定。

(1) 选择菜单栏中的"文件"|"打开"命令，在"打开"对话框中选择"Illustrator 实例"文件夹下的"12-1"图形文档，单击"打开"按钮将其打开，如图 12-13 所示。

图 12-13　打开图形文档

(2) 选择菜单栏中的"窗口"|"路径查找器"命令，打开"路径查找器"面板。

(3) 单击"路径查找器"面板右上角的小三角按钮，在打开的菜单中选择"陷印"命令，打开"路径查找器陷印"对话框。在对话框中设置"粗细"为 0.25pt，"高度/宽度"为 100%，"色调减淡"为 40%，选择"反向陷印"复选框，如图 12-14 所示，单击"确定"按钮即可完成陷印设置。

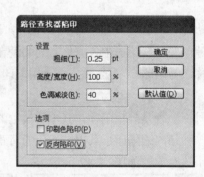

图 12-14　设置陷印

- 粗细：指描边的宽度，数值的范围为 0.01~5000pt 之间。
- 高度/宽度：用来指定水平或垂直陷印的比例。
- 色调减淡：可以改变陷印的色调，该数值将减少被陷印的较亮颜色的值，较暗颜色的值将保持为 100%。
- 印刷色陷印：如果需要将转色陷印转换为等值的印刷色，则可以选中该项。
- 反向陷印：选中此项可以把较暗的颜色陷印到较亮的颜色中。

12.3　输出

利用"导出"命令可以将 Illustrator 中的文件输出为其他格式，并可在相应的程序中使用。

【练习 12-2】在 Illustrator 中，对打开的图形文档输出为其他文件格式文档。

(1) 选择菜单栏中的"文件"|"打开"命令，在"打开"对话框中选择"Illustrator 实例"文件夹下的"12-2"图形文档，单击"打开"按钮将其打开，如图 12-15 所示。

(2) 选择菜单栏中的"文件"|"导出"命令，打开"导出"对话框，如图 12-16 所示。

图 12-15　打开文档　　　　　图 12-16　打开"导出"对话框

(3) 在对话框中单击"创建新文件夹"按钮，新建一个文件夹，用于放置输出文件，如图 12-17 所示。

图 12-17　创建新文件夹

(4) 在"文件名"列表框中重命名输出文件，在"保存类型"下拉列表中选择所需的文件格式，如图 12-18 所示。

(5) 单击"保存"按钮，将会根据所选择文件格式打开相应的对话框来设置输出选项，如图 12-19 所示，设置完成后单击"确定"按钮即可输出文件。

图 12-18　设置文件名与文件格式　　　　图 12-19　JPEG 选项

12.4 上机实验

本章的上机实验主要练习在 Windows 操作系统中安装打印机和校准显示器的操作方法。其中校准显示器是练习的重点。

12.4.1 安装打印机

目前的市场上，桌面打印机按照打印原理可分为针式打印机、喷墨打印机和激光打印机 3 种。其中针式打印机不太适合打印图像，用户打印图像时主要使用喷墨打印机和激光打印机。下面就以 HP 打印机为例，练习如何在 Windows 中安装打印机。

(1) 选择"开始"菜单的"设置"|"打印机和传真"命令，即可打开"打印机和传真"窗口。

(2) 在"打印机和传真"窗口中，双击"添加打印机"图标，打开"添加打印机向导"对话框，如图 12-20 所示。

(3) 单击"下一步"按钮，在打开的对话框中选择安装本地打印机或是网络打印机，如图 12-21 所示。如果要安装本地打印机，需要先确保已将打印机连接到计算机的打印口(一般是 LPT1 口)上，然后选择"连接到此计算机的本地打印机"单选按钮。如果要安装网络打印机，则需要选择"网络打印机或连接到其他计算机的打印机"单选按钮。

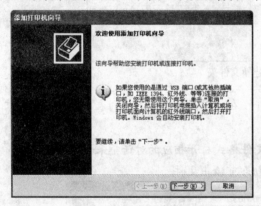
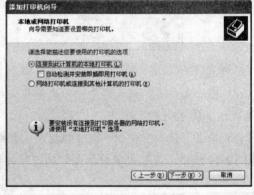

图 12-20 "添加打印机向导"对话框   图 12-21 "本地或网络打印机"对话框

(4) 这里选择安装本地打印机，单击"下一步"按钮，打开向导的"选择打印机端口"对话框，如图 12-22 所示。因为大多数计算机使用 LPT1 端口与本地打印机通信，所以在此选择"LPT1: 打印机端口"。

(5) 继续单击"下一步"按钮，在打开的"安装打印机软件"对话框中选择打印机的厂商和打印机型号。

(6) 在"厂商"列表中选择本地打印机的生产厂商，在"打印机"列表中选择打印机的型号，如图 12-23 所示。一般情况下，每个打印机都带有驱动程序，如果用户手中持有打印机的原始驱动程序，在这里可以单击"从磁盘安装"按钮，打开"从磁盘安装"对话框，从磁盘安装打印机。

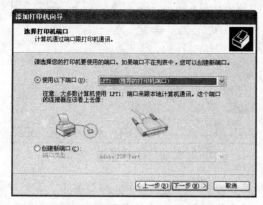

图 12-22　"选择打印机端口"对话框

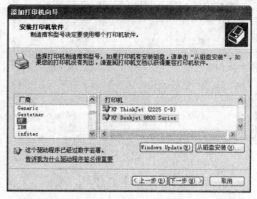

图 12-23　"安装打印机软件"对话框

（7）在"从磁盘安装"对话框中的"厂商文件复制来源"下拉列表中选择装有打印机驱动程序的磁盘，也可以通过单击"浏览"按钮打开"查找文件"对话框，搜索驱动程序所在的位置。选择后，单击"确定"按钮，所选中的打印机名称及其型号将显示在"打印机"列表框中，如图 12-24 所示。

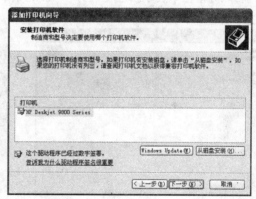

图 12-24　安装驱动

（8）单击"下一步"按钮，打开向导的"命名打印机"对话框，如图 12-25 所示。在"打印机名"文本框中显示的是通过磁盘安装的打印机名称，如果有需要还可以更改此名称。在此对话框中还可以设置"是否希望将这台打印机设置为默认打印机？"选项组，如果不希望将其设置为系统默认的打印机，选中"否"单选按钮即可。

（9）选择完成后，单击"下一步"按钮，打开向导的"打印机共享"对话框，如图 12-26 所示。选中"共享名"单选按钮，并在其右侧的文本框中输入这台打印机在网络中的共享名称，即可将已安装的打印机设置为共享打印机，这样其他的用户也可以通过局域网使用这台打印机进行打印操作。

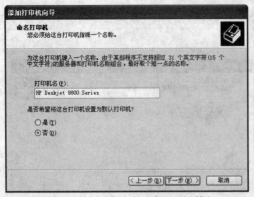

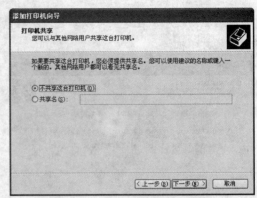

图 12-25 "命名打印机"对话框   图 12-26 "打印机共享"对话框

(10) 如果不需要共享打印机，选中"不共享这台打印机"单选按钮，然后单击"下一步"按钮，系统打开向导如图 12-27 所示的"打印测试页"对话框，选择是否打印一张测试页，以确认该打印机是否已经安装成功。

(11) 单击"是"按钮，打印机将打印出一张测试页以供用户确认是否打印正常。如果测试页不正常或者不能正确打印，则需要重新安装打印机驱动程序。

(12) 单击"下一步"按钮，打开向导的"正在完成添加打印机向导"对话框，如图 12-28 所示。在此对话框中显示出已安装打印机的名称、型号、端口等内容，如果对某些设置不满意，还可以通过单击"上一步"按钮，返回到相应的对话框中重新进行设置。

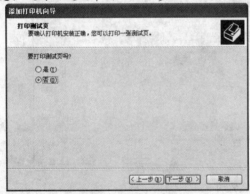

图 12-27 "打印测试页"   图 12-28 "正在完成添加打印机向导"对话框

(13) 单击"完成"按钮，即可从指定的驱动器中复制所需的文件。已安装的打印机图标稍后即会出现在"打印机和传真"窗口中。

12.4.2 校准显示器

Adobe Gamma 程序是校准显示器的标准工具，它能够准确地校准显示器的对比度、亮度、灰度系数(中间色调)、色彩平衡和白场等。下面就练习使用 Adobe Gamma 程序校准显示器的颜色。

(1) 为了保证显示器显示的稳定性，需要将显示器打开至少半小时，再设定室内使用照明的强弱。

(2) 为了防止显示器的桌面背景色干扰用户对颜色视觉的辨别，需要将显示器显示的桌面背景色调整为灰色，并取消桌面图案的显示。

(3) 在"控制面板"中双击 Adobe Gamma 图标，启动该程序，打开如图 12-29 所示的 Adobe Gamma 对话框。在该对话框中选择"逐步(精灵)"单选按钮，这样就可以根据向导一步步地对显示器进行校准设置了。

(4) 单击 Adobe Gamma 对话框中的"下一步"按钮，打开如图 12-30 所示的"Adobe Gamma 设定精灵"对话框。在该对话框中，如果用户单击"加载中"按钮，可以在打开的"打开屏幕描述文件"对话框中选择与当前显示器最相符的 ICC 配置文件，并以此作为校准显示器的基准。

图 12-29　使用 Adobe Gamma 向导

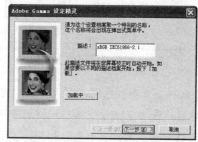

图 12-30　选择要使用的 ICC 配置文件

(5) 选定了要使用的 ICC 配置文件之后，单击"Adobe Gamma 设定精灵"对话框中的"下一步"按钮，这时将打开如图 12-31 所示的对话框。该对话框用于校准显示器的亮度和对比度。调整显示器本身的亮度和对比度控件，使对话框的预览框中交错的灰色方块尽可能的暗(但不为黑)。

(6) 显示器的亮度和对比度设置完成后，单击"下一步"按钮，打开如图 12-32 所示的对话框。在该对话框的"萤光剂"下拉列表框中，选择当前用户使用的显示器类型。如果没有列出所需显示器的类型，可以选择"自定"选项，然后在"自定萤光剂"对话框中设置显示器的制造商、指定显示器的红、绿和蓝数值，再单击"确定"按钮，即可完成显示器类型的设置。

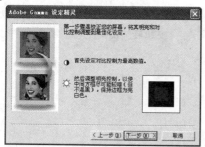

图 12-31　校准显示器的亮度和对比度

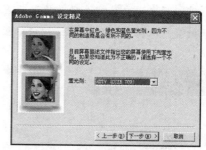

图 12-32　选择显示器的类型

(7) 设置完显示器的类型之后，单击"下一步"按钮，打开如图 12-33 所示的对话框，该对话框用于灰度系数的设置。如果选中"仅检视单一伽玛"复选框，将可以调整显示器整体的灰度系数。用户可以通过拖动灰度预览框下方的滑块，使预览框中的中心方框消失在周围颜色中，即可完成调整。如果不选中该复选框，那么将可以分别调整基于红、蓝和绿颜色的灰度系数。用户可按照调整整体灰度系数相同的方法进行操作。

(8) 灰度系数设置完成后，单击"下一步"按钮，打开如图 12-34 所示的对话框。在该对话框中，按显示器制造商的说明要求选择显示器的显示色温。该项设置将决定用户所使用的显示颜色是暖色还是冷色。

图 12-33　校准显示器的灰度系数

图 12-34　选择硬件色温对话框

(9) 选择了正确的色温之后，单击"测量中"按钮，将显示校准效果供用户参考。对校准效果满意后单击"下一步"按钮，将打开系统显示色温调整对话框，如图 12-35 所示。如果要使系统色温与显示器的显示色温相同，在"已调整的最亮点"下拉列表框中选择"如同硬件"选项即可；如果不想一致，可以在"已调整的最亮点"下拉列表框中选择所需的显示色温。

图 12-35　系统显示色温调整对话框

> **提示** Gamma 是一种基于软件方式的颜色校准工具，它生成的显示器 ICC 配置文件可以使色彩的应用更加准确。很多专业的设备都提供了基于硬件特征的色彩校准工具，使用它们可以生成更加精确的 ICC 配置文件。

(10) 完成系统显示色温调整设置后，单击"下一步"按钮，进入显示器校准的最后一个步骤。在这一步中用户只需选择是将显示器的还原至校准之前的显示效果，还是应用校准之后的显示效果。选择相应的单选按钮后，单击"完成"按钮即可保存 ICC 配置文件设置。

12.5　思考练习

12.5.1　填空题

1. ICC 配置文件是由国际色彩组织定义的＿＿＿＿＿＿描述标准。
2. Illustrator CS3 是通过＿＿＿＿＿＿管理所使用的各种 RGB、CMYK 颜色模式的 ICC

配置文件。

3. 显示器的校准不仅可以消除显示器显示的_____现象，使显示器的灰色尽可能成为_____色，而且还可以将不同显示器的颜色显示标准化。

12.5.2 选择题

1. ( )是 Illustrator CS 默认的标准打印模式。
    A. RGB 颜色模式   B. CMYK 颜色模式
    C. HSB 颜色模式   D. Web 安全 RGB 颜色模式

2. 下列不属于打印选项参数的是( )。
    A. "常规"   B. "输出"
    C. "端口"   D. "设置"

3. 下列对"小结"选项设置区叙述不正确的是( )。
    A. 该选项组用于显示打印对象所设置的打印参数选项的信息。
    B. "警告"选项组用于显示用户在"打印"对话框中所设置的参数选项会导致问题和冲突出现的设置信息的提示。
    C. "选项"区域内显示的是"打印"对话框中用户设置的参数选项信息。
    D. 该选项组用于显示打印对象所设置的打印参数选项的信息，并可以对会导致问题和冲突的设置进行修改。

12.5.3 操作题

1. 练习安装用户自定义打印机。
2. 练习校准显示器的操作方法。

综合实例

本章导读

本章主要通过综合应用各种功能制作精美图标、时尚标志、包装设计、可爱插图以及版式设计，来练习图形的绘制、变形、排列组合、渐变混合、图文结合等多种常用的编辑操作方法，帮助用户提高综合应用 Illustrator CS3 的能力。

重点和难点

- 绘制图形
- 渐变网格的应用
- 图形的排列对齐
- 图文结合应用

13.1 制作精致图标

本例通过制作精致图标，练习巩固图形的绘制、变形、填充、编组等操作方法。

(1) 选择菜单栏中的"文件"|"新建"命令，在打开的"新建文档"对话框中设置文件名称为"13-1"，大小为 A4，取向为横向，如图 13-1 所示，单击"确定"按钮关闭对话框，创建新文档。

(2) 选择工具箱中的"圆角矩形"工具，在文档中单击打开"圆角矩形"对话框，在对话框中设置"宽度"为 80mm，"高度"为 60mm，"圆角半径"为 2mm，如图 13-2 所示，单击"确定"按钮关闭对话框，创建圆角矩形。

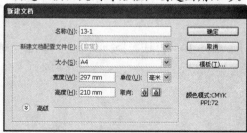

图 13-1　新建文档

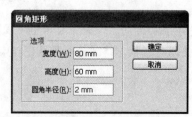

图 13-2　设置"圆角矩形"

中文版 Illustrator CS3 实用教程

(3) 选择工具箱中的"删除锚点"工具 ，在刚创建的圆角矩形下方单击最下方的两侧锚点，如图 13-3 所示。

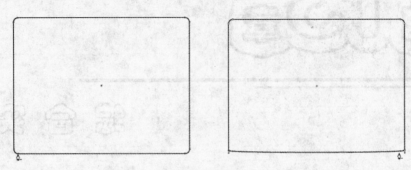

图 13-3　删除锚点

(4) 选择工具箱中的"转换锚点"工具 ，单击下方的锚点转换为角点，如图 13-4 所示。

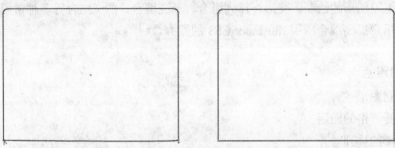

图 13-4　转换为角点

(5) 在图形上单击右键，在弹出的菜单中选择"建立复合路径"命令，将图形转换为复合路径，再单击右键，在弹出菜单中选择"变换"|"倾斜"命令，如图 13-5 所示。

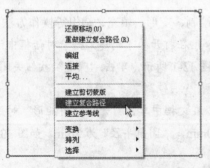

图 13-5　建立复合路径并选择"倾斜"命令

(6) 在打开的"倾斜"对话框中设置倾斜角度为 10°，轴选择"水平"，单击"确定"按钮关闭对话框，得到的效果如图 13-6 所示。

21 世纪电脑学校

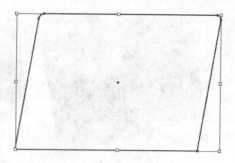

图 13-6　设置水平倾斜

(7) 再在对象上单击右键，在弹出菜单中选择"变换" | "倾斜"命令，在打开的"倾斜"对话框中设置倾斜角度为 15°，轴选择"垂直"，单击"确定"按钮关闭对话框，得到的效果如图 13-7 所示。

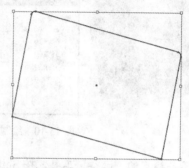

图 13-7　设置垂直倾斜

(8) 对对象进行渐变填充，在"渐变"面板中设置渐变滑块从左到右分别为 R=255、G=255、B=255，R=21、G=146、B=66，R=161、G=195、B=42，类型为线性，并在工具箱中选择"渐变"工具，然后在对象上从右上角向左下角拖动，得到的效果如图 13-8 所示。

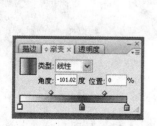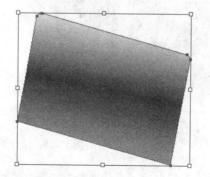

图 13-8　设置渐变

(9) 按 Ctrl+C 键复制步骤(8)中完成的图形对象，按 Ctrl+V 键粘贴对象，并使用"直接选择"工具将粘贴对象上方的锚点进行移动调整，如图 13-9 所示。

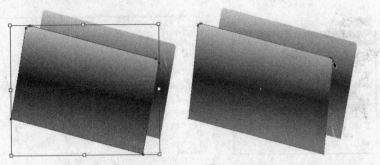

图 13-9　复制对象并调整

(10) 使用"圆角矩形"工具，在文档中拖动绘制一个矩形，并使用步骤(6)至步骤(7)的方法倾斜对象，如图 13-10 所示。

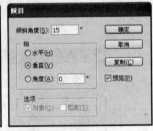

图 13-10　绘制对象并倾斜

(11) 使用工具箱中的"选择"工具，按 Shift 键单击选择步骤(10)绘制的图形和最下层的图形，然后选择菜单栏中的"窗口"|"路径查找器"命令，在打开的"路径查找器"面板中单击"与形状区域相加"按钮，再单击"扩展"按钮，将图形对象结合，如图 13-11 所示。

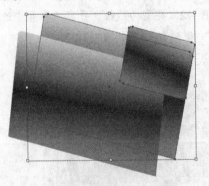

图 13-11　结合图形对象

(12) 使用工具箱中的"直接选择"工具，在步骤(11)完成的图形对象上单击锚点，并移动调整锚点位置，如图 13-12 左图所示。然后单击右键，在弹出的菜单中选择"排列"|"置于底层"命令，将其放置在底层，如图 13-12 右图所示。

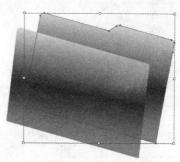

图 13-12 调整图形并排列图形顺序

(13) 使用"选择"工具选中全部图形并复制，如图 13-13 左图所示。然后选择菜单栏中的"窗口"｜"颜色"命令，打开"颜色"面板，在面板中设置填色为 R=15、G=146、B=66，描边为无，将复制的图形对象颜色进行修改，如图 13-13 所示。

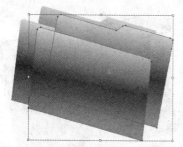

图 13-13 复制图形并更改颜色

(14) 使用"选择"工具分别选中复制的图形，单击右键，在弹出的菜单中选择"排列"命令下的"后移一层"和"置于底层"命令，将图形对象进行排列，如图 13-14 左图所示。然后使用"钢笔"工具，在图形文档中绘制如图 13-14 右图所示图形。

图 13-14 排列图形对象并绘制图形

(15) 使用"选择"工具选中步骤(8)中所完成的图形对象并复制。使用"钢笔"工具在文档中绘制如图 13-15 左图所示图形。并使用"选择"工具选中 3 个图形对象，在"路径查找器"面板中单击"与形状区域相减"按钮 ，再单击"扩展"按钮裁减图形，并在"颜色"面板中将填色设置为白色，得到的效果如图 13-15 右图所示。

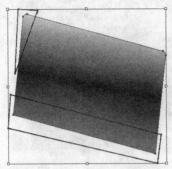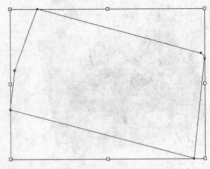

图 13-15　裁减图形并更改颜色

(16) 使用"选择"工具将步骤(15)所创建图形移动到文件夹封面上，并选择"窗口"|"透明度"命令，在打开的"透明度"面板中设置不透明度为 15%，如图 13-16 所示。

(17) 使用步骤(15)至步骤(16)的方法再制作两个透明图形叠放在文件夹封面上，得到的效果如图 13-17 所示。

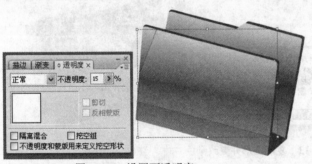

图 13-16　设置不透明度　　　　　　　　　　　　图 13-17　制作透明效果

(18) 使用"选择"工具选中全部图形对象，并单击右键，在弹出的对话框中选择"变换"|"倾斜"命令，在打开的"倾斜"对话框中设置"倾斜角度"为 15°，轴为垂直，单击"确定"按钮即可应用倾斜效果，如图 13-18 所示。

图 13-18　倾斜对象

(19) 使用"选择"工具选中文件夹封面图形对象，选择"对象"|"编组"命令，将其编组。再选中文件夹封底图形对象将其进行编组。然后使用"直接选择"工具选择文件夹上的锚点，对文件夹形态进行调整，如图 13-19 所示。

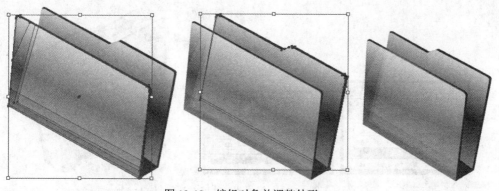

图 13-19　编组对象并调整外形

(20) 使用工具箱中的"矩形"工具，在文档中拖动绘制一个矩形；然后使用"选择"工具旋转对象；接着使用"直接选择"工具单击矩形锚点，调整图形形状，如图 13-20 所示。

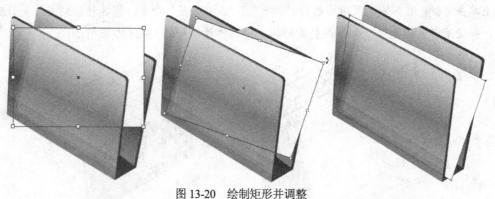

图 13-20　绘制矩形并调整

(21) 复制步骤(20)所绘制的图形对象，并使用"选择"工具将其缩小，然后再将其填充设置为白色到浅灰色的渐变，并选择"渐变"工具在文档中从左下往右上拖动，如图 13-21 所示。

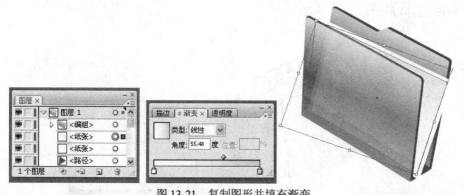

图 13-21　复制图形并填充渐变

(22) 使用"选择"工具选中步骤(20)绘制的图形，复制并将其放置在其下方，然后在"颜色"面板中设置填色为 R=193、G=193、B=193，得到的效果如图 13-22 所示。

图 13-22　复制图形并填充颜色

(23) 使用"选择"工具选中步骤(20)至步骤(22)所绘制的图形，选择"对象"|"编组"命令将其编组，并按 Ctrl+C 键复制，Ctrl+V 键粘贴，如图 13-23 左图所示。在复制的编组对象上单击右键，在弹出的菜单中选择"排列"|"后移一层"命令，将其移动到文件夹封底上方，并使用"直接选择"工具调整其形状，得到的效果如图 13-23 右图所示。

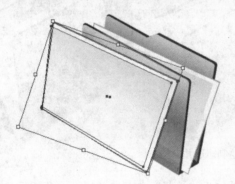 

图 13-23　复制、排列并调整编组对象

(24) 使用"选择"工具选中全部的图形对象，接着选择"对象"|"编组"命令，将对象编组，如图 13-24 所示。

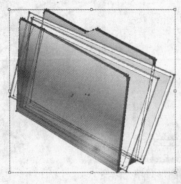 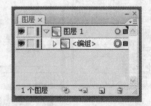

图 13-24　编组

(25) 在"图层"面板中单击"创建新图层"按钮，新建"图层 2"。然后使用工具箱中的"椭圆"工具，拖动绘制如图 13-25 所示图形。

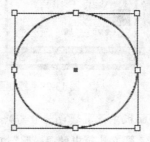

图 13-25　新建图层并绘制图形

(26) 使用"选择"工具选中刚绘制的图形，单击右键，在弹出的菜单中选择"变换" | "缩放"命令，打开"比例缩放"对话框，设置等比缩放为 85%，单击"复制"按钮，缩小并复制图形，如图 13-26 所示。

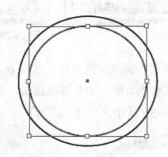

图 13-26　缩小并复制图形

(27) 使用"选择"工具选中两个圆形，然后在"路径查找器"面板中单击"与形状区域相减"按钮，再单击"扩展"按钮裁减图像。接着对图形填充 R=242、G=202、B=31 至 R=244、G=226、B=40 的渐变，并使用"渐变"工具在图形上从左上方向右下方拖动，得到的效果如图 13-27 所示。

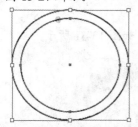
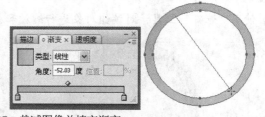

图 13-27　裁减图像并填充渐变

(28) 使用工具箱中的"钢笔"工具绘制图形，并填充如图 13-28 所示的渐变效果。

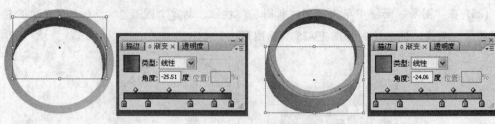

图 13-28　绘制图形并填充渐变

(29) 在 "颜色" 面板中设置填色为 R=79、G=181、B=223，在 "透明度" 面板中设置不透明度为 20%，然后使用工具箱中的 "椭圆" 工具在如图 13-29 所示位置绘制一个椭圆图形。

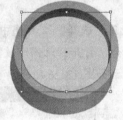

图 13-29　绘制椭圆

(30) 在 "颜色" 面板中设置填色为白色，然后使用 "钢笔" 工具绘制如图 13-30 左图所示图形，接着使用 "选择" 工具框选图层 2 中的所有对象，选择 "对象" | "编组" 命令，进行编组，如图 13-30 所示。

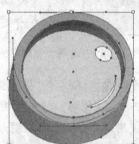
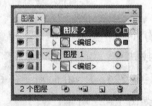

图 13-30　编组对象

(31) 使用 "选择" 工具，对编组对象进行缩放和旋转，如图 13-31 所示。

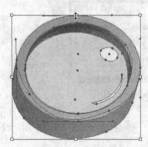

图 13-31　缩放和旋转编组对象

(32) 在"颜色"面板中设置填色为 R=207、G=209、B=214，然后使用"钢笔"工具绘制如图 13-32 中图所示图形。然后使用"选择"工具旋转图形，如图 13-32 右图所示。

图 13-32　绘制图形并旋转

(33) 在"颜色"面板中设置填色为 R=121、G=126、B=128，使用步骤(32)的方法绘制图形，如图 13-33 左图所示。在"颜色"面板中设置填色为 R=35、G=24、B=21，使用步骤(32)的方法绘制图形，如图 13-33 右图所示。

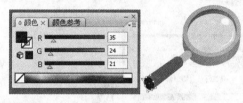

图 13-33　绘制图形

(34) 使用"选择"工具选中放大镜手柄图形，按 Ctrl+C 键复制，按 Ctrl+V 键粘贴，如图 13-34 所示。

图 13-34　复制图形

(35) 使用"选择"工具单击选中手柄最上端图形，将填充设置为浅灰到白到深灰的线性渐变，效果如图 13-35 左图所示。在"透明度"面板中设置不透明度为 10%，得到的效果如图 13-35 右图所示。

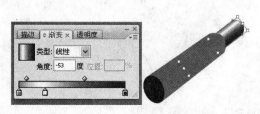

图 13-35　填充渐变并设置不透明度

(36) 使用"选择"工具单击选中手柄下端图形，将填充设置为浅灰到白到深灰的线性渐变，效果如图 13-36 左图所示。在"透明度"面板中设置不透明度为 20%，得到的效果如图 13-36 右图所示。

图 13-36　填充渐变并设置不透明度

(37) 使用"选择"工具单击选中手柄底端图形，将填充设置为白到深灰的线性渐变，效果如图 13-37 左图所示。在"透明度"面板中设置不透明度为 50%，得到的效果如图 13-37 右图所示。

图 13-37　填充渐变并设置不透明度

(38) 使用"选择"工具选中步骤(35)至步骤(37)中的图形对象，将其放置在放大镜手柄图形上，然后使用"选择"工具选中整个放大镜图形，选择"对象"|"编组"命令将其编组，如图 13-38 所示。

图 13-38　编组对象

(39) 使用"选择"工具单击选中放大镜，将其移动到合适位置释放，即完成精致图标的绘制，如图 13-39 所示。

图 13-39　完成效果

13.2 制作时尚标志

　　本例通过制作时尚标志，来巩固练习图形的创建、变换操作、对齐、渐变填充和混合命令的应用，以及文字效果的创建方法。

　　(1) 选择菜单栏中的"文件"|"新建"命令，在打开的"新建文档"对话框中设置文件名称为"13-2"，大小为A4，取向为横向，单击"确定"按钮创建新文档。

　　(2) 选择工具箱中的"星形"工具，在文档中单击打开"星形"对话框，在对话框中设置"半径1"为70mm，"半径2"为35mm，"角点数"为3，单击"确定"按钮创建三角形，如图13-40所示。

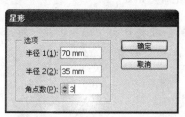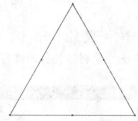

图13-40　创建三角形

　　(3) 选择工具箱中的"椭圆"工具，在文档中单击打开"椭圆"对话框，在对话框中设置"宽度"、"高度"均为70mm，单击"确定"按钮创建圆形，如图13-41所示。

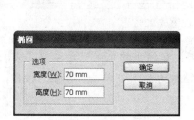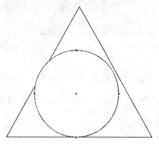

图13-41　创建圆形

　　(4) 使用工具箱中的"选择"工具选中三角形和圆形，然后选择菜单栏中的"窗口"|"对齐"命令，打开"对齐"面板。在打开的面板中单击"水平居中对齐"按钮 和"垂直底对齐"按钮 ，将选中的图形对象对齐，如图13-42所示。

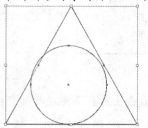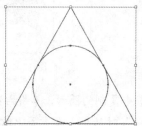

图13-42　对齐对象

(5) 使用工具箱中的"选择"工具单击选中三角形，并单击右键，在弹出的菜单中选择"变换"|"缩放"命令，在打开的"比例缩放"对话框中设置等比缩放为90%，单击"复制"按钮，即可复制三角形，如图 13-43 所示。

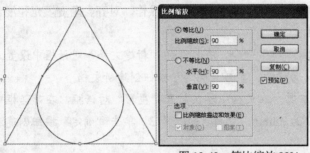
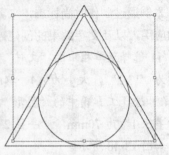

图 13-43　等比缩放 90%

(6) 选择步骤(5)中复制的三角形，单击右键，在打开的"比例缩放"对话框中设置等比缩放为 92%，单击"复制"按钮，即可复制三角形，如图 13-44 所示。

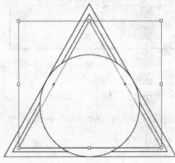

图 13-44　等比缩放 92%

(7) 使用"选择"工具选择圆形，单击右键，在弹出的菜单中选择"变换"|"缩放"命令，在打开的"比例缩放"对话框中设置等比缩放为 90%，单击"复制"按钮，即可复制圆形，如图 13-45 所示。

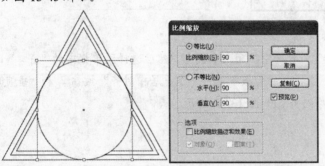

图 13-45　等比缩放 90%

(8) 选择步骤(7)中复制的圆形，单击右键，在弹出的菜单中选择"变换"|"缩放"命令，在打开的"比例缩放"对话框中设置等比缩放为 92%，单击"复制"按钮，即可复制圆形，如图 13-46 所示。

图 13-46　等比缩放 92%

(9) 使用"选择"工具，选择步骤(2)中绘制的三角形，选择菜单栏中的"窗口"|"色板"命令，打开"色板"面板，并在面板中单击选择"线性渐变 1"色板，得到的效果如图 13-47所示。

图 13-47　填充线性渐变

(10) 选择工具箱中的"渐变"工具 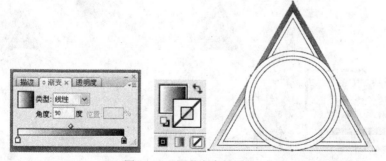，按 Shift 键在三角形上从下往上进行拖动，并在工具箱的颜色控制区中，将描边颜色设置为无，得到的效果如图 13-48 所示。

图 13-48　调整渐变效果

(11) 使用"选择"工具选中步骤(5)中复制的三角形，在工具箱的颜色控制区中，单击"默认填色和描边"按钮恢复默认设置，然后单击"描边"将其设置为无，效果如图 13-49 所示。

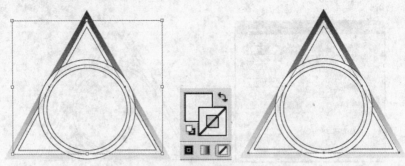

图 13-49　设置填塞和描边

(12) 使用"选择"工具选中步骤(6)中复制的三角形，在"色板"面板中单击"径向渐变2"色板，填充三角形，如图 13-50 所示。

图 13-50　填充渐变

(13) 在"渐变"面板中，删除除深蓝色和紫色的渐变滑块以外的渐变滑块，并按如图 13-51 左图所示进行调整。使用"选择"工具选中所有三角形，选择"对象"|"编组"命令，将三角形进行编组，如图 13-51 右图所示。

图 13-51　调整渐变并编组

(14) 使用"选择"工具选中步骤(3)所绘制的圆形，然后单击"色板"面板中的"线性渐变1"色板填充圆形，如图 13-52 所示。

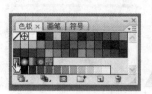
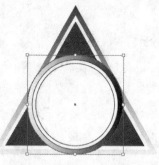

图 13-52　填充渐变

(15) 使用"渐变"工具，按 Shift 键在文档中从上往下进行拖动，并在工具箱的颜色控制区中将"描边"设置为无，得到的效果如图 13-53 所示。

图 13-53　调整渐变

(16) 使用"选择"工具单击选中步骤(7)中复制的圆形，在"色板"面板中单击"CMYK 蓝色"色板将其填充，并在工具箱中单击"描边"，然后单击"色板"面板中的"CMYK 蓝色"色板，将描边设置为同样颜色，如图 13-53 所示。

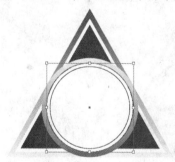
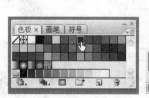

图 13-53　设置填色与描边

(17) 使用"选择"工具单击选中步骤(8)中复制的圆形，在"颜色"面板中设置填色为 C=4、M=62、Y=85、K=0，描边为无，如图 13-54 所示。

 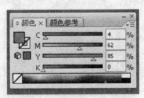 

图 13-54　设置填色和描边

(18) 在"颜色"面板中将填色设置为白色，然后使用工具箱中的"椭圆"工具，按 Shift+Alt 键在如图 13-55 左图所示位置绘制一个圆形。使用"选择"工具选中桔色圆形和白色圆形，选择菜单栏中的"对象"|"混合"|"建立"命令建立混合，如图 13-55 右图所示。

  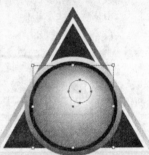

图 13-55　绘制图形并建立混合

(19) 在"颜色"面板中设置填色为 C=100、M=100、Y=0、K=0，然后选择工具箱中的矩形工具在圆形上绘制一个矩形条，如图 13-56 所示。

图 13-56　绘制矩形

(20) 选择工具箱中的"钢笔"工具在圆形上绘制如图 13-57 左图及中图所示的图形，并使用"选择"工具选中圆形及其上所有图形对象，选择"对象"|"编组"命令，将其编组，如图 13-57 右图所示。

图 13-57 绘制图形并进行编组

(21) 在"颜色"面板中设置填色为 C=64、M=42、Y=6、K=0，并使用"钢笔"工具在文档中绘制如图 13-58 所示图形对象。

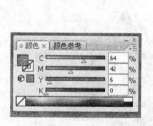

图 13-58 绘制图形

(22) 使用"选择"工具，在文档中单击选择步骤(21)绘制的图形对象，并将其进行旋转调整，如图 13-59 所示。

图 13-59 调整图形

(23) 使用"钢笔"工具绘制如图 13-60 左图所示的图形。然后使用"选择"工具选中两个弧形图形对象，按 Ctrl+C 键复制，按 Ctrl+V 键粘贴，并将复制的图形填色设置为白色，并单击右键，在弹出菜单中选择"排列"|"后移一层"命令，调整对象顺序，如图 13-60 右图所示。

图 13-60　复制图形并调整

(24) 选择菜单栏中的 "窗口" | "文字" | "字符" 命令，在打开的字符面板中设置字体为 Laserian，字体大小为 48pt，水平缩放为 45%，字符间距为-100，然后使用工具箱中的 "文字" 工具在文档中如图 13-61 所示位置输入文字 BSAK。

图 13-61　输入文字

(25) 选择工具箱中的 "选择" 工具选中输入的文字，选择菜单栏中的 "文字" | "创建轮廓" 命令将文字转换为图形，如图 13-62 所示。

图 13-62　创建轮廓

(26) 使用 "选择" 工具选中文字图形，在 "颜色" 面板中设置深蓝色到紫色的线性渐变，角度为-90 度，如图 13-63 所示。

图 13-63　设置渐变填色

(27) 在"颜色"面板中设置填色为 C=4、M=62、Y=85、K=0,描边为无,然后使用"矩形"工具绘制如图 13-64 所示的矩形完成标志的绘制。

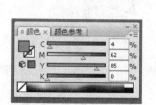

图 13-64 完成效果

13.3 制作包装设计

本例通过制作香皂的包装设计,重点巩固网格渐变的操作应用方法,图形对象的变换与对齐的操作应用,滤镜的操作应用,以及文字效果的处理方法。

(1) 选择菜单栏中的"文件"|"新建"命令,在打开的"新建文档"对话框中设置文件名称为"13-3",大小为 A4,取向为横向,如图 13-65 所示,单击"确定"按钮创建新文档。

(2) 使用工具箱中的"矩形"工具,在文档中单击打开"矩形"对话框,并在对话框中设置宽度为 95mm,高度为 60mm,如图 13-66 所示,单击"确定"按钮创建矩形。

图 13-65 新建文档

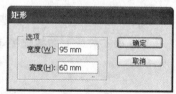

图 13-66 设置"矩形"对话框

(3) 使用工具箱中的"星形"工具,在文档中单击打开"星形"对话框,并在对话框中设置"半径 1"为 15mm,"半径 2"为 8mm,"角点数"为 4,单击"确定"按钮创建星形,如图 13-67 所示。

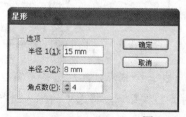

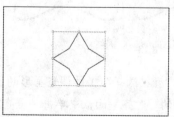

图 13-67 创建星形

(4) 使用"选择"工具单击选中星形,并按 Shift 键旋转星形,如图 13-68 所示。

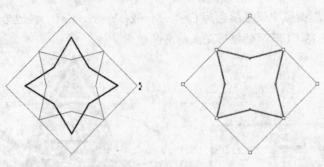

图 13-68　旋转星形

（5）使用"直接选择"工具单击选中星形的锚点，然后单击控制面板中的"将所选锚点转换为平滑"按钮 ，将所选锚点转换为平滑点，如图 13-69 所示。

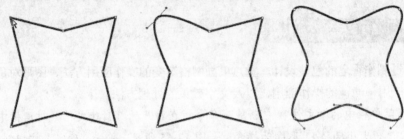

图 13-69　转换为锚点

（6）使用"直接选择"工具调整星形的左边一列三个锚点，然后选择"窗口"|"对齐"命令，在打开的"对齐"面板中单击"水平左对齐"按钮 ，将选中的锚点进行对齐，如图 13-70 所示。

（7）使用"直接选择"工具调整星形的右边一列三个锚点，然后选择"窗口"|"对齐"命令，在打开的"对齐"面板中单击"水平右对齐"按钮 ，将选中的锚点进行对齐，如图 13-71 所示。

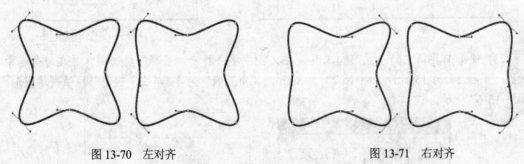

图 13-70　左对齐　　　　　　　　　　　　图 13-71　右对齐

（8）使用"直接选择"工具调整星形的上部一排三个锚点，然后选择"窗口"|"对齐"命令，在打开的"对齐"面板中单击"垂直顶对齐"按钮 ，将选中的锚点进行对齐，如图 13-72 所示。

(9) 使用"直接选择"工具调整星形的下部一排三个锚点，然后选择"窗口"|"对齐"命令，在打开的"对齐"面板中单击"垂直底对齐"按钮▇，将选中的锚点进行对齐，如图 13-73 所示。

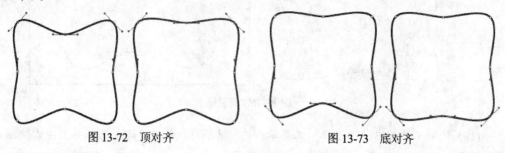

图 13-72　顶对齐　　　　　　　　　　　图 13-73　底对齐

(10) 使用"选择"工具选中步骤(9)中完成的图形对象向左右拉伸，并使用"直接选择"工具在图形上选择左边一列的锚点，按 Shift 键向左边移动到如图 13-74 所示的位置。

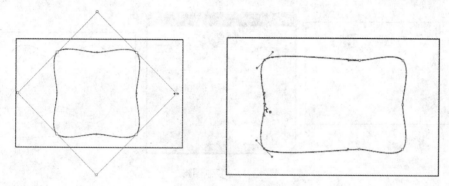

图 13-74　调节图形

(11) 使用"直接选择"工具选中图形的上部一排锚点，在"对齐"面板中单击"水平居中分部"按钮▇，得到的效果如图 13-75 中图所示。再使用"直接选择"工具选中图形中下部的一排锚点，在"对齐"面板中单击"水平居中分部"按钮▇，得到的效果如图 13-75 右图所示。

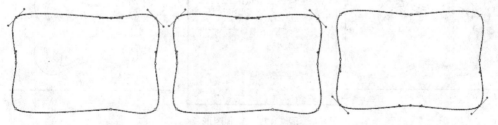

图 13-75　水平居中分部

(12) 使用"直接选择"工具单击锚点，调整锚点的控制杆，得到如图 13-76 所示效果。

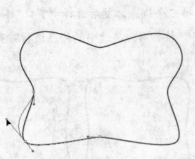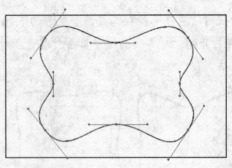

图 13-76　调整锚点

(13) 使用工具箱中的"选择"工具单击选中步骤(12)中完成的图形，并单击右键，在弹出的菜单中选择"变换"|"缩放"命令，在打开的"比例缩放"对话框中设置等比缩放为 82%，单击"复制"按钮，即可复制图形对象，如图 13-77 所示。

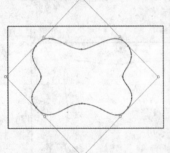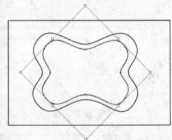

图 13-77　复制图形

(14) 使用工具箱中的"选择"工具单击选中步骤(13)中复制的图形，并单击右键，在弹出的菜单中选择"变换"|"缩放"命令，在打开的"比例缩放"对话框中设置等比缩放为 95%，单击"复制"按钮，即可复制图形对象，如图 13-78 所示。

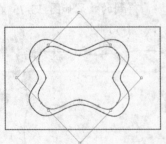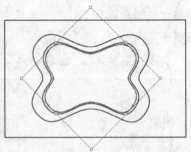

图 13-77　复制图形

(15) 使用工具箱中的"网格"工具，在步骤(12)所完成的图形的右上角和左下角进行单击，如图 13-78 右图所示。并使用"直接选择"工具在网格中选择需要的锚点，然后单击"色板"面板中的"CMYK 红色"色板，得到如图 13-78 右图所示效果。

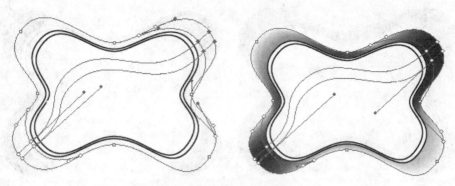

图 13-78 创建网格并填色

(16) 再在"色板"面板中选择"CMYK 蓝色"色板，在需要的位置单击，并使用"直接选择"工具调整锚点，得到如图 13-79 所示效果。

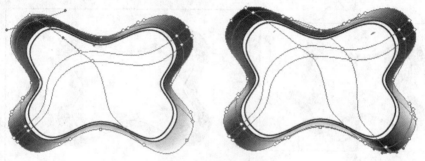

图 13-79 创建网格并填色

(17) 再在"色板"面板中选择"C=75 M=0 Y=100 K=0"色板，在需要的位置单击，并使用"直接选择"工具调整锚点，得到如图 13-80 所示效果。

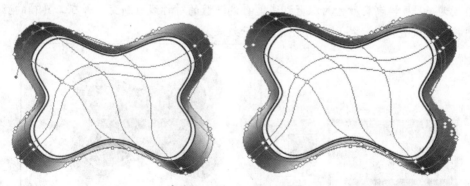

图 13-80 创建网格并填色

(18) 再在"色板"面板中选择"CMYK 黄色"色板，在需要的位置单击，并使用"直接选择"工具调整锚点，得到如图 13-81 所示效果。

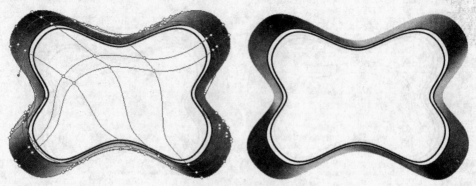

图 13-81　创建网格并填色

(19) 使用"选择"工具选中步骤(13)中所完成的图形，并在工具箱的颜色控制区中将描边设置为无，如图 13-82 所示。

 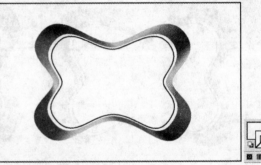

图 13-82　设置描边

(20) 使用"选择"工具选中步骤(14)中所完成的图形，在"渐变"面板中设置类型为线形，角度为-60 度，渐变颜色为深蓝到浅蓝再到深蓝的对称线性渐变，并在工具箱的颜色控制区中将描边设置为无，得到如图 13-83 所示效果。

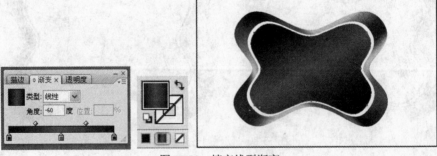

图 13-83　填充线型渐变

(21) 使用"选择"工具选中步骤(2)所创建的矩形，并在"颜色"面板中设置填色为 C=0、M=10、Y=85、K=0，得到如图 13-84 所示效果。

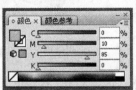
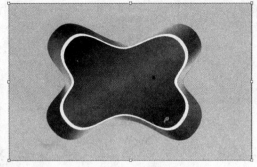

图 13-84　填充颜色

(22) 使用"选择"工具单击选中步骤(18)所完成的网格对象,然后选择"滤镜"|"风格化"|"投影"命令,在打开的"投影"对话框中设置模式为"正常",不透明度为 100%,"X 位移"和"Y 位移"为 0mm,"模糊"为 10mm,颜色为白色,单击"确定"按钮应用投影滤镜,如图 13-85 所示。

图 13-85　应用投影滤镜

(23) 使用"选择"工具选中步骤(19)中的图形对象,并单击右键,在弹出的菜单中选择"变换"|"缩放"命令,在打开的"比例缩放"对话框中设置等比缩放为 140%,单击"复制"按钮,结果如图 13-86 所示。

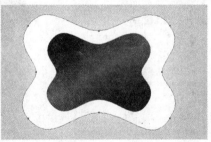

图 13-86　复制图形

(24) 在"透明度"面板中设置刚复制的图形不透明度为 25%,并按 Ctrl+[键 2 次将其放置在网格对象下方。在"颜色"面板中将填色设置为白色,并选择工具箱中的"椭圆"工具,按 Shift+Alt 键在如图 13-87 所示位置绘制圆形。

图 13-86　设置不透明度

图 13-87　绘制圆形

(25)　在"颜色"面板中设置填色为 C=0、M=12、Y=100、K=0，然后使用"钢笔"工具在文档中绘制如图 13-88 所示图形对象。

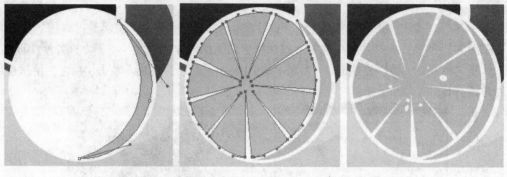

图 13-88　绘制图形对象

(26) 选择菜单栏中的"窗口"|"文字"|"字符"命令，打开"字符"面板，在面板中设置字体为 Arial Black，字体大小为 72pt，"垂直缩放"为 110%，字符间距为-75，然后选择工具箱中的"文字"工具在图形中央输入文字 ICE，如图 13-89 所示。

图 13-89　输入文字

(27) 使用"选择"工具选中文字，再单击右键，在弹出的菜单中选择"变换"|"倾斜"命令，在打开的"倾斜"对话框中设置"倾斜角度"为-10°，轴为"垂直"，单击"确定"按钮将文字倾斜，如图 13-90 所示。

图 13-90　倾斜文字

（28）使用"选择"工具选中倾斜后的文字，选择菜单栏中的"编辑"|"复制"命令将其复制，然后选择"编辑"|"贴在后面"命令将其粘贴，并使用键盘上的向下和向右方向键微调文字位置。并在"色板"面板中单击"CMYK 蓝色"色板改变其颜色，得到如图 13-91 所示效果。

图 13-91　复制文字并调整

（29）在"字符"面板中设置字体为 Arial Black，字体大小为 12pt，"垂直缩放"为 110%，字符间距为 75，然后选择工具箱中的"文字"工具在图形中输入文字 NEW。使用"选择"工具选中文字，再单击右键，在弹出的菜单中选择"变换"|"倾斜"命令，在打开的"倾斜"对话框中设置"倾斜角度"为-10°，轴为"垂直"，单击"确定"按钮将文字倾斜，得到如图 13-92 所示效果。

图 13-92　输入文字

（30）在"字符"面板中设置字体为 Arial Black，字体大小为 12pt，"垂直缩放"为 110%，字符间距为-50，然后选择工具箱中的"文字"工具在图形中输入文字 fancy soap。使用"选择"工具选中文字，再单击右键，在弹出的菜单中选择"变换"|"倾斜"命令，在打开的"倾

斜"对话框中设置"倾斜角度"为-10°，轴为"垂直"，单击"确定"按钮将文字倾斜，得到如图 13-93 所示效果。

图 13-93　输入文字

(31) 使用"选择"工具选中倾斜后的文字，选择菜单栏中的"编辑"|"复制"命令将其复制，然后选择"编辑"|"贴在后面"命令将其粘贴，并使用键盘上的向下和向右方向键微调文字位置。并在"颜色"面板中设置填色为 C=0、M=35、Y=85、K=0，改变其颜色，得到如图 13-94 所示效果。

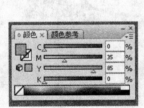

图 13-94　复制并调整文字

(32) 在"字符"面板中设置字体为"方正粗倩简体"，字体大小为 10pt，"垂直缩放"为 110%，字符间距为 0，然后选择工具箱中的"文字"工具在图形中输入文字"柠檬清香型"。使用"选择"工具选中文字，再单击右键，在弹出的菜单中选择"变换"|"倾斜"命令，在打开的"倾斜"对话框中设置"倾斜角度"为-10°，轴为"垂直"，单击"确定"按钮将文字倾斜，得到如图 13-95 所示效果。

图 13-95　输入文字

(33) 使用"选择"工具选中步骤(32)输入的文字，选择菜单栏中的"滤镜"|"风格化"|"投影"命令，在打开的"投影"对话框中设置模式为"正常"，不透明度为100%，"X位移"为－0.2mm，"Y位移"为0.3mm，"模糊"为0mm，颜色为C=0、M=50、Y=100、K=0，单击"确定"按钮应用投影滤镜，如图 13-96 所示。然后使用"选择"工具选中全部图形，选择"对象"|"编组"命令将其编组。

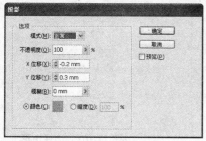

图 13-96　应用投影

(34) 使用工具箱中的"矩形"工具，在图形文档中单击打开"矩形"对话框，在对话框中设置"宽度"为95mm，"高度"为60mm，如图 13-97 所示，单击"确定"按钮创建矩形。然后单击右键，在弹出的菜单中选择"变换"|"移动"命令，打开"移动"对话框，在对话框中设置"垂直"为-60mm，单击"复制"按钮，即可以移动并复制矩形，如图 13-98 所示。

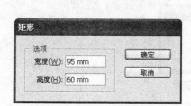
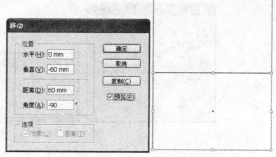

图 13-97　设置矩形　　　　　　　　　　　图 13-98　移动并复制

(35) 使用"选择"工具选中步骤(34)中复制的矩形，选择菜单栏中的"窗口"|"变换"命令，打开"变换"面板，在面板中的参考点定位器中选择上部中间的点，在H文本框中输入35，如图 13-99 所示。使用"选择"工具框选两个矩形，如图 13-100 所示。

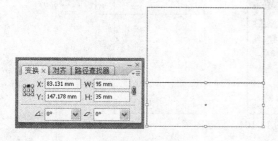
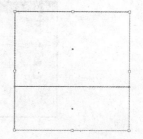

图 13-99　变换　　　　　　　　　　　图 13-100　选择矩形

(36) 单击右键，在弹出的菜单中选择"变换"|"移动"命令，在打开的"移动"对话框中设置"垂直"为-95mm，单击"复制"按钮，结果如图 13-101 所示。

(37) 使用"选择"工具选中 4 个矩形，如图 13-102 所示。

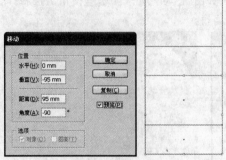

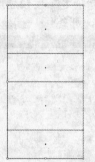

图 13-101　移动复制　　　　　　　图 13-102　选择矩形

(38) 单击右键，在弹出的菜单中选择"变换"|"移动"命令，在打开的"移动"对话框中设置"水平"为 95mm，单击"复制"按钮复制，然后在"变换"面板中的设置参考点定位器中选择左边中间的点，在 W 文本框中输入 25，得到如图 13-103 所示效果。

图 13-103　复制、变换图形

(39) 在步骤(38)中创建的图形上单击右键，在弹出的菜单中选择"变换"|"移动"命令，在打开的"移动"对话框中设置"水平"为-120mm，单击"复制"按钮，结果如图 13-104 所示。

图 13-104　复制图形

(40) 使用"直接选择"工具将两边的锚点，通过上、下方向键进行如图 13-105 所示的调整。

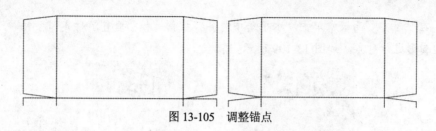

图 13-105　调整锚点

(41) 选择工具箱中的"添加锚点"工具，在绘制的纸盒图形上如图 13-106 所示的位置添加锚点，并将锚点转换为平滑点。

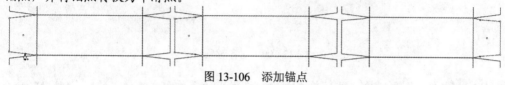

图 13-106　添加锚点

(42) 使用"选择"工具选中最下端的矩形，然后单击右键，在弹出的菜单中选择"变换"｜"移动"命令，在打开的"移动"对话框中设置"垂直"为-35mm，单击"复制"按钮复制，然后在"变换"面板中的设置参考点定位器中选择上部中间的点，在 H 文本框中输入 10，接着使用"直接选择"工具选中复制矩形的下方锚点，使用左、右方向键调整位置，得到如图 13-107 所示效果。

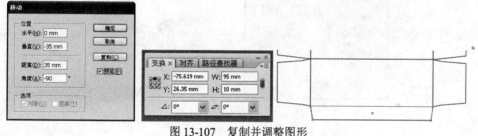

图 13-107　复制并调整图形

(43) 使用"选择"工具框选包装盒图形，然后在"颜色"面板中设置填色为 C=0、M=12、Y=68、K=0，并选择"对象"｜"编组"命令将其编组，如图 13-108 左图所示。接着使用"选择"工具选中包装盒图形编组和盒面图形编组，如图 13-108 右图所示。

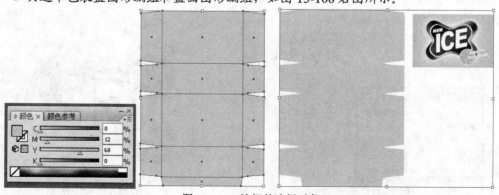

图 13-108　编组并选择对象

(44) 在"对齐"面板中单击"水平居中对齐"按钮 和"垂直顶对齐"按钮 ，将盒面与包装盒图形进行对齐，如图 13-109 所示。

图 13-109 对齐对象

(45) 选中盒面图形对象，然后单击右键，在弹出的菜单中选择"变换"|"移动"命令，在打开的"移动"对话框中设置"垂直"为-95mm，单击"复制"按钮，结果如图 13-110 所示。

图 13-110 移动复制对象

(46) 在"描边"面板中设置粗细为 1pt，选择"虚线"复选框，在虚线文本框中输入 12pt，然后使用工具箱中的"直线段"工具 在图形中按照折叠的位置拖动绘制，如图 13-111 所示。

(47) 使用"选择"工具在图形文档中单击盒面图形编组，选择"对象"|"取消编组"命令取消编组，然后选择盒面内的所有图形，选择"对象"|"编组"命令将其编组，如图 13-112 所示。

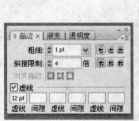

图 13-111 绘制虚线

图 13-112 编组

(48) 使用"选择"工具，按 Ctrl+Alt 键拖动复制步骤(47)中的编组图形，并调整其大小及方向，得到如图 13-113 所示效果。

图 13-113 复制

(49) 在"字符"面板中设置字体为"方正粗倩简体"，字体大小为 14pt，"垂直缩放"为 110%，字符间距为 0，然后选择工具箱中的"文字"工具在图形中输入文字"健康保护全家"。使用"选择"工具选中文字，再单击右键，在弹出的菜单中选择"变换" | "倾斜"命令，在打开的"倾斜"对话框中设置"倾斜角度"为-10°，轴为"垂直"，单击"确定"按钮将文字倾斜。再使用步骤(33)的方法为文字添加投影，得到如图 13-114 所示效果。

(50) 在"字符"面板中设置字体为"黑体"，字体大小为 12pt，"垂直缩放"为 110%，字符间距为-100，然后选择工具箱中的"文字"工具在图形中输入文字"净含量: 125 克"，如图 13-115 所示。

图 13-114 输入文字

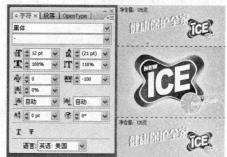

图 13-115 输入文字

(51) 使用"选择"工具选中全部图形对象，并在"变换"面板的"旋转"文本框中输入-90°，即可完成操作，如图 13-116 所示。

图 13-116 完成效果

13.4 制作可爱插图

本例通过制作可爱卡通形象，重点练习使用"钢笔"工具绘制各种路径图形，颜色填充方法，以及图形对象排序方法。

(1) 选择菜单栏中的"文件"|"新建"命令，在打开的"新建文档"对话框中设置文件名称为"13-4"，大小为 A4，取向为横向，如图 13-117 所示，单击"确定"按钮创建新文档。

(2) 选择菜单栏中的"窗口"|"颜色"命令，打开"颜色"面板。并在"颜色"面板中设置填色为 R=246、G=215、B=180，描边为无，如图 13-118 所示。

图 13-117　新建文档

图 13-118　设置填色

(3) 使用工具箱中的"钢笔"工具绘制卡通人物脸部基本形，如图 13-119 左图所示。使用"钢笔"工具绘制人物的耳朵，如图 13-119 右图所示。

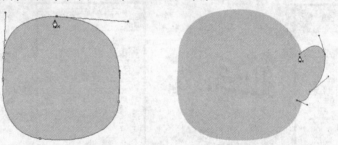
图 13-119　绘制人物脸部基本形

(4) 在"颜色"面板中设置填色为无，描边为 R=92、G=43、B=12，然后使用"钢笔"工具在文档中绘制如图 13-120 所示的帽子基本形。

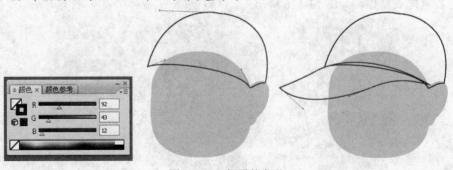
图 13-120　帽子基本形

(5) 使用"选择"工具选中步骤(4)中所绘制的图形，并在工具箱的颜色控制区中单击"互换填色和描边"按钮，填充选中图形，如图 13-121 所示。

(6) 在"颜色"面板中设置填色为 R=228、G=39、B=37，描边为无，然后使用"钢笔"工具绘制如图 13-122 所示的图形。

图 13-121 互换填色和描边   图 13-122 绘制帽沿

(7) 在"颜色"面板中设置填色为 R=240、G=156、B=42，描边为无，然后使用"钢笔"工具绘制如图 13-123 左图所示的图形。然后在"颜色"面板中将填色设置为白色，描边为无，再使用"钢笔"工具绘制 13-123 右图所示的图形。

图 13-123 绘制图形

(8) 使用"选择"工具选中帽顶图形，然后单击右键，在弹出的菜单中选择"排列"|"置于底层"命令，效果如图 13-124 所示。

(9) 在"颜色"面板中设置填色为无，描边为 R=92、G=43、B=12，然后使用"钢笔"工具在文档中绘制如图 13-125 所示的人物发型。

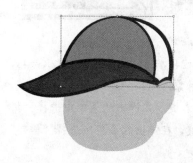

图 13-124 排列对象   图 13-125 绘制发型

(10) 在"颜色"面板中设置填色为 R=35、G=24、B=21，描边为无，然后使用"钢笔"工具绘制如图 13-126 所示的图形。

图 13-126 绘制图形

(11) 使用"选择"工具选择最左边和最右边的发型图形，然后单击右键，在弹出的菜单中选择"排列" | "置于底层"命令，得到如图 13-127 所示效果。

图 13-127 排列图形

(12) 分别选中步骤(3)中所绘制的图形，并在"颜色"面板中将描边颜色设置为 R=92、G=43、B=12，效果如图 13-128 所示。

图 13-128 设置描边

(13) 在"颜色"面板中将填色设置为 R=237、G=243、B=247，描边设置为 R=92、G=43、B=12，然后使用"钢笔"工具绘制如图 13-129 所示的图形对象。

(14) 使用"选择"工具选中中间的身体部分，然后单击右键，在弹出的菜单中选择"排列" | "置于底层"命令。接着选择左边的衣袖，然后单击右键，在弹出的菜单中选择"排列" | "置于底层"命令。效果如图 13-130 所示。

图 13-129 绘制图形

图 13-130 排列对象

(15) 在"颜色"面板中将填色设置为 R=246、G=215、B=180，描边设置为 R=92、G=43、B=12，然后使用"钢笔"工具绘制如图 13-131 所示的图形对象。

图 13-131 绘制图形

(16) 使用"选择"工具选中步骤(15)中绘制的图形，然后单击右键，在弹出的菜单中选择"排列"|"置于底层"命令，效果如图 13-132 所示。

(17) 在"颜色"面板中将填色设置为 R=246、G=215、B=180，描边设置为 R=92、G=43、B=12，然后使用"钢笔"工具绘制如图 13-133 所示的图形对象。

图 13-132 排列图形

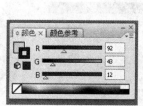

图 13-133 绘制图形

(18) 在"颜色"面板中设置填色为 R=173、G=204、B=36，描边为无，然后使用工具箱中的"椭圆"工具，按 Shift+Alt 键在图像中单击拖动绘制一个圆形，并单击右键，在弹出的菜单中选择"排列"|"置于底层"命令，如图 13-134 所示。

图 13-134　绘制圆形

(19) 使用"选择"工具选中圆形，单击右键，在弹出的菜单中选择"变换"|"缩放"命令，在打开的"比例缩放"对话框中设置等比缩放为 110%，单击"复制"按钮，并在"颜色"面板中设置复制的圆形填色为无，描边颜色为 R=20、G=157、B=62，效果如图 13-135所示。

图 13-135　复制并调整圆形

(20) 使用"选择"工具选中步骤(19)中创建的圆形，单击右键，在弹出的菜单中选择"变换"|"缩放"命令，在打开的"比例缩放"对话框中设置等比缩放为 80%，单击"复制"按钮，结果如图 13-136所示。

图 13-136　复制圆形

(21) 使用"选择"工具选中步骤(19)和步骤(20)中创建的圆形，在"路径查找器"面板中单击"与形状区域相减"按钮，再单击"扩展"按钮，然后在工具箱的颜色控制区中单击"互换填色和描边"按钮，将裁剪后图像进行填色，如图 13-137所示。

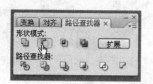

图 13-137 裁剪图形并填充

(22) 在"颜色"面板中将填色设置为 R=240、G=156、B=42，描边设置为 R=92、G=43、B=12，然后使用"钢笔"工具绘制如图 13-138 左图所示的图形对象。在"颜色"面板中将填色设置为 R=198、G=227、B=234，描边设置为 R=92、G=43、B=12，然后使用"钢笔"工具绘制如图 13-138 右图所示的图形对象。

图 13-138 绘制图形

(23) 在"颜色"面板中将填色设置为白色，描边设置为 R=92、G=43、B=12，然后使用"钢笔"工具绘制如图 13-139 所示的图形对象。

图 13-139 绘制图形

(24) 使用工具箱中的"选择"工具选中步骤(18)和步骤(21)绘制的图形，将其移动到合适的位置，如图 13-140 所示。

(25) 使用工具箱中的"椭圆"工具在文档中绘制如图 13-141 所示的椭圆形和圆形，并分别填充黑色和白色。

图 13-140 调整图像

图 13-141 绘制图形

(26) 使用"椭圆"工具绘制一个椭圆并填充渐变，在"渐变"面板中设置类型为"线性"，角度为 90 度，黑色到白色渐变，如图 13-142 所示。再在工具箱的颜色控制区中设置填色为无，描边颜色为黑色，并在"描边"面板中将"粗细"设置为 1.5pt，圆头端点，使用"钢笔"工具在人物脸部绘制另一只眼睛，如图 13-143 所示。

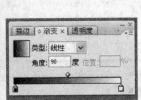

图 13-142 添加渐变

图 13-143 绘制眼睛

(27) 在"颜色"面板中设置填色为无，描边为 R=92、G=43、B=12，然后使用"钢笔"工具在文档中绘制如图 13-144 所示的人物五官。

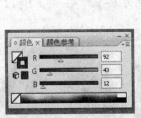

图 13-144 绘制五官

(28) 使用"椭圆"工具，在人物的脸颊部位绘制一个圆形，并为其填充粉色到肉色的径向渐变，如图 13-145 所示。

图 13-145 填充渐变

(29) 使用"选择"工具选中步骤(28)中绘制的图形，按 Ctrl+Alt 键拖动复制，并将其缩小，如图 13-146 左图所示。使用"选择"工具单击两个粉红脸颊，然后单击右键，在弹出的菜单中选择"排列"|"后移一层"，得到如图 13-146 右图所示效果。

图 13-146　复制并调整图形

(30) 在"颜色"面板中设置填色为 R=92、G=43、B=12，描边为无，然后使用"钢笔"工具在文档中绘制如图 13-147 所示的耳朵部分细节，完成最终效果。

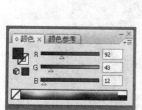

图 13-147　完成效果

13.5　设计版式

本例通过制作健康知识宣传单，练习巩固剪切蒙版的使用，区域文字的创建，段落文本的排版，以及图文混排的操作方法。

(1) 选择菜单栏中的"文件"|"新建"命令，在打开的"新建"对话框中，输入文件名称为"13-5"，大小为 A4，取向为横向，如图 13-148 所示，单击"确定"按钮创建新文档。

(2) 选择工具箱中的"矩形"工具，在文档中拖动绘制如图 13-149 所示的矩形。

图 13-148　创建新文档　　　　图 13-149　绘制矩形

(3) 选择工具箱中的"转换锚点"工具，单击矩形框右上角锚点并拖动出控制柄，调整控制柄位置，改变矩形形状，如图 13-150 所示。

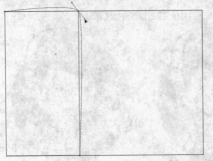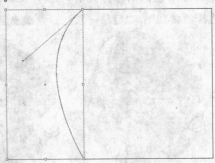

图 13-150　调整锚点

(4) 选择菜单栏中的"文件" | "置入"命令，在打开的"置入"对话框中选择"Illustrator 实例"文件夹下的"96JPEG (4)"图像文档，如图 13-151 左图所示。在置入的图像文档上单击右键，在弹出的菜单中选择"排列" | "置于底层"命令，得到如图 13-151 右图所示效果。

图 13-151　置入图像

(5) 选择工具箱中的"选择"工具，按 Shift 键选中置入的图像文档和变形后的矩形，然后选择菜单栏中的"对象" | "剪切蒙版" | "建立"命令创建剪切蒙版版，如图 13-152 所示。

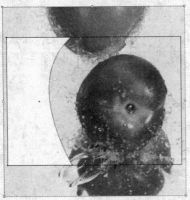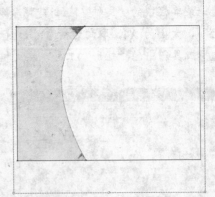

图 13-152　创建剪切蒙版

(6) 使用"直接选择"工具选中蒙版内的图像，然后使用"选择"工具缩小图像，并调整，得到如图 13-153 所示效果。

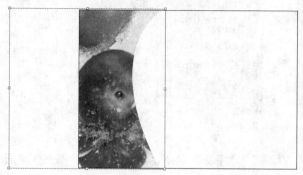
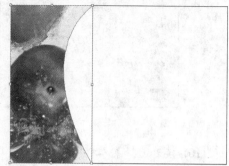

图 13-153 编辑蒙版内容

(7) 使用工具箱中的"钢笔"工具在文档中绘制如图 13-154 所示的图形。

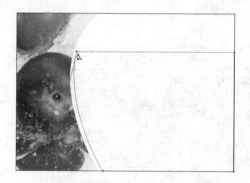
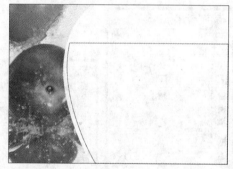

图 13-154 绘制图形

(8) 选择工具箱中的"区域文字"工具，在步骤(7)绘制的图形内输入区域文字，如图 13-155 所示。

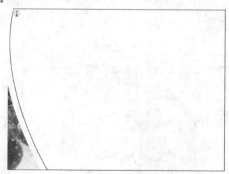

图 13-155 输入文字

(9) 使用"选择"工具选中区域文字，然后选择菜单栏中的"文字"|"区域文字选项"命令，打开"区域文字选项"对话框，在对话框中设置列数量为 4，跨距 51mm，间距 4.5mm，内边距为 0mm，单击"确定"按钮应用设置，如图 13-156 所示。

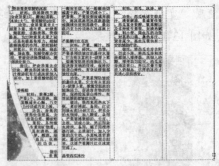

图 13-156　设置区域文字

(10) 接着选择菜单栏中的"窗口"|"文字"|"字符"命令，打开"字符"面板，在面板中设置字体为"宋体"，字体大小为12pt，字符间距为-25。在"段落"面板中设置对齐方式为"两端对齐，末行左对齐"，设置段前间距、段后间距为 5pt，避头尾集为"严格"，得到如图 13-157 所示效果。

图 13-157　设置字符和段落

(11) 选择菜单栏中的"文件"|"置入"命令，在打开的"置入"对话框中选择"Illustrator实例"文件夹下的"96JPEG"图像文档，单击"置入"按钮将其置入，如图 13-158 所示。

图 13-158　置入图形文档

(12) 使用工具箱中的"椭圆"工具，按 Shift+Alt 键在步骤(11)置入的图像拖动创建一个圆形，如图 13-159 左图所示。使用"选择"工具选中图像和圆形，并单击右键，再弹出的菜单中选择"建立剪切蒙版"命令，创建剪切蒙版如图 13-159 中图所示，然后选择菜单栏中的"对象"|"文本绕排"|"建立"命令，创建文本绕排如图 13-159 右图所示。

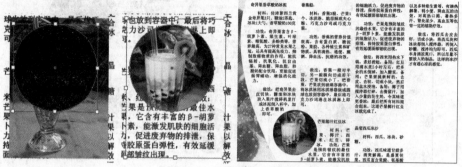

图 13-159 创建文本绕排

(13) 选择菜单栏中的"文件"|"置入"命令，在打开的"置入"对话框中选择"Illustrator 实例"文件夹下的"96JPEG (1)"图像文档，单击"置入"按钮将其置入，并使用步骤(12)的方法建立文本绕排，如图 13-160 所示。

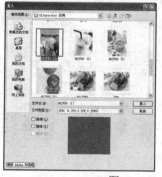

图 13-160 置入图像并建立文本绕排

(14) 选择菜单栏中的"文件"|"置入"命令，在打开的"置入"对话框中选择"Illustrator 实例"文件夹下的"96JPEG (2)"图像文档，单击"置入"按钮将其置入，并使用步骤(12)的方法建立文本绕排，如图 13-161 所示。

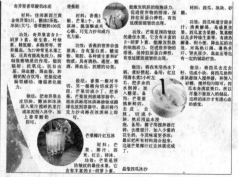

图 13-161 置入图像并建立文本绕排

(15) 选择菜单栏中的 "文件" | "置入" 命令，在打开的 "置入" 对话框中选择 "Illustrator 实例" 文件夹下的 "96JPEG (3)" 图像文档，单击 "置入" 按钮将其置入，并使用 "椭圆" 工具绘制一个圆形，如图 13-162 所示。

图 13-162　置入图像并创建图像

(16) 使用工具箱中的 "删除锚点" 工具单击刚绘制的圆形右边锚点将其删除，然后使用 "转换锚点" 工具，单击上、下两个锚点将其转换为角点，如图 13-163 左图所示。接着使用步骤(12)的方法创建文本绕排，如图 13-163 右图所示

图 13-163　建立文本绕排

(17) 使用 "选择" 工具调整蒙版对象的位置，然后在 "颜色" 面板中设置填色为 C=6.27、M=6.27、Y=39、K=0，接着使用 "矩形" 工具在每小节标题的位置绘制矩形，并将其选中，单击右键，在弹出的菜单中选择 "排列" | "置于底层" 命令，得到如图 13-164 所示效果。

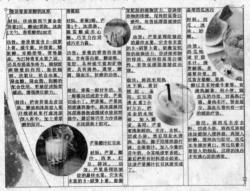

图 13-164　绘制矩形

(18) 在"字符"面板中设置字体为"方正粗倩简体"，字体大小为 60pt，字符间距为 -50，然后使用"文字"工具在文档中输入标题文字，如图 13-165 所示。

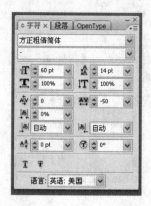

图 13-165　输入文字

(19) 使用"选择"工具选中标题并将其复制，然后在"颜色"面板中设置填色为 C=10、M=95、Y=75、K=0，如图 13-166 所示。

图 13-166　复制标题

(20) 使用"选择"工具选中步骤(18)中的标题文字，在"颜色"面板中将填色设置为 C=5、M=40、Y=20、K=0，如图 13-167 所示。

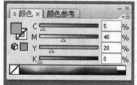

图 13-167　设置颜色

(21) 使用"选择"工具选中步骤(19)中的文字标题，然后在"透明度"面板中设置不透明度为 85%，如图 13-168 所示。

图 13-168　设置不透明度

(22) 使用"钢笔"工具在文档中绘制如图 13-169 左图所示的图形，并在"字符"面板中设置字体为"宋体"，字符大小为 12pt，字符间距为 50，如图 13-169 右图所示。

图 13-169　绘制图形并设置"字符"面板

(23) 选择工具箱中的"区域文字"工具，在绘制的图形中单击并输入文字，如图 13-170 所示。

图 13-170　输入文字

(24) 在"颜色"面板中将填色设置为 C=6.27、M=6.27、Y=39、K=0，然后使用"矩形"工具在文档中标题下方和文章结束位置拖动绘制两个矩形条，得到的最终效果如图 13-171 所示。

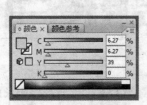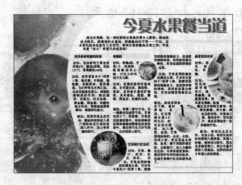

图 13-171　最终效果

思考练习参考答案

第1章

填空题

1. 线条 色块 几何特性

2. Tab Shift+Tab

3. RGB 模式 CMYK 模式 HSB 模式 灰度模式 Web 安全 RGB 模式

选择题

1. C 2. C 3. A

操作题

1. 参考 1.4.4 节内容。

2. 参考上机实验。

第2章

填空题

1. 新建图形文档 打开图形文档

2. 水平标尺 垂直标尺

3. "缩放"工具 "手形"工具 "导航器"面板

4. 参考线 精确创建 编辑对象

选择题

1. A 2. A 3. C

操作题

1. 参考 2.1.1 节内容。

2. 参考 2.1.4 节内容。

第 3 章

填空题

1. "矩形" 工具 "圆角矩形" 工具 "椭圆" 工具 "多边形" 工具 "星形" 工具 "光晕" 工具

2. 内切圆 外接圆 尖角数

3. Shift 键 Ctrl 键 ~键 R 键

4. 3 三角形 圆形

选择题

1. A 2. B 3. D 4. C

操作题

1. 参考上机实验。

2. 参考上机实验。

第 4 章

填空题

1. 选择工具 直接选择工具 编组选择工具 套索工具

2. 角点转换为平滑点 平滑点转换为角点

3. 释放符合形状

4. 与形状区域相加 与形状区域相减 与形状区域相较 排除重叠形状区域

选择题

1. C 2. B 3. A

操作题

1. 参考 4.1.4 节内容。

2. 参考上机实验。

第 5 章

填空题

1. 书法画笔 散点画笔 艺术画笔 图案画笔

2. "扩展外观"

3. 路径 复合路径 文字 点阵图 网格对象 对象群组

选择题

1. D 2. D 3. A

操作题

1. 参考 5.1.4 节内容。

2. 参考上机实验。

第6章

填空题

1. 系统预设图案　用户自定义图案

2. 线性渐变　径向渐变

3. 贝塞尔曲线　网格　渐变填充

选择题

1. C　　　2. C　　　3. C　　　4. B

操作题

1. 参考6.4.2节内容。

2. 参考上机实验。

第7章

填空题

1. 原有位置关系　填充　轮廓

2. 中心点　特定边界　相等的

3. "用变形建立"　"用网格建立"　"用顶层对象建立"

选择题

1. D　　　2. D　　　3. B

操作题

1. 参考7.5节内容。

2. 参考上机实验。

第8章

填空题

1. 隐藏或显示　轮廓化

2. 所需图层名称　蓝底白字

3. "图层"面板　"图层"面板

4. 单一路径　复合路径　群组对象　文本对象

选择题

1. B　　　2. A　　　3. D

操作题

1. 参考8.1节内容。

2. 参考上机实验。

第 9 章

填空题

1. "文字"工具　"区域文字"工具　"路径文字"工具　"直排文字"工具　"直排区域文字"工具　"直排路径文字"工具

2. 闭合路径

3. 规则图文混排　不规则图文混排

4. "路径文字"工具　"直排路径文字"工具

选择题

1. A　　　2. D　　　3. B

操作题

9. 参考 9.1.3 节内容。

10. 参考上机实验。

第 10 章

填空题

1. "柱形图"工具　"堆积柱形图"工具　"条形图"工具　"堆积条形图"工具　"折线图"工具　"面积图"工具　"散点图"工具　"饼图"工具　"雷达图"工具(任意 5 个)

2. 一组或多组　同类中的多组

3. 柱形长度　数据数值

4. 同项目　点的方式

选择题

1. A　　　2. D　　　3. B　　　4. C

操作题

1. 参考 10.5.1 节内容。

2. 参考 10.5.2 节内容。

第 11 章

填空题

1. 对象马赛克　裁剪标记

2. 路径　图形图像

3. 扭曲

选择题

1. D　　　2. D　　　3. B

操作题

1. 参考 11.2.2 节内容。

2. 参考 11.3.2 节内容。

第 12 章

填空题

1. 跨程序、跨设备的色彩空间

2. Color Management Module(色彩管理模块，简称 CMM)

3. 色偏 中性

选择题

1. B   2. C   3. D

操作题

1. 参考 12.4.1 节内容。

2. 参考 12.4.2 节内容。

清华大学出版社"21世纪电脑学校"系列(已经出版)

书　　名	书　　号	定价(元)
ASP.NET 实用教程	ISBN：7-302-11936-8	29.80
平面广告设计实用教程	ISBN：7-302-12026-9	22.00
Premiere Pro 实用教程	ISBN：7-302-11814-0	35.00 元(含光盘)
中文版 Windows XP 实用教程	ISBN：7-302-11174-X	32.00
中文版 Photoshop CS2 实用教程	ISBN：7-302-12128-1	29.80
CAXA 电子图板 2005 实用教程	ISBN：7-302-11993-7	27.00
Painter IX 实用教程	ISBN：7-302-12061-7	33.00
中文版 Dreamweaver 8 实用教程	ISBN：7-302-12105-2	28.00
中文版 Flash 8 实用教程	ISBN：7-302-12124-9	28.00
After Effects 6.5 实用教程	ISBN：7-302-12083-8	33.00
中文版 3ds max 8 实用教程	ISBN：7-302-12397-7	28.00
PageMaker 7.0 平面设计及排版实用教程	ISBN：7-302-12169-9	26.00
Mastercam X 实用教程	ISBN：7-302-12178-8	33.00
中文版 AutoCAD 2007 实用教程	ISBN：7-302-12594-5	32.00
网页设计师实用教程	ISBN：7-302-12883-0	29.80
中文版 Pro/ENGINEER Wildfire 2.0 实用教程	ISBN：7-302-12027-7	28.60
中文版 AutoCAD 2006 实用教程	ISBN：7-302-12629-1	29.80
PowerBuilder 10 实用教程	ISBN：7-302-12371-3	29.60
中文版 InDesign CS2 实用教程	ISBN：7-302-12631-3	26.00
JSP 实用教程	ISBN：7-302-12784-0	28.00
Dreamweaver 8，Photoshop CS2，Flash 8 网页制作实用教程	ISBN：7-302-12764-6	28.00
中文版 Illustrator CS2 实用教程	ISBN：7-302-12810-3	27.00
SQL 实用教程	ISBN：7-302-13212-7	29.00
中文版 CorelDRAW X3 实用教程	ISBN：7-302-13430-8	28.00
SQL Server 2005 实用教程	ISBN：7-302-13443-X	29.00
电脑入门实用教程	ISBN：7-302-13820-6	29.00
Director MX 2004 实用教程	ISBN：7-302-13855-9	29.00
Authorware 7 实用教程	ISBN：7-302-14015-4	28.00
Dreawerver 8+ASP 动态网页制作实用教程	ISBN：978-7-302-13262-2	32.00

书　　名	书　　号	定价(元)
中文版 Pro/ENGINEER Wildfire 3.0 实用教程	ISBN：978-7-302-14270-6	30.00
局域网组建与维护实用教程	ISBN：978-7-302-14351-2	28.00
计算机组装与维修实用教程	ISBN：978-7-302-14592-9	30.00
中文版 3ds max 9 实用教程	ISBN：978-7-302-14530-1	28.00
Visual C#程序设计实用教程	ISBN：978-7-302-14650-6	32.00
中文版 Word 2003 实用教程	ISBN：978-7-302-14720-6	29.00
中文版 AutoCAD 2008 实用教程	ISBN：978-7-302-14849-4	35.00
中文版 Excel 2003 实用教程	ISBN：978-7-302-14649-0	28.00
中文版 Access 2003 实用教程	ISBN：978-7-302-14910-1	29.00
中文版 PowerPoint 2003 实用教程	ISBN：978-7-302-14721-3	28.00
中文版 Office 2003 实用教程	ISBN：978-7-302-14907-1	35.00
中文版 PowerPoint 2007 实用教程	ISBN：978-7-302-14990-3	28.00
中文版 Word 2007 实用教程	ISBN：978-7-302-15089-3	28.00
中文版 Excel 2007 实用教程	ISBN：978-7-302-15155-5	29.00
中文版 Access 2007 实用教程	ISBN：978-7-302-15388-7	29.00
中文版 Project 2003 实用教程	ISBN：978-7-302-15703-2	28.00
中文版 Office 2007 实用教程	ISBN：978-7-302-15817-2	35.00
平面设计基础实用教程	ISBN：978-7-302-15816-5	29.80
中文版 Photoshop CS3 实用教程	ISBN：978-7-302-16301-5	32.00
中文版 InDesign CS3 实用教程	ISBN：978-7-302-16695-5	30.00
中文版 Illustrator CS3 实用教程	ISBN：978-7-302-16755-6	33.00